普通高等院校计算机基础教育“十四五”规划教材

上 海 理 工 大 学 一 流 本 科 系 列 教 材

程序设计方法与实践

臧劲松　黄小瑜◎主　编

刘丽霞　黄春梅　黄义萍◎副主编

夏　耘◎主　审

中国铁道出版社有限公司

CHINA RAILWAY PUBLISHING HOUSE CO., LTD.

内 容 简 介

本书从程序设计初学者的角度出发，以“程序设计”为主线，以培养学生程序设计基本能力为目标，通过大量、丰富多彩的实例介绍相关的C语言知识，循序渐进地让读者在实践中学习，在实践中提升实际开发能力。

全书共7章，涉及C语言的数据类型、表达式、选择、循环、函数、数组、指针、结构、文件等概念及应用，以及基本算法等内容。在每一章中都设计了迷你实验、观察与思考实验、应用实验、自创实验等，以期充分调动学生学习的主动性和创造性，达到培养创新能力和提高学习效果的目标。

本书适合作为高等院校学生学习C语言程序设计的教材，也可以作为C语言开发用户的参考书。

图书在版编目（CIP）数据

程序设计方法与实践 / 臧劲松，黄小瑜主编 .—北京：中国铁道出版社有限公司，2021.1
普通高等院校计算机基础教育“十四五”规划教材
ISBN 978-7-113-27405-4

Ⅰ. ①程… Ⅱ. ①臧… ②黄… Ⅲ. ① C 语言 - 程序设计 - 高等学校 - 教材 Ⅳ. ① TP312.8

中国版本图书馆 CIP 数据核字 (2020) 第 224923 号

书　　名：程序设计方法与实践
作　　者：臧劲松　黄小瑜

策划编辑：曹莉群
责任编辑：贾　星　　　　编辑部电话：（010）63549501
封面设计：郑春鹏
责任校对：苗　丹
责任印制：樊启鹏

出版发行：中国铁道出版社有限公司（100054，北京市西城区右安门西街 8 号）
网　　址：http://www.tdpress.com/51eds/
印　　刷：国铁印务有限公司
版　　次：2021 年 1 月第 1 版　2021 年 1 月第 1 次印刷
开　　本：787 mm×1 092 mm 1/16　印张：18.5　字数：457 千
书　　号：ISBN 978-7-113-27405-4
定　　价：49.80 元

前言

本书以程序设计专业知识讲授为载体，以立德树人为根本，充分挖掘蕴含在程序设计知识中的德育元素，实现知识技能与思想政治教育的有机融合，将德育渗透贯穿于整本书中，帮助学生树立社会主义新时代的核心价值观。

程序的关键在序，如何正确设计序？本书先带学生领悟程序的序，使学生在后续的编程练习中能够很好地掌握；通过“垃圾分类”让学生快速掌握编写选择结构程序的关键；从“昼夜交替”引入循环，引领学生从本质上认识循环结构；揭示整体与局部的关系，让学生认识模块化设计的必要性；批量数据存储、分析、可视化，使学生从数据分析的结果看到中国经济蓬勃发展的40余年，人民生活水平不断提高，体会到社会主义制度的优越性；在学完程序设计基础知识后，引导学生自主研发信息管理系统，让学生更好地将专业知识应用于实践中。

本书设置迷你实验、观察与思考实验，循序渐进推进实验教学，学生通过实验充分理解程序的构建、问题的分析、算法的选择，在此基础上要求学生动手编写程序解决简单问题，即进入应用实验，然后对应用实验中遇到的问题进行归纳总结，引导学生进入自创实验，激发学生多思考、多动手，鼓励创新，不断提升分析问题、解决问题的能力。

本书由上海理工大学光电信息与计算机工程学院一线党员教师编写，由臧劲松、黄小瑜任主编，刘丽霞、黄春梅、黄义萍任副主编，夏耘任主审。具体编写分工如下：第1、2章由黄小瑜执笔，第3、4章刘丽霞执笔，第5章由臧劲松编写，第6章由黄春梅编写，第7章由黄义萍编写，全书由臧劲松负责统稿。本书在编写过程中得到了顾春华教授的帮助与支持，在此深表感谢，同时，也对支持教材编写工作的同济大学、上海大学、上海电力大学、上海建桥学院的同行表示感谢。

本书将新媒体文化深度融入整个学习过程中，积极打造一种新型的“教与学”文化氛围。

由于编者学识水平所限，疏漏和不妥之处在所难免，热切期望广大读者批评指正。

编　者

2020年8月

目录

第1章

认识程序

本章知识导图如图1-1所示。

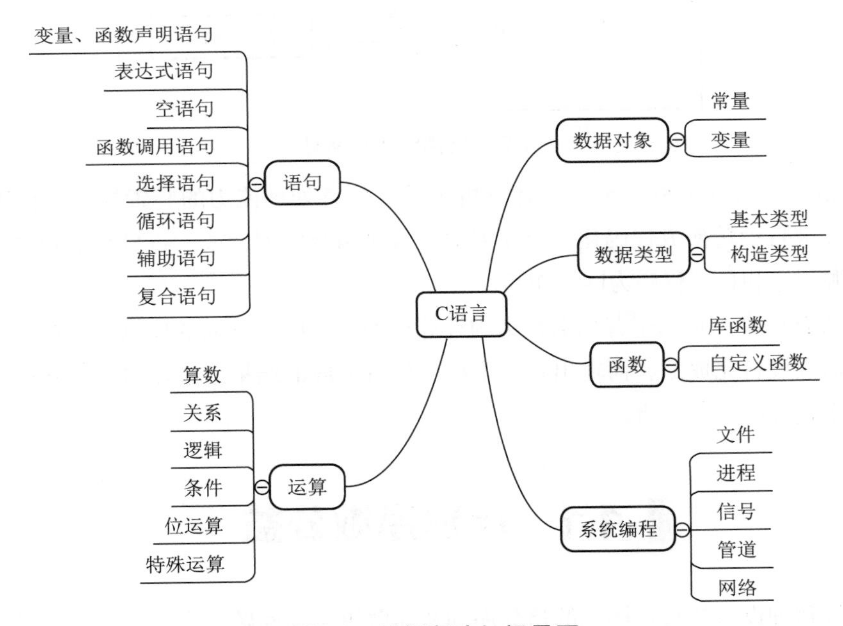

图1-1　认识程序知识导图

认识程序从认识计算机开始，计算机从结构上可以分为普林斯顿结构（又称冯·诺依曼结构，如图1-2所示）和哈佛结构（见图1-3），最常见的是普林斯顿结构计算机，通常是通过外存将程序加载到计算机中。基于这种结构的计算机需要程序作为支撑，所有程序都基于机器语言，机器语言是一个由二进制数字（0和1）构成的语言，机器语言可读性差，所以人们通常用接近于人类语言的高级语言来编写程序。

高级语言编写的程序需要被编译器/解释器转译为机器语言，才能在普林斯顿结构计算机上运行。为了使计算机程序得以运行，计算机需要加载代码，同时需要加载数据。在计算机的底层，将高级语言（例如Java、C/C++、C#等）代码转译成机器语言而被CPU所理解，并由CPU加载、执行。

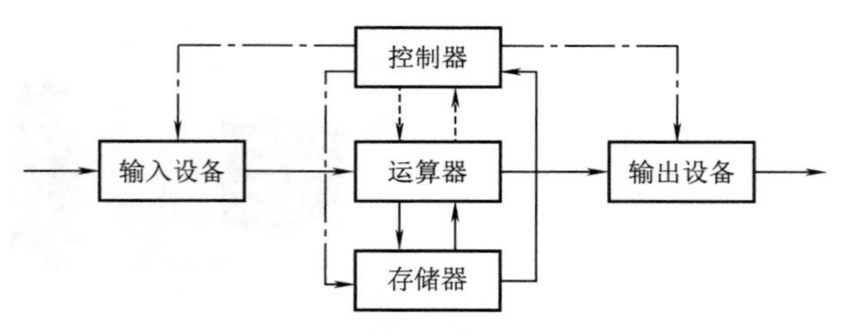

图1-2　普林斯顿结构计算机

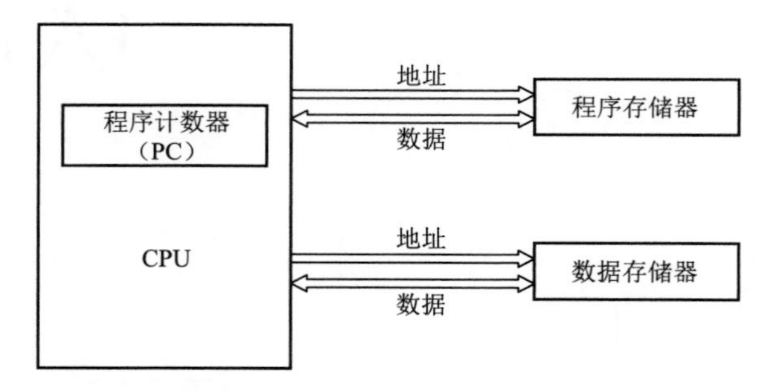

图1-3　哈佛结构计算机

程序是指为了得到某种结果，由计算机等具有信息处理能力的装置执行的代码化指令序列，或者可以被自动转换成代码化指令序列的符号化指令序列，或者符号化语句序列。同一计算机程序的源程序和目标程序为同一作品。

本书的所有程序都是基于普林斯顿结构计算机的，书中所输入的代码或数据都是通过该结构计算机的输入设备完成的，而输出则是由程序执行形成的结果通过输出设备展示的。认识程序就从让程序做公益广告开始。

1.1　让程序做公益

程序通过物理设备执行代码化的指令序列从而解决实际问题，指令序列就是程序，指令序列的构建就是程序设计。例如所需的结果是通过输出设备展示“社会主义核心价值观”，其对应程序如图1-4所示。由图1-4可知输出固定信息的C语言程序基本结构（见图1-5）。在基本结构中，每条语句以分号结束，编译预处理命令以#开始，没有结束符号。如何完成图1-4所示的预期目标？首先需要安装C语言编译器，这是由于普林斯顿结构计算机是基于机器语言的，高级语言C编写的程序无法直接运行，需要被编译器转译为机器语言才能执行。C语言编译器有很多，例如：Mac系统下C语言编译器有Xcode、CLion、Sublime Text、Visual Studio；Windows系统下C语言编译器有Code::Blocks、C-Free、Dev-C++、Wink；手机Android系统下的C语言编译器有C4droid。

不同的C编译器其安装和编译环境有所差异，但代码加载到计算机的过程是相同的（见图1-6）。

```
#include <stdio.h>
#include <stdlib.h>
int main()
{
    system("title 教程案例1");
    printf("社会主义核心价值观\n");
    printf("富强 民主 文明 和谐\n");
    printf("自由 平等 公正 法治\n");
    printf("爱国 敬业 诚信 友善\n");
    return 0;
 }
```

```
教程案例1
社会主义核心价值观
富强 民主 文明 和谐
自由 平等 公正 法治
爱国 敬业 诚信 友善
--------------------------------
Process exited after 1.207 seconds with return value 0
请按任意键继续. . .
```

图1-4　展示“社会主义核心价值观”的程序及运行结果

```
#编译预处理命令//完成将编译平台提供的库与本程序连接，这样程序就可以引用printf输出函数等已有资源
int main() //主函数的头部，表示这里是主函数，主函数是程序开始执行和结束运行的函数，对整个程序进行控制
{//函数体开始标志
    system("title 运行窗口的标题文字");//引用system设置程序运行窗口的标题
    printf("文字\n");//引用printf输出双引号中的文字，\n是一个特殊意义的符号，表示下次输出将另起一行（通常意义的换行）
    return 0;//程序结束将0返回操作系统

}//函数体结束标志
```

图1-5　输出固定信息的C语言程序基本结构

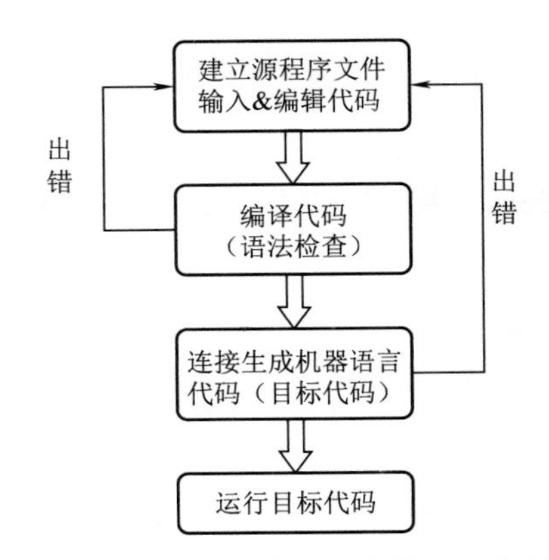

图1-6　C语言程序编译、连接、运行流程

1.1.1　迷你实验

实验准备

在自己的设备上安装C语言编译器，安装前从应用市场或C语言编译器官网下载安装包，

按提示进行安装，安装完毕后用测试代码按图1-6所示的流程体验程序的处理过程。

实验目标

认识程序的编辑、编译、运行全过程。

实验内容

1. 测试C语言编译器。

对于Windows用户，Code::Blocks 20.03官方下载地址为：https://www.fosshub.com/Code-Blocks.html?dwl=codeblocks-20.03-setup.exe。下载时需在该页面先选择Download the binary release选项，单击该项后选择自带MinGW编译器的codeblocks-20.03mingw-setup.exe下载项。下面以Code::Blocks 13.12为例介绍该环境下开发C语言程序的过程。

Code::Blocks集成开发环境如图1-7所示，同VS 2010类似，除了常规的标题栏、菜单栏、工具栏和状态栏，还包括工作区、编辑区、日志区。

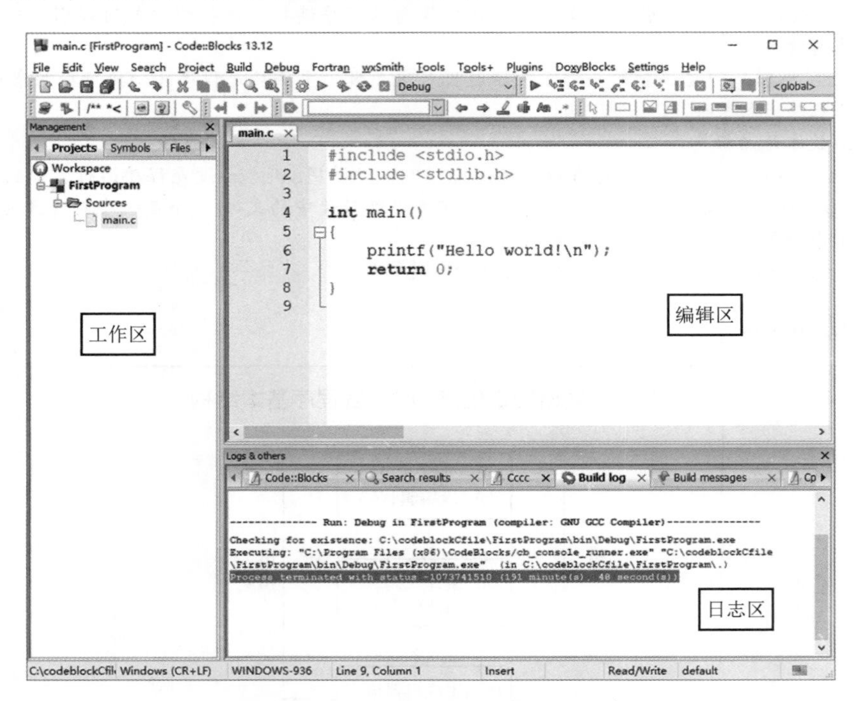

图1-7　Code::Blocks集成开发环境

Code::Blocks以工作区（Workspace）形式管理工程（Project），一个工作区中可包含多个工程，每个工程只能包含一个入口函数main，在Workspace选项卡中可以看到包含的工程名称及工程中所包括的资源文件。在右面的编辑区中编辑源文件，以不同颜色来强调程序中包含的关键字（深蓝色）、字符串（浅蓝色）、符号（红色）等。下面的日志区显示编译连接时的错误提示、相关文件的路径、执行的时间等信息。

Code::Blocks可以创建单独的C程序文件，如图1-8所示，但单独的文件无法使用调试器，因为Code::Blocks的调试器需要一个完整的工程才可以启动。

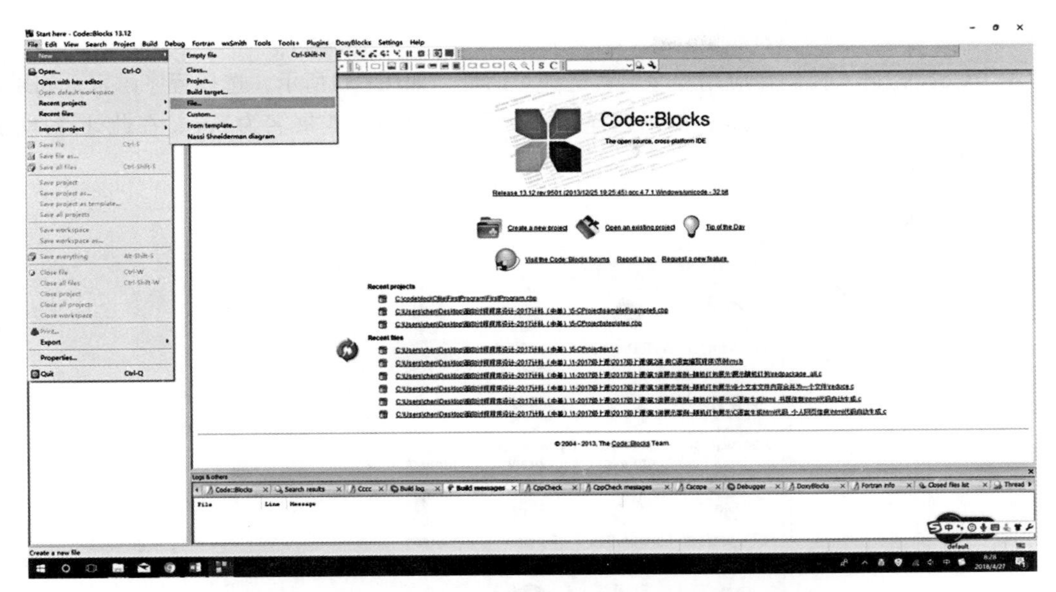

图1-8　Code::Blocks集成开发环境中新建单独的C程序

（1）创建新工程FirstProgram。

Code::Blocks以工程为单元管理程序，一个工程就是一个或者多个源文件（包括头文件）的集合。创建C程序前先创建一个工程，再在工程中添加源程序文件。

启动Code::Blocks应用程序，在图1-9所示的窗口中单击File菜单下的New→Project菜单命令，弹出New from template对话框。

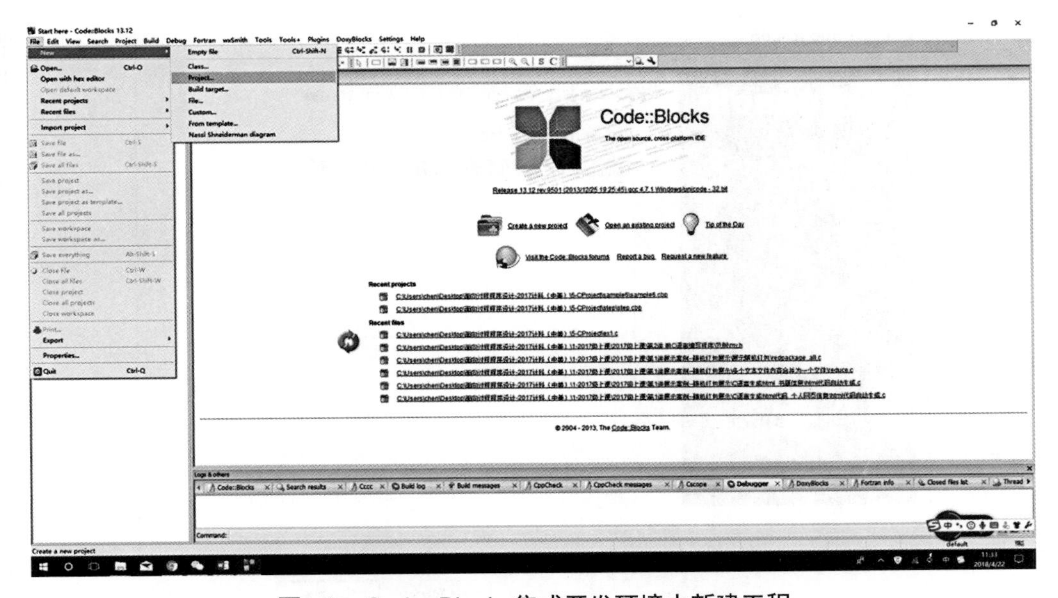

图1-9　Code::Blocks集成开发环境中新建工程

在图1-10所示的New from template对话框中的左边窗格中选择创建Projects的向导菜单，右边的工程类别列表中选择创建工程的类型。创建C语言的工程可以选择Empty project，创立一个空的工程，也可以创建一个控制台应用程序，在此处选择Console application创建一个控制台应用程序。

单击Go按钮进入控制台应用程序语言选择对话框，如图1-11所示，选择程序语言，如果选择C，程序源文件的扩展名为.c；如果选择C++，程序源文件的扩展名为.cpp，在此处选择C并单击Next按钮继续。

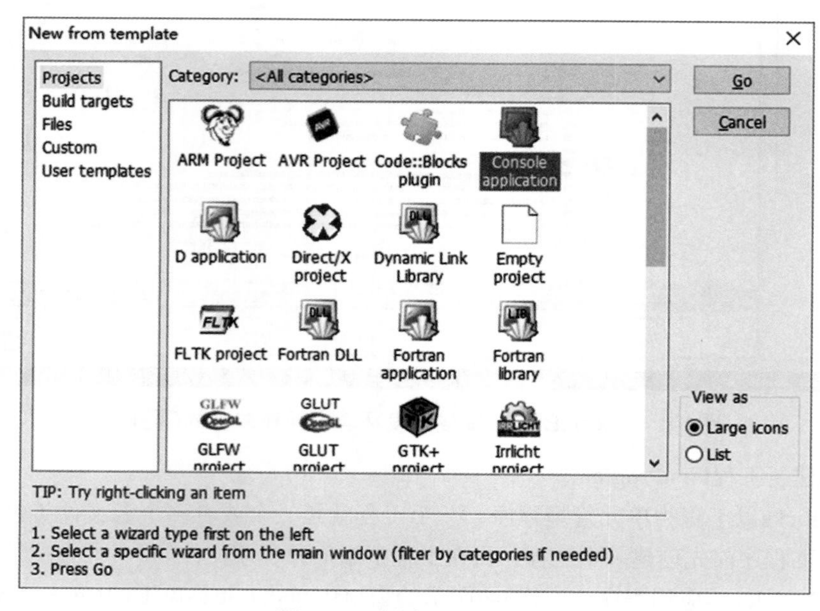

图1-10　新建工程对话框

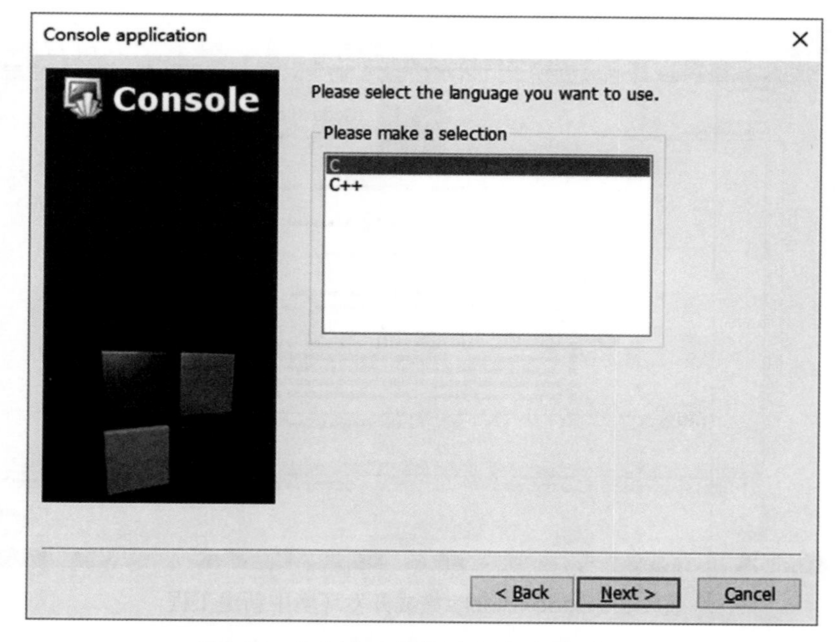

图1-11　控制台应用程序语言选择对话框

在图1-12所示的对话框中，需要填写工程相关的信息。在Project title文本框中输入新建工程的名称，此处为FirstProgram。C语言的每一个工程组织在一个文件夹中，Code::Blocks在创建工程时会创建同名的工程文件夹FirstProgram；同时需要选择该工程文件夹所在的位置，即在Folder to create project in文本框中直接输入，或单击其后的按钮，在“浏览文件夹”对话框中指定工程文件夹存放的位置，此处为预先创建好的C:\codeblockCfile用户自定义文件夹。

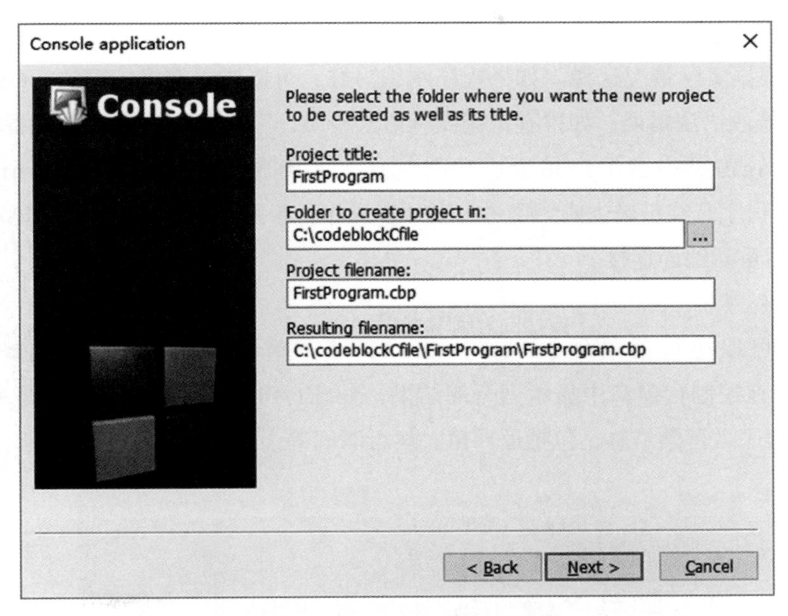

图1-12　填写工程信息对话框

单击Next按钮继续，后续的对话框中保留向导默认值并单击Finish按钮结束，进入Code::Blocks集成环境，如图1-13所示。在左边的Management窗格中显示工程的组织结构，工作区Workspace用来管理工程，可以包含多个工程，此处只有工程FirstProgram，工程FirstProgram下的Sources用来管理工程中的文件，此处有一个自动生成的源文件main.c，双击main.c打开，在右边的编辑区显示第一个C程序main.c文件源程序代码，可以编辑修改代码以实现需要的功能。

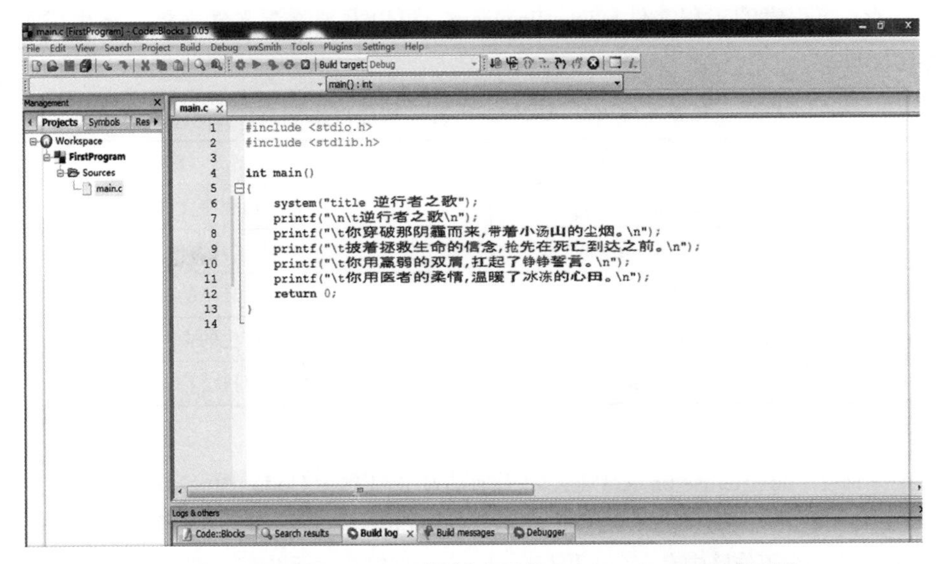

图1-13　FirstProgram工程创建后的Code::Blocks集成环境

（2）编译连接。

选择菜单命令Build→Compile current file将执行编译操作，检查语法错误，生成中间文件main.o。选择菜单命令Build→Build将执行编译连接操作，直接生成main .exe文件，工具栏上的按钮功能与之对应。

用户可以根据实际情况选择。如果程序刚编写好，可能错误较多，可执行Compile current file命令，检查修改语法错误；如果有把握没有语法错误，可执行Build命令，准备执行程序。

在Build log窗格中会给出是否成功的信息，如出现0 error(s), 0 warning(s)，说明main.exe可执行程序已经正确生成，可进行下一步操作；否则在Build log窗格中显示出错信息，需要改正错误后重新编译连接。

（3）运行程序。

编译完成可以执行菜单命令Build→Run，或是单击工具栏上的按钮运行程序。Code::Blocks会在控制台窗口中显示运行的结果，如图1-14所示。第一行文本是程序的输出结果。第二行是程序运行的信息，包括返回值、运行时间等，按任意键关闭窗口。

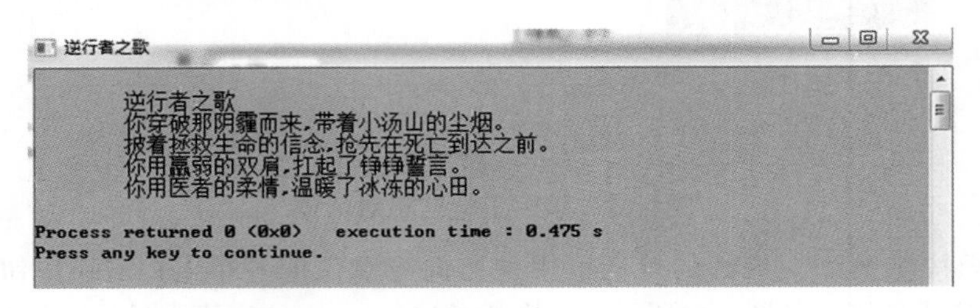

图1-14　在控制台窗口中显示结果

当源程序修改后，需要再次编译运行，可以单击工具栏上的按钮，会先编译连接源程序，没有错误就直接运行。如果源程序修改后单击工具栏上的按钮，运行的仍然是前一次生成的可执行文件。

打开保存C源程序的工程文件夹FirstProgram，可以发现除源文件之外，还生成了表1-1所示的文件和文件夹。

表 1-1　Code::Blocks 开发 C 程序产生的文件

文 件 名	位　　置	解　　释
main.c	FirstProgram\	源程序文件
FirstProgram.cbp	FirstProgram\	工程文件
FirstProgram.layout	FirstProgram	关于开发环境的参数文件
main.o	FirstProgram\obj\Debug	编译产生的中间文件
FirstProgram.exe	FirstProgram\bin\Debug	生成的可执行工程文件

（4）关闭工程文件。

执行菜单命令File→Close project则关闭当前活动工作区。Code::Blocks的一个工程中只能包含一个含有main函数的源程序文件，当一个C程序编写完成，要开始编写另一个C程序时，必须要再新建一个工程，在一个工作区中有多个工程存在时，编译连接及运行操作都是针对当前选中的工程。

（5）打开工程文件。

执行菜单命令File→Open，选择相应的扩展名为.cbp的工程文件，即可打开对应的工程，也可以直接拖动.cbp文件的图标到Code::Blocks的工作区中。

2. 认识头文件。

修改图1-4中的代码，修改后的代码如下：

代码 1-1-1

```
#include <stdio.h>
#include <stdlib.h>
#include <windows.h>
#include "color.h"
int main()
{
    system("title 教程案例2");
    color(12);//调用color函数，参数为12，则后续的printf所输出信息是红色的
    printf("社会主义核心价值观\n");      //输出“社会主义核心价值观”
    printf("富强民主文明和谐\n");        //输出“富强民主文明和谐”
    printf("自由平等公正法治\n");        //输出“自由平等公正法治”
    printf("爱国敬业诚信友善\n");        //输出“爱国敬业诚信友善”
    return 0;
}
```

该代码中有一个头文件color.h是自定义的，其内容为：

```
void color(short x)      //自定义函数根据参数改变颜色
{
    if(x>=0&&x<=15)      //参数在0~15的范围颜色
        SetConsoleTextAttribute(GetStdHandle(STD_OUTPUT_HANDLE),x);
        //只有一个参数，改变字体颜色
    else//默认的颜色为白色
        SetConsoleTextAttribute(GetStdHandle(STD_OUTPUT_HANDLE),7);
}
```

头文件可以是自定义的，而且其文件位置与当前源代码在同一个文件夹中，头文件名出现在#include命令后的双引号中。

【练一练】

编写程序，其功能是输出：“社会主义核心价值观基本内容包括：富强、民主、文明、和谐、自由、平等、公正、法治、爱国、敬业、诚信、友善。”熟悉从编写程序到显示运行结果的整个流程，记录体会。

1.1.2　观察与思考实验

实验准备

C语言的字符常量定界符号是单引号，字符串常量的定界符号是双引号，"a" 与 'a' 常量的属性不同，在内存中的存放方式也不同，在字符常量中有一类特殊字符称为转义符，表1-2是常用的转义符，本次实验帮助大家认识这些转义符。

表 1-2　C 语言常用的转义符

转　义　符	含　　义
\o	空字符
\n	换行
\b	退格符号
\r	回车符
\f	换页
\t	水平制表符号
\v	垂直制表符号
\a	响铃
\\	反斜杠
\?	问号
\'	单引号
\"	双引号
\ddd	任意字符（用 3 位八进制数表示）
\xhh	任意字符（用 2 位八进制数表示）

实验目标

认识程序中的最小组成元素符号。

实验内容

1. 阅读程序，观察转义符\n的作用，记录程序运行结果和功能。

代码 1-1-2

```
#include <stdio.h>
#include <stdlib.h>
int main()
{
    int i,j=0;//声明变量
    system("title 教程案例3");
    for(i=1;i<=80;i++)//用循环输出屏幕列号
    {
        printf("%d",j++);
        if(j==10)
            j=0;
    }
    for(i=2;i<=20;i++)//输出行号
        printf("%d\n",i);
    return 0;
}
```

【思考题】

在代码 1-1-2 中使用的转义符 \n 的作用是什么？

2. 阅读程序，观察转义符\t的作用，记录程序运行结果和功能。

代码 1-1-3

```
#include <stdio.h>
#include <stdlib.h>
int main()
{
    int i,j=0;//声明变量
    for(i=1;i<=80;i++)//用循环输出屏幕列号
    {
        printf("%d",j++);
        if(j==10)
            j=0;
    }
    system("title 教程案例4");
    printf("\t\t 抗击疫情人人有责\n");//输出“抗击疫情人人有责”
    printf("\t\t 注意防控不恐慌不传谣\n");//输出“注意防控不恐慌不传谣”
    return 0;
}
```

【思考题】

在代码 1-1-3 中使用的转义符 \t 的作用是什么？

3. 阅读程序，观察转义符\" 的作用，记录程序运行结果和功能。

代码 1-1-4

```
#include <stdio.h>
#include <stdlib.h>
int main()
{
    int i,j=0;
    for(i=1;i<=80;i++)
    {
        printf("%d",j++);
        if(j==10)
            j=0;
    }
    system("title 教程案例5");
    printf("\t\t 抗击疫情人人有责\n");
    printf("\t\t\" 注意防控不恐慌不传谣\"\n");
    return 0;
}
```

【思考题】

在代码 1-1-4 中使用的转义符 \" 的作用是什么？

4. 阅读程序，观察%d的作用，记录程序运行结果和功能。

代码 1-1-5

```
#include <stdlib.h>
int main()
{
    int i,j=0;//声明变量
    for(i=1;i<=80;i++)//用循环输出屏幕列号
    {
        printf("%d",j++);
        if(j==10)
            j=0;
    }
    i=1;
    system("title 教程案例6");
    printf("%d\t  抗击疫情人人有责\n",i);//输出行号和文字"抗击疫情人人有责"
    printf("%d\t \" 注意防控不恐慌不传谣\"\n",i+1);//输出行号和文字"注意防控
    不恐慌不传谣"
    return 0;
}
```

【思考题】

在代码 1-1-5 中使用的 %d 的作用是什么？

5. 阅读程序，观察转义符\\的作用，记录程序运行结果和功能。

代码 1-1-6

```
#include <stdio.h>
#include <stdlib.h>
int main()
{
    system("title 教程案例7");
    printf("\t\t 抗击疫情人人有责\n");//输出"抗击疫情人人有责"
    printf("\t\t\" 注意防控不恐慌不传谣\"\n");//输出"注意防控不恐慌不传谣"
    printf("\t\t抗击疫情网站: https://zhuanlan.zhihu.com\n");
    printf("\t\t 我的一个文件在D: \\图片\\a.jpg\n");//输出中认识转义符\\
    return 0;
}
```

【思考题】

（1）在代码 1-1-6 中使用的转义符 \\ 的作用是什么？

（2）输出信息的版面如何控制？

（3）转义符的作用有哪些？

6. 阅读程序，观察转义符\ddd和\xhh的作用，记录程序运行结果和功能。

代码 1-1-7

```
#include <stdio.h>
#include <stdlib.h>
int main()
{
    system("title 教程案例8");
    printf("\t\t 计算功能\n");
    printf("\t\t %d+%d=%d\n",11,23,11+23);//输出加法表达式和运算结果
    printf("\t\t %d+%d=%d\n",12.5,23.8,12.5+23.8);//输出加法表达式和运算结果
    printf("\t\t\105\156\x64\n");//输出中用转义符\ddd和\xhh
    return 0;
}
```

【思考题】

（1）输出的结果与实际数值不一致的原因是什么？

（2）将代码 1-1-7 第 8 行改为：

```
printf("\t\t %f+%f=%f\n",12.5,23.8,12.5+23.8);
```

输出结果是什么？

（3）将代码 1-1-7 第 8 行改为：

```
printf("\t\t %.2f+%.2f=%.2f\n",12.5,23.8,12.5+23.8);
```

输出结果是什么？

1.1.3　应用实验

实验准备

复习变量、常量输出知识点。

实验目标

认识输出函数中的格式控制符号。

实验内容

1. 设计输出如下所示的电子算术题表。

题　号	题　目	答　案
1	23+11=	
2	17+9=	
3	26+17=	
4	18+8=	
5	15+13=	

2. 自行设计输出版面，显示的内容为：到2020年，稳定实现农村贫困人口不愁吃、不愁穿，义务教育、基本医疗和住房安全有保障。实现贫困地区农民人均可支配收入增长幅度高于全国平均水平，基本公共服务主要领域指标接近全国平均水平。确保中国现行标准下农村贫困人口实现脱贫，贫困县全部摘帽，解决区域性整体贫困。

1.1.4 归纳

printf是C语言的输出函数名，调用printf可以输出固定信息、常量、变量、表达式的运算结果。调用该函数语句的一般格式为：

```
printf(实际参数列表);
```

printf是编译库提供的函数，执行此函数需要引入头文件stdio.h。printf的实际参数可以分为格式控制和输出对象两部分，其中格式控制部分用双引号作为定界符号，输出对象可以是常量、变量、表达式的运算结果，输出对象的数据类型与格式控制符之间有一定的对应规则，必须按规则才能正确输出对象，反之则不然。输出对象缺省时按格式控制符号输出定界符号内的非控制符号。

根据上述实验可以将printf函数的应用写成以下两个模板。

1. 输出公益广告的程序模板。

```
#include <stdio.h>
#include <stdlib.h>
int main()
{
    system("title 公益广告主题");
    printf("公益信息\n");//用转义符号控制信息在屏幕上的位置
    return 0;
}
```

2. 输出简单运算表达式。

```
#include <stdio.h>
#include <stdlib.h>
int main()
{
    system("title 运算表达式主题");
    printf("\t\t %d+%d=%d\n",第1加数(整数),第2加数(整数),运算结果);
    //输出加法表达式和运算结果，也可以是其他的运算
    printf("\t\t %.2f+%.2f=%.2f\n",加数(实数),第2加数(实数),运算结果);
    //输出加法表达式和运算结果，也可以是其他的运算
    printf("\t\t\t\105\156\x64\n");//输出中用转义符\ddd和\xhh
    return 0;
}
```

1.1.5 自创实验

实验准备

顺序程序结构中遇到计算问题，需要先声明变量，为变量赋值，再计算，最后输出计算结

果；由于输出调用printf函数，所以在int main()之前需要用编译预处理命令：#include <stdio.h>。

实验目标

应用顺序结构程序解决简单计算问题。

实验内容

背景资料：工作年限是中国对国家机关和事业单位工作人员的工龄的劳动法律用语。工作人员在中华人民共和国成立后的国家机关、社会团体以及企业事业单位工作的时间，一律计算为工作年限。利用Excel计算工作年限的过程如图1-15和图1-16所示。

姓名	参加工作日期
王敏	2011/9/1

图1-15 图中的信息是用户输入的

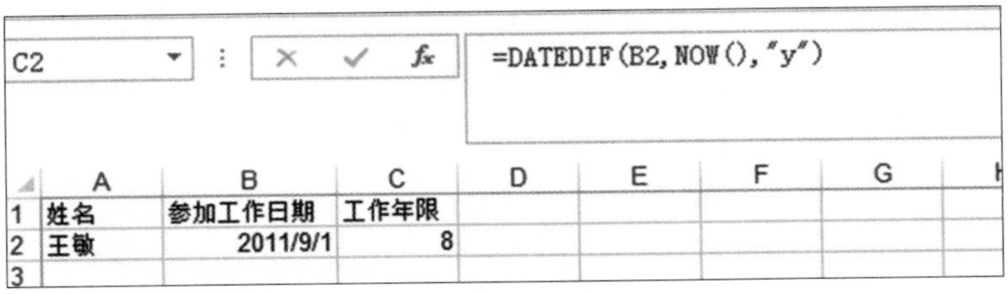

C2 =DATEDIF(B2,NOW(),"y")

	A	B	C
1	姓名	参加工作日期	工作年限
2	王敏	2011/9/1	8

图1-16 利用Excel的DATEDIF(B2,NOW(),"y")函数计算工作年限

需求描述：请编写程序模仿Excel的DATEDIF(B2,NOW(),"y")函数功能计算工作年限，姓名和参加工作日期由键盘输入。代码1-1-8是获取系统时间功能的代码，利用这段代码实现本实验内容。

代码 1-1-8

```
#include <time.h>
#include <stdio.h>
#include <stdlib.h>
int main(void)
{
    time_t timep;
    struct tm *p;
    time(&timep);
    p=gmtime(&timep);
    system("title 获取系统时间");
    printf("当前秒:%d\n",p->tm_sec); /*获取当前秒*/
    printf("当前分:%d\n",p->tm_min); /*获取当前分*/
    printf("当前时:%d\n",8+p->tm_hour);
    /*获取当前时，这里获取西方的时间，刚好相差8个小时*/
    printf("当前日: %d\n",p->tm_mday);/*获取当前日，范围是1~31*/
    printf("当前月份:%d\n",1+p->tm_mon);/*获取当前月份，范围是0~11，所以要加1*/
    printf("当前年份:%d\n",1900+p->tm_year);
    /*获取当前年份，从1900开始，所以要加1900*/
    return 0;
}
```

1.2 数据类型

在程序中函数体的第一行一定是定义变量的数据类型，之后的程序对这些数据类型进行各类运算，为何程序之首需要定义数据类型呢？阅读代码1-2-1就能找到答案了。

代码 1-2-1

```
#include <stdio.h>
int main()
{
    int a=100;
    int b=200;
    double a1=10.1;
    double b1=10.2;
    a=a+b;
    a1=a1+b1;
    printf("a=%d\n",a);
    printf("a1=%lf\n",a1);
    getchar();
    return 0;
}
```

这段代码非常简单，定义了四个数据，两个类型。a=a+b;和a1=a1+b1;这两个语句几乎一样，那么，在编译时，编译器会用同一段代码来替换这两个语句吗？

显然不可能是同一段代码，因为在计算机里面，浮点数和整数使用了不同的处理器，所以，这两句话产生的机器代码完全不同！

在遇到两个数相加时，编译器检查进行加法操作的两个加数的数据类型，根据它们的数据类型来确定到底使用哪一个运算器的机器代码。此时，定义数据类型的意义就凸显出来了。

通过上述简单的描述可知，任何编程语言（除了汇编语言，汇编语言只规定数据的字长）都会有自己的数据类型，数据类型背后隐藏的是编译器或者解释器对数据处理方式的定义。另外，在定义数据类型的时候还应该知道定义的这种数据类型可以进行哪些操作，这些操作的规则是什么，这样才算真正掌握了这个数据类型。

1.2.1 迷你实验

实验准备

复习基本数据类型可以进行的操作及操作规则。

实验目标

认识C语言各数据类型及其取值范围。

实验内容

1. 运行代码，记录程序运行结果和功能。

代码 1-2-2

```
#include <stdio.h>
#include <stdlib.h>
int main(void)
{

    system("title 当前环境int字节数（bytes）和位数（bit）");
    printf("int:bytes %d;bit %d",sizeof(int),sizeof(int)*8);
    return 0;
}
```

2. 运行代码，记录程序运行结果和功能。

代码 1-2-3

```
#include <stdio.h>
#include <limits.h>
#include <stdlib.h>
int main(void)
{
    system("title 当前环境char取值范围");
    printf("char:MIN %d;MAX %d",CHAR_MIN,CHAR_MAX);
    return 0;
}
```

说明：

limits.h 头文件决定了各种变量类型的各种属性。定义在该头文件中的宏则限制了各种变量类型(比如 char、int 和 long)的值。这些限制指定了变量不能存储任何超出这些限制的值，例如一个无符号变量可以存储的最大值是 255。

1.2.2　观察与思考实验

实验准备

复习基本数据类型可以进行的操作及操作规则。

实验目标

深入了解基本数据类型的运算。

实验内容

1. 阅读程序，观察获取int最大值+1与最小值-1的运行结果，记录程序运行结果和功能。

代码 1-2-4

```
//获取int最大值+1与最小值-1
#include <stdio.h>
#include <limits.h>
#include <stdlib.h>
```

```
int main(void)
{
    system("title 当前环境int取值范围");
    printf("int:MIN %d;MAX %d\n",INT_MIN,INT_MAX);
    printf("int:MAX %d;MAX+1 %d\n",INT_MAX,INT_MAX+1);
    printf("int:MIN %d;MIN-1 %d\n",INT_MIN,INT_MIN-1);
    return 0;
}
```

【思考题】

如果代码 1-2-4 中不包含 limits.h 头文件，程序的运行结果会发生什么变化?

2. 阅读程序，观察字符与字符串的区别，记录程序运行结果和功能。

代码 1-2-5

```
//'a'与"a"的区别
#include <stdio.h>
int main(void)
{
    char ch='a',str[]="a";
    printf("%d--%c\n",ch,ch);
    printf("\'a\'存储空间%d, \"a\"存储空间%d\n",sizeof(ch),sizeof(str));
    printf("%d--%c\n",ch+1,ch+1);
    return 0;
}
```

【思考题】

如果要显示“a”的存储状态应如何修改代码 1-2-5 ?

3. 阅读程序，观察字符编码，记录程序运行结果和功能。

代码 1-2-6

```
#include <stdio.h>
#include <stdlib.h>
int main()
{

    int i;
    printf("\t\t\t标准ASCII表\n");//显示标题
    printf("_______________________________________________________________\n");
    printf("|十进制值\t\t   符号\t\t十六进制值\t  八进制值|\n");//显示表格各项名称
    for(i=33;i<127;i++)
    {

        printf("|\t%.3d                  |   %c   |
        0x%0.2x             %.4o\t  |\n",i,i,i,i);//写入数据

    }
```

```
    printf("|________________________________________________________|");
    return 0;
}
```

说明：

ASCII码表可以看成由三部分组成：

第一部分：由00H到1FH共32个字符，一般用来通信或作为控制之用。有些可以显示在屏幕上，有些则不能显示，但能看到其效果（如换行、退格）。

第二部分：由20H到7FH共96个字符，用来表示阿拉伯数字、英文字母大小写和下画线、括号等符号，都可以显示在屏幕上。

第三部分：由80H到0FFH共128个字符，一般称为“扩充字符”，这128个扩充字符是由IBM制定的，并非标准的ASCII码。这些字符是用来表示框线、音标和其他欧洲非英语系的字母。

【思考题】

如何利用scanf和printf实现输入任意字符，显示该字符所对应的ASCII码值？

4. 运行代码，记录程序运行结果和功能。

代码 1-2-7

```
//赋值过程的数据类型转换
#include <stdio.h>
#include <stdlib.h>
int main(void)
{
    int a,b=7;
    char ch='b';
    float fa=4.7,fb;
    double da,db;
    a=fa;           //将float数据赋予整型变量，在赋值同时完成数据类型转换
    da=fa;          //将float数据赋予double变量，在赋值同时完成数据类型转换
    fb=b;           //将int数据赋予float变量，在赋值同时完成数据类型转换
    db=b;           //将int数据赋予double变量，在赋值同时完成数据类型转换
    system("title 赋值过程的数据类型转换");
    printf("a=%d\n",a);
    printf("fa=%f \tfb=%f\n",fa,fb);
    printf("da=%lf\tdb=%lf\n",da,db);
    a=ch;           //将char数据赋予整型变量，在赋值同时完成数据类型转换
    printf("a=%d\n",a);
    return 0;
}
```

说明：

在进行赋值运算时，如果赋值运算符两侧的数据类型一致，则直接进行赋值；如果赋值运算符两侧的数据类型不一致，则需要进行数据类型转换，转换是依据系统自动转换原则进

行的，其原则为：

（1）将浮点型数据赋值给整型变量时，要先进行取整操作（去掉小数部分），然后再赋值给整型变量。假设 a 为整型变量，执行 a = 11.7; 后，a 为 11。

（2）将整型数据赋值给浮点型变量时，会将整型数据以浮点数的形式赋值给变量。假设 b 为单 / 双精度实数，执行 b = 7; 后，b 会以单 / 双精度实数形式 7.0 来存储。

（3）将单精度赋值给双精度变量时，内存变为双精度类型存储大小，数值不变，有效位数扩展到 15 位，将双精度数据类型赋值给单精度变量时，先将双精度数转换为单精度，即只取 6~7 位有效数字。注意双精度数值的大小不能超过单精度型变量的数值范围。

（4）字符型数据赋值给整型变量时，将字符的 ASCII 码赋给整型变量。例如：i = 'B' 等价于 i = 66。

（5）将一个占字节多的整型数据赋给一个占字节少的整型变量时（例如把 int 赋值给 short），只将其低字节原封不动地赋给变量（即发生截断）。

在赋值运算中，尽量避免将字节多的数据赋值给字节少的数据，因为赋值后数据可能会出现失真，如果一定要赋值，应当保证赋值后数值不会发生改变，即所赋的值在变量的允许数值范围内。

【思考题】

分析执行 printf("%d",1/2); 后的输出结果为何是数值 0 而不是 0.5。

5. 阅读程序，观察类型转换运算符的作用，记录程序运行结果和功能。

代码 1-2-8

```
//不同数据类型数据的算术运算
#include <stdio.h>
#include <stdlib.h>
int main(void)
{
    int a=5;
    int b=28;
    float c=123.0f;
    //类型转换运算符优先级低于括号，高于运算符
    system("title 不同数据类型数据的算术运算");
    printf("%d/%d=%d\n",a,b,a/b);
    printf("(float)%d/%d=%f\n",a,b,(float)a/b);
    printf(" float(a/b)*c %f \n",(float) (a/b)*c);
    //首先进行a/b运算，然后把结果转成float，然后与c相乘
    printf(" (float(a/b))*c %f \n",(float)(a/b)*c);
    //首先进行a/b运算，然后把结果转成float，然后与c相乘
    printf(" (float(a/b))*c %f \n",(float) a/b*c);
    //首先把a转成浮点，然后除以b，然后乘以c
    printf(" a/b*c %f\n", a/b*c);
    //运算规则同数学运算。a/b=0，0*c=0.00000f
    printf(" a/(b*c)%f \n", a/(b*c));
    //运算规则同数学运算。b*c为float，a/float数据其结果为float
```

```
    return 0;
}
```

说明:

不同数据类型的数据进行运算，则先自动进行数据类型转换，使运算符号两侧具有同一类型，然后进行运算，规律为:

（1）+、-、*、/运算的两个数中有一个数为float或double型，结果是double型，因为系统将所有float型数据都先转换为double型，然后进行运算。

（2）若int型与float或double型数据进行运算，先将int型和float型转换为double型，然后进行运算，结果为double型。

（3）char型与int型数据进行运算，就是把字符的ASCII码与整型数据进行运算，如: 15+'A'=15+65=80。

（4）两个int型相除，不管是否有余数，结果都为int型。如: 2/10输出是整数部分0，强制类型转换的一般形式为: (类型名)(表达式)，将表达式整体的输出结果转换，若写成(int) x+y，则是将x先转换为整型，再与y相加。

【思考题】

执行printf("%d",(int)(1/2)); 后的输出结果与执行printf("%d",(int)1/2); 的结果是否一致？为什么？

6. 阅读程序，观察求余运算，记录程序运行结果和功能。

代码 1-2-9

```
//除法运算符"/"和求余运算符"%"
#include <stdio.h>
#include <stdlib.h>
int main(void)
{
    int a=5,b=-2,c=-1;
    float y=2.0;
    system("title 除法运算符和求余运算符");
    printf("%d/%d=%d\t%d/%d=%d\n",a,b,a/b,c,b,c/b);
    printf("%d/%f=%f\t%d/%f=%f\n",a,y,a/y,c,y,c/y);
    printf("%d%%%d=%d\t%d%%%d=%d\n",a,b,a%b,c,b,c%b);
    return 0;
}
```

说明:

（1）除法运算符"/"是二元运算符，具有左结合性。参与运算的量均为整型时，结果为整型，舍去小数。如果运算量中有一个为实型，结果为双精度实型。例如: 5/2=2，1/2=0，5/2.0=2.5。

（2）取余运算符"%"是二元运算符，具有左结合性。参与运算的量均为整型。取余运算的结果等于两个数相除后的余数。例如: 5%2=1，1%2=1，5%2.0和5.0%2的结果是语法错误。

（3）除法运算结果的正负和一般的数学一样，符号相同为正，相异为负。求余运算结果的正负与被除数符号相同。

【思考题】

取余运算符可以用于解决哪些问题？

7. 阅读程序，观察整数位值的获取方法，记录程序运行结果和功能。

代码 1-2-10

```
//整数拆分可以借助整除和求余运算来解决
#include <stdio.h>
#include <stdlib.h>
int main(void)
{
    int n,g,s,b;
    system("title 整数拆分可以借助整除和求余运算来解决");
    printf("Enter n?\n");
    scanf("%d",&n);
    b=n/100;            //取出百位
    s=n%100/10;         //取出十位
    g=n%10;             //取出个位
    printf("个位: %d, 十位: %d, 百位: %d\n",g,s,b);
    return 0;
}
```

【思考题】

如果变量 n 中存放一个 3 位整数，取出十位上的数字可以用表达式 n%100/10 表示，除此之外，还可以用什么表达式表示？

8. 阅读程序，观察三角函数的引用，记录程序运行结果和功能。

代码 1-2-11

```
//三角函数的引用
#include <math.h>
#include <stdio.h>
#include <stdlib.h>
#define  PI 3.1415926
int main(void)
{
    float angle=30;//角度
    float rad=PI/6;//弧度
    float resultAngle=sin(angle);
    float resultRad=sin(rad);
    system("title 三角函数的引用");
    printf("sin(30)角度结果:%.6f\tsin(pi/6)弧度结果: %.6f\n",resultAngle,resultRad);
    return 0;
}
```

说明：

圆周率（Pi）是圆的周长与直径的比值，一般用希腊字母 π 表示，是一个在数学及物理学中普遍存在的数学常数。π 也等于圆的面积与半径平方之比，是精确计算圆周长、圆面积、球体积等几何形状的关键值。在分析学里，π 可以严格地定义为满足 $\sin x=0$ 的最小正实数 x，在 C 语言代码中不能出现 π，因为编译系统将 π 认为是一个图形符号无法将其解释成 3.141 592 6，在上述代码中通过符号常量 PI 进行定义才能使代码按预期目标完成运算。

中国古算书《周髀算经》（成书于约公元前 1 世纪）中有“径一而周三”的记载，意即取 π=3。汉朝时，张衡得出 π 约为 3.162。这个值不太准确，但它简单易理解。公元 263 年，中国数学家刘徽用“割圆术”计算圆周率，他先从圆内接正六边形，逐次分割一直算到圆内接正 192 边形。他说：“割之弥细，所失弥少，割之又割，以至于不可割，则与圆周合体而无所失矣。”这包含了求极限的思想。刘徽给出 π=3.141 024 的圆周率近似值，然后将这个数值与西晋国库中汉代制造的铜制体积度量衡标准嘉量斛的直径和容积进行对比检验，发现 3.14 这个数值还是偏小。于是继续割圆到 1 536 边形，求出 3 072 边形的面积，得到令自己满意的圆周率。

公元 480 年左右，南北朝时期的数学家祖冲之进一步得出精确到小数点后 7 位的结果，给出不足近似值 3.141 592 6 和过剩近似值 3.141 592 7，还得到两个近似分数值，密率 355/113 和约率 22/7。密率是个很好的分数近似值，要取到 52 163/16 604 才能得出比 355/113 略准确的近似。

在之后的 800 年里祖冲之计算出的 π 值都是最准确的。其中的密率在西方直到 1573 年才由德国人奥托（Valentinus Otho）得到，1625 年发表于荷兰工程师安托尼斯（Metius）的著作中，欧洲称之为 Metius’ number。

【思考题】

三角函数是常用的，但人们习惯三角函数的参数是角度不是弧度，在调用 math 库前能否统一实现角度转换成弧度（角度转换成弧度的过程对程序的用户而言是透明的）？

9. 阅读程序，观察求 π 近似值的方法，记录程序运行结果和功能。

代码 1-2-12

```
//利用公式求π的近似值，要求累加到最后一项小于10^(-6)为止。
#include <stdio.h>
#include <stdlib.h>
#include <math.h>
int main()
{
    float s=1;
    float pi=0;
    float i=1.0;
    float n=1.0;
    system("title 求π的近似值");
    while(fabs(i)>=1e-6)
    {
```

```
        pi+=i;
        n=n+2;   // 这里设计得很巧妙，每次正负号都不一样
        s=-s;
        i=s/n;
    }
    pi=4*pi;
    printf("pi的值为：%.6f\n",pi);

    return 0;
}
```

代码 1-2-13

```
//利用atan()是反正切函数求π的近似值
#include <stdio.h>
#include <math.h>
int main()
{

    int r;
    double pi;
    pi=atan(1.0)*4;
    printf("%lf",pi);
    return 0;
}
```

【思考题】

求 π 的近似值的方法还有哪些？如何用程序实现？

1.2.3 应用实验

实验准备

复习数据类型知识点。

实验目标

认识不同数据类型、不同运算符号在程序中的作用。

实验内容

背景资料：2020年1月新冠病毒入侵，中国在习总书记的统一领导下，举国上下团结一致打响了抗疫的战争，武汉是主战场，为了控制疫情需要快速建立方舱医院，然而选择合适的场地十分关键。为了与时间赛跑，选择体育馆作为方舱医院，在体育馆内如何利用有限的面积尽量增加床位？则要了解每个病患的使用面积，每个病患需要一张病床和一定面积的治疗区，已知床是长方形的，长和宽是固定的，这样就可以计算其面积，病床边需要一个半圆的治疗区方便输液，半圆的半径是固定的，那么其面积也是可计算的，这两部分面积相加就是一个床位的

占地面积，方舱医院需要过道等辅助面积，一般辅助面积是医院总的床位面积的32%。

需求描述：请编程计算建设一个1 000床的方舱医院理论上所需要的场地面积，1 000个病员按10个病人配备6位医护计算，医院在满员的情况下计算（病患和医护）人数，再根据每人一天60元的伙食费计算每天的支出费用，14天后病人数是原来的平方根值，医护人员人数不变，计算14天后每天伙食费减少值，完成上述各计算后输出计算结果。

提示：1个病患所占面积=床长×床宽+3.141 592 6×半径×半径/2

总病患所需面积=1 000×1个病患所占面积

方舱医院辅助面积=总病患所需面积×0.32

方舱医院总面积=总病患所需面积+方舱医院辅助面积

医护人员人数=1 000/10×6

方舱医院满员的情况人数=1 000+医护人员人数

一天总伙食费=方舱医院满员的情况人数×60

14天后人数=取整(sqrt(1 000))+医护人员人数

14天后1天总伙食费=14天后人数×60

14天后每天伙食费减少值=满员总伙食费–14天后1天总伙食费

输出计算结果的格式为：

```
The hospital area is:XXXXX.XX Square meters
Daily consumption is:XXXXX.XX Yuan RMB
Two weeks laterdaily consumption is:XXXXX.XX Yuan RMB
To reduce is:XXXXX.XX Yuan RMB
Statistics:(此处显示学号和姓名)
```

1.2.4 归纳

顺序结构程序中涉及的常用语句有如下几种：

1. 变量声明语句，其格式为：

```
数据类型说明符  变量1,变量2,…,变量n;
```

例如：

```
int x,y;            //声明x,y为整型变量
double a,b;         //声明a,b为浮点双精度变量
```

2. 表达式语句，其格式为：

```
表达式;
```

最典型的表达式语句是赋值表达式语句。例如：

```
int x,y;            //声明x, y为整型变量
x=12;               //为变量x赋值12
```

3. 函数调用语句，其格式为：

```
函数名(实参表);
```

例如：

```
printf("%d",a);//printf是库函数名，"%d"、a是实参表
```

1.2.5 自创实验

实验准备

复习求余运算的规则。

实验目标

应用求余运算解决问题。

实验内容

在新冠疫情期间，课程答辩安排在线上，每个学生答辩时长20分钟，答辩从上午8:30开始，按答辩前公布的答辩顺序表，可以知道自己的答辩顺序号，根据顺序号和答辩开始时间编程推算自己的上场时间（60分钟为1小时，如果自己的答辩顺序号为5，从1号到4号需要80分钟，那么自己的上场时间是9:50）。

1.3 数据的获取

编写程序的目的是让计算机代替人完成任务，而这个任务中一定会包括数据的处理，那么如何让程序获取数据是首要任务。C语言程序获取数据的方式有：通过赋值语句、通过输入函数、通过随机数发生器、通过读取数据文件。

1.3.1 迷你实验

实验准备

C语言编译器。

实验目标

认识C语言的输入函数。

实验内容

1. 运行代码，记录程序运行结果和功能（关注输入函数的调用）。

代码 1-3-1

```
//输入函数的使用1
#include <stdio.h>
#include <stdlib.h>
int main()
{
    int a,b,c;
```

```
    system("title Enter data");
    printf("Enter a、b、c?\n");
    scanf("%d%d%d",&a,&b,&c);
    printf("%d+%d+%d=%d\n",a,b,c,a+b+c);
    return 0;
}
```

代码 1-3-2

```
//输入函数的使用2
#include <stdio.h>
#include <stdlib.h>
int main()
{

    int a,b,c;
    system("title Enter data");
    scanf("%d%d%d",&a,&b,&c);
    printf("%d+%d+%d=%d\n",a,b,c,a+b+c);
    return 0;
}
```

代码 1-3-3

```
//输入函数的使用3
#include <stdio.h>
#include <stdlib.h>
int main()
{

    int a,b,c;
    system("title Enter data");
    printf("Enter a、b、c?\n");
    scanf("%3d%3d%3d",&a,&b,&c);
    printf("%d+%d+%d=%d\n",a,b,c,a+b+c);
    return 0;
}
```

2. 运行代码，记录程序运行结果和功能（关注输入函数调用中%f格式控制符号的使用）。

代码 1-3-4

```
//输入函数的使用(浮点型) 1
#include <stdio.h>
#include <stdlib.h>
int main()
{

    float a,b,c;
```

```
    system("title Enter data");
    printf("Enter a、b、c?\n");
    scanf("%f%f%f",&a,&b,&c);
    printf("%8.2f+%8.2f+%8.2f=%10.2f\n",a,b,c,a+b+c);
    return 0;
}
```

代码 1-3-5

```
//输入函数的使用(浮点型) 2
#include <stdio.h>
#include <stdlib.h>
int main()
{

    float a,b,c;
    system("title Enter data");
    printf("Enter a、b、c?\n");
    scanf("%8.2f%8.2f%8.2f",&a,&b,&c);
    printf("%8.2f+%8.2f+%8.2f=%10.2f\n",a,b,c,a+b+c);
    return 0;
}
```

3. 运行代码，记录程序运行结果和功能（关注输入函数调用中%c格式控制符号的使用）。

代码 1-3-6

```
//输入字符型数据
#include <stdio.h>
#include <stdlib.h>
int main()
{

    char a,b,c;
    system("title Enter data");
    printf("Enter a、b、c?\n");
    scanf("%c %c %c",&a,&b,&c);
    printf("%c,%c,%c\n",a,b,c);
    a=getchar();
    printf("a=%c\n",a);
    a=getchar();
    printf("a=%c\n",a);
    getchar();
    b=getchar();
    printf("b=%c\n",b);
    scanf("%*c%c",&b);
    printf("b=%c\n",b);
    return 0;
}
```

4. 运行代码，记录程序运行结果和功能（关注随机函数生成整数的使用）。

代码 1-3-7

```
//生成随机数
#include <stdio.h>
#include <stdlib.h>
#include <time.h>
int main()
{

    int x,y;
    system("title 随机数");
    srand((unsigned)time(NULL));//利用系统时间对随机数初始化
    x=rand()%100;//生成100以内的随机整数
    y=rand()%100;
    printf("x=%d\ty=%d\n",x,y);
    return 0;
}
```

5. 运行代码，记录程序运行结果和功能（关注输入函数调用中%s格式控制符号的使用）。

代码 1-3-8

```
//字符串输入
#include <stdio.h>
#include <stdlib.h>
#include <string.h>
int main()
{

    char name[10];
    system("title 字符串");
    printf("name?");
    gets(name);
    printf("Your name is %s\n",name);
    return 0;
}
```

6. 运行代码，记录程序运行结果和功能（关注命令字的整合）。

代码 1-3-9

```
//显示数据文件
#include <stdio.h>
#include <stdlib.h>
#include <string.h>
int main(void)
{
    char name[5]=".txt",ch[10],t[20]="type";
```

```
    printf("输入你想了解的场次");
    scanf("%s",ch);
    strcat(ch,name);
    strcat(t,ch);
    system(t);
    return 0;
}
```

7. 运行代码，记录程序运行结果和功能（关注数据文件的读操作）。

代码 1-3-10

```
//数据文件操作
#include <stdio.h>
#include <stdlib.h>
#include <string.h>
int main(void)
{
    int en_password,f_pass;
    FILE *fp;
    fp=fopen("pass.txt","r");
    if(fp==NULL)
    {
        printf("pass.txt 文件无法打开! ");
        exit(0);
    }
    fscanf(fp,"%d",&f_pass);
    fclose(fp);
    printf("请输入密码: ");
    scanf("%d",&en_password);
    printf("原密码为: %d\n",f_pass);
    printf("新密码为: %d\n",en_password);
    return 0;
}
```

1.3.2 观察与思考实验

实验准备

复习数据获取的方式。

实验目标

优化数据输入方式。

实验内容

1. 阅读程序，观察计算利息的方法，记录程序运行结果和功能。

代码 1-3-11

```
//银行利息计算程序
```

```
#include <stdio.h>
#include <math.h>
#include <stdlib.h>
int main(void)
{
    float a=0.0175;
    double x,y;
    int n;
    system("title Banking services");
    printf("银行工作人员>您好！有什么可以帮助您?\n");
    Sleep(3000);
    printf("\n客户>您好！我需要办理存款业务\n");
    Sleep(3000);
    printf("\n银行工作人员>好的！您存款金额?\n\n");
    scanf("%lf",&x);
    printf("\n银行工作人员>好的！您存款金额%.2lf? \n",x);
    Sleep(3000);
    printf("\n客户>是的\n");
    Sleep(3000);
    printf("\n银行工作人员>您打算存多久? \n\n");
    scanf("%d",&n);
    printf("\n银行工作人员>您打算存%d年对吗? \n",n);
    Sleep(3000);
    printf("\n客户>是的\n");
    Sleep(3000);
    y=x*pow((1+a),n);
    printf("\n银行工作人员>您的存款到期是%d年，可以获得%.2lf元\n",2020+n,y);
    Sleep(3000);
    printf("\n客户>好的，谢谢！\n");
    Sleep(3000);
    printf("\n银行工作人员>谢谢您，期待下次为您服务\n");
    return 0;
}
```

【思考题】

Sleep(x) 函数在代码 1-3-11 中的作用是什么？参数 x 如何设置？

2. 阅读程序，观察数据文件的操作方法，记录程序运行结果和功能。

代码 1-3-12

```
//银行开户程序
#include <stdio.h>
#include <math.h>
#include <stdlib.h>
#include <time.h>
int main(void)
{
    FILE *fp;
```

```
    float a=0.0175;
    double x,y;
    int n;
    char name[20],id_f[19];
    time_t timep;
    struct tm *p;
    time(&timep);
    system("title Banking services");
    p=gmtime(&timep);
    printf("今天：%4d-%02d-%02d\n",1900+p->tm_year,1+p->tm_mon,p->tm_
    mday);//获取当前月份日数，范围是1-31*/
    system("pause");
    printf("银行工作人员>您好！有什么可以帮助您?\n");
    Sleep(3000);
    printf("\n客户>您好！我需要开户\n");
    Sleep(3000);
    printf("\n银行工作人员>好的！您的信息？\n\n");
    gets(name);
    Sleep(3000);
    printf("\n银行工作人员>好的！您的证件号？\n\n");
    gets(id_f);
    printf("\n银行工作人员>好的！您存款金额?\n\n");
    scanf("%lf",&x);
    printf("\n银行工作人员>好的！您存款金额%.2lf？\n",x);
    Sleep(3000);
    printf("\n客户>是的\n");
    Sleep(3000);
    printf("\n银行工作人员>您打算存多久？\n\n");
    scanf("%d",&n);
    printf("\n银行工作人员>您打算存%d年对吗？\n",n);
    Sleep(3000);
    printf("\n客户>是的\n");
    Sleep(3000);
    y=x*pow((1+a),n);
    printf("\n银行工作人员>您的存款到期是%d年，可以获得%.2lf元\n",2020+n,y);
    Sleep(3000);
    printf("\n客户>好的，谢谢！\n");
    fp=fopen("b1.txt","w");
    if(fp==NULL)
    {
        printf("b1.txt 无法打开");
        exit(0);
    }
    fprintf(fp,"%s,%s,%f,%d,%f,%d-%d-%d",name,id_f,x,n,y,1900+p->tm_
    year,1+p->tm_mon,p->tm_mday);
    fclose(fp);
    Sleep(3000);
```

```
    system("type b1.txt");
    printf("\n");
    system("pause");
    printf("\n银行工作人员>谢谢您，期待下次为您服务\n");
    return 0;
}
```

【思考题】

数据文件的写操作需要调用哪些函数？

3. 阅读程序，观察利用程序打开网页的方法，记录程序运行结果和功能。

代码 1-3-13

```
//打开看好剧网页
#include <stdio.h>
#include <stdlib.h>
#include <Windows.h> //ShellExecuteA()

//打开某个网址:website（使用默认浏览器）
void open_web(char *website)
{
    ShellExecuteA(0,"open",website,0,0,1);
}
//模拟鼠标点击，(x,y)是要点击的位置
void click(int x,int y)
{
    //将鼠标光标移动到指定的位置，例子中屏幕分辨率1600×900。在鼠标坐标系统中，屏幕在水平和垂直方向上均匀分割成65535×65535个单元
    mouse_event(MOUSEEVENTF_ABSOLUTE|MOUSEEVENTF_MOVE,x*65535/1600,
    y*65535/900,0,0);

    Sleep(50);//稍微延时50 ms
    mouse_event(MOUSEEVENTF_LEFTDOWN,0,0,0,0);//鼠标左键按下
    mouse_event(MOUSEEVENTF_LEFTUP,0,0,0,0);//鼠标左键抬起
}

//模拟键盘输入keybd_event(要按下的字符,0,动作,0);动作为0是按下，动作为2是抬起
void input()
{
    char user[]="1234567890123";//账号
    char pwd[]="1234567890";//密码

    click(823,392); //单击“用户名输入框”的位置

    int i;
    //输入账号
    for(i=0;i<sizeof(user);i++)
    {
```

```
            keybd_event(user[i],0,0,0);
            keybd_event(user[i],0,2,0);
            Sleep(30);
        }

        //[Tab]键对应的编号是0x09，让密码输入框获取焦点
        keybd_event(0x09,0,0,0);//按下
        keybd_event(0x09,0,2,0); //松开
        Sleep(30);

        //输入密码
        for(i=0;i<sizeof(pwd);i++)
        {
            keybd_event(pwd[i],0,0,0);
            keybd_event(pwd[i],0,2,0);
            Sleep(30);
        }

        //模拟按[Tab]键让登录按钮获取焦点
        click(824,530);//单击“登录”按钮
        Sleep(30);
}


//将chrome.exe进程杀掉，在例子中尚未使用
void close()
{
    system("taskkill  /f  /im chrome.exe");
}

int main(int argc,char *argv[])
{
     open_web("https://haokan.baidu.com/v?vid=11923493504682253408&pd=bjh
    &fr=bjhauthor&type=video");//打开某个网址
    Sleep(4000);//延时4秒，等待网页打开完毕，再进行其他操作。根据实际情况（浏览器打
    开速度，网速）
    click(1454, 126);//单击"登录"(1454,126)
    Sleep(150);
    click(712,658);//单击"用户名登录"
    Sleep(150);
    input();//模拟鼠标动作，键盘输入
    return 0;
}
```

【思考题】

如何通过编程实现网页的访问？

4. 阅读程序，观察文字颜色设置的方法，记录程序运行结果和功能。

代码 1-3-14

```
/*
颜色函数SetConsoleTextAttribute(GetStdHandle(STD_OUTPUT_HANDLE),前景色 | 背
景色 | 前景加强 | 背景加强);
前景色：数字0~15 或 FOREGROUND_XXX 表示（其中XXX可用BLUE、RED、GREEN表示）
前景加强：数字8 或 FOREGROUND_INTENSITY 表示
背景色：数字16 32 64 或 BACKGROUND_XXX 三种颜色表示
背景加强：数字128 或 BACKGROUND_INTENSITY 表示
主要应用：改变指定区域字体与背景的颜色
前景颜色对应值：
    0=黑色          8=灰色
    1=蓝色          9=淡蓝色十六进制
    2=绿色          10=淡绿色        0xa
    3=湖蓝色        11=淡浅绿色      0xb
    4=红色          12=淡红色        0xc
    5=紫色          13=淡紫色        0xd
    6=黄色          14=淡黄色        0xe
    7=白色          15=亮白色        0xf
    也可以把这些值设置成常量。
*/
#include <stdio.h>
#include <windows.h>
void color(short x) //自定义函数根据参数改变颜色
{
    if(x>=0 && x<=15)//参数在0~15的范围颜色
        SetConsoleTextAttribute(GetStdHandle(STD_OUTPUT_HANDLE),x);
        //只有一个参数，改变字体颜色
    else//默认的颜色白色
        SetConsoleTextAttribute(GetStdHandle(STD_OUTPUT_HANDLE),7);
}
int main()
{
    int i;
    system("title color text");
    printf("此处为没调用颜色函数之前默认的颜色\n");
    //调用自定义color(x)函数改变的颜色
    color(0);   printf("黑色\n");
    color(1);   printf("蓝色\n");
    color(2);   printf("绿色\n");
    color(3);   printf("湖蓝色\n");
    color(4);   printf("红色\n");
    color(5);   printf("紫色\n");
    color(6);   printf("黄色\n");
    color(7);   printf("白色\n");
```

```
    color(8);     printf("灰色\n");
    color(9);     printf("淡蓝色\n");
    color(10);    printf("淡绿色\n");
    color(11);    printf("淡浅绿色\n");
    color(12);    printf("淡红色\n");
    color(13);    printf("淡紫色\n");
    color(14);    printf("淡黄色\n");
    color(15);    printf("亮白色\n");
    color(16);       //因为这里大于15，恢复默认的颜色
    printf("回到原来颜色\n");
    //直接使用颜色函数
    SetConsoleTextAttribute(GetStdHandle(STD_OUTPUT_HANDLE),FOREGROUND_
    RED | FOREGROUND_INTENSITY | BACKGROUND_GREEN | BACKGROUND_INTENSITY);
    printf("红色字体前景加强绿色背景背景加强\n");
    SetConsoleTextAttribute(GetStdHandle(STD_OUTPUT_HANDLE),15|8|128|64);
    printf("亮白色字体前景加强红色背景背景加强\n");
    //声明句柄再调用函数
    HANDLE JB=GetStdHandle(STD_OUTPUT_HANDLE);//创建并实例化句柄
    SetConsoleTextAttribute(JB,2|8);
    printf("颜色及对应数字表：\n");
    for(i=0;i<1000;i++){
        //color(16);printf(" ");
        SetConsoleTextAttribute(GetStdHandle(STD_OUTPUT_HANDLE),i);
        printf("%-3d",i);
        color(16);printf(" ");
        if(i%16==0) printf("\n");
    }
    color(16);
    return 0;
    //类似的函数还有system("color XX");，X是十六进制0~F之间的数，不过这种函数改变
    的是整个画面，而不能让多处局部变色
}
```

【思考题】

如何利用库函数设置输出字符和背景的颜色？

5. 阅读程序，观察程序控制计算机发音的方法，记录程序运行结果和功能。

代码 1-3-15

```
#include <stdio.h>
#include <windows.h>
typedef struct
{
    int freq; //赫兹
    int duration;//持续时间
    char text[32];//文本内容
}STU;
```

```
STU t[]=
{{784,375,"祝"},{784,125,"你"},{880,500,"生"},{784,500,"日"},{1046,500,"快"},
{988,1000,"乐\n"},
{784,375,"祝"},{784,125,"你"},{880,500,"生"},{784,500,"日"},{1175,500,
"快"},
{1046,1000,"乐\n"},{784,375,"祝"},{784,125,"你"},{1568,500,"生"},{1318,500,
"日"},
{1046,500,"快"},{988,500,"乐\n"},{880,500,""},{1397,375,"祝"},{1397, 125,
"你"},
{1318,500,"生"},{1046, 500,"日"},{1175,500,"快"},{1046,1000,"乐\n"},};
main()
{
    int i;
    //结构体数组的长度sizeof(t)/sizeof(STU)得到，总结构体数组大小 / 单个结构体大小
    for(i=0;i<sizeof(t)/sizeof(STU);i++)
    {
        printf("%s",t[i].text);
        Beep(t[i].freq,t[i].duration);
    }
}
```

【思考题】

如何实现计算机发音？

1.3.3　应用实验

实验准备

复习本节迷你、观察与思考实验中的编程方法。

实验目标

认识各个有趣的库函数，学会应用库函数解决实际问题。

实验内容

背景资料：

人工智能正在深刻地改变着生活与社会，智能程序无处不在，它渗透在生活中的点点滴滴。

您的智能机器人管家在工作日为您设置了个性起床提示服务：“主人，现在是2020年7月23日早上7点，新的一天开始了！起床故事开始了，让我们回顾历史上的今天，1921年7月23日中国共产党成立了。在上海市黄陂南路374号有一栋石库门老房子，在这个老房子里召开了中国共产党第一次全国代表大会，自1921年成立以来，中国共产党带领人民浴血奋斗，实现民族独立、人民解放，向着国家富强、人民富裕的目标不断迈进。伴随起床故事，您彻底从梦中回到现实，洗刷之后，智能的烹饪机器人已经为您准备了营养早餐。早餐：一杯牛奶、一个鸡蛋、一盘水果沙拉、两个您爱吃的煎饼果子。早餐的食谱源于大数据分析，因为是后疫情时期，营养十分重要，健康的早餐，让您精力充沛、心情愉悦，智能机器人管家微笑地说：主人

您的车已经在门口恭候您了，您辛苦了，一路顺风。走出家门，智能小车已经为您打开了车门，您入座后，智能小车一定会说：请系好安全带，可以出发？您回答：可以，智能小车问：主人今天去大学参加国际会议吗？您回答：是的，智能小车报时，现在是北京时间：2020年7月23日上午8：00，到会场大约需要××分钟。

这一切都这么贴心，让人感觉到您的AI朋友无处不在。现在您就模仿这个情景，帮您的朋友设置一系列特有的AI程序吧。

需求描述：请根据下面具体的要求，优化或者编写代码，使其完成智能生活程序的基本功能。

任务1：实现智能闹钟中早安和起床故事的显示代码如下，请优化以下代码。

【参考代码】

```
//起床故事
#include <stdio.h>
#include <stdlib.h>
int main()
{
    system("title 起床故事");
    printf("\t主人，现在是2020年7月23日早上7点，新的一天开始了！\n");
    Sleep(3000);
    printf("\t起床故事开始了，让我们回顾历史上的今天，1921年7月23日中国共产党成立了，\n");
    Sleep(3000);
    printf("\t在上海市黄陂南路374号有一栋石库门老房子，在这个老房子里召开了中国共产党第一次全国代表大会，\n");
    Sleep(3000);
    printf("\t自1921年成立以来，中国共产党带领人民浴血奋斗，实现民族独立、人民解放，向着国家富强，人民富裕的目标不断迈进。\n");
    Sleep(3000);
    return 0;
}
```

任务2：显示早餐的食谱与营养成分，如图1-17所示。请编写程序代码。

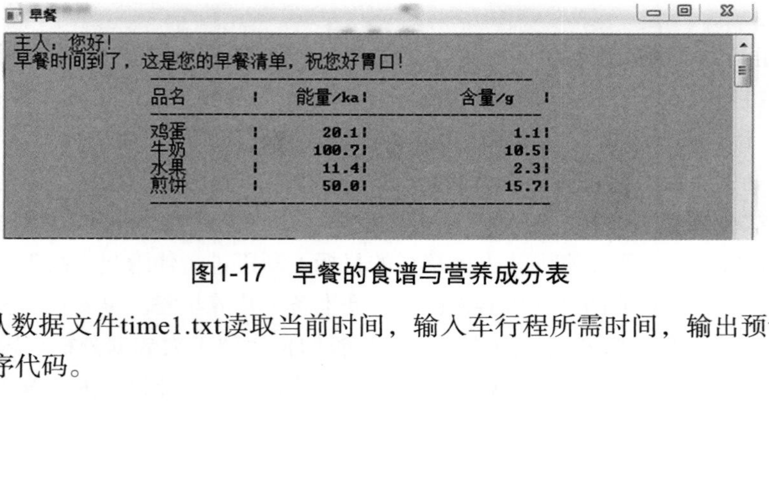

```
早餐
主人：您好！
早餐时间到了，这是您的早餐清单，祝您好胃口！
        ---------------------------------------------
        品名      |    能量/ka|         含量/g   |
        ---------------------------------------------
        鸡蛋      |      20.1|            1.1|
        牛奶      |     100.7|           10.5|
        水果      |      11.4|            2.3|
        煎饼      |      50.0|           15.7|
        ---------------------------------------------
```

图1-17　早餐的食谱与营养成分表

任务3：从数据文件time1.txt读取当前时间，输入车行程所需时间，输出预计到会场的时间。请编写程序代码。

1.3.4 归纳

C语言是一种程序设计的入门语言。由于C语言的语句中没有提供直接计算sin或cos函数的语句，会造成编写程序困难；但是函数库为用户提供了sin和cos函数，可以直接调用。库函数并不是C语言本身的一部分，它是由编译程序根据一般用户的需要，编制并提供用户使用的一组程序。C的库函数极大地方便了用户，同时也补充了C语言本身的不足。在编写C语言程序时，使用库函数，既可以提高程序的运行效率，又可以提高编程的质量。

函数库是由系统建立的具有一定功能的函数的集合。库中存放函数的名称和对应的目标代码，具有明确的功能、入口调用参数和返回值。例如：sqrt函数，功能是计算函数参数的平方根值，入口调用参数1个，参数数据类型为double，sqrt函数返回值则是调用参数的平方根值，sqrt(2)，2是调用参数，sqrt(2)函数返回值1.414是2的平方根值。在使用库函数时需要关注头文件，头文件有时也称为包含文件。C语言库函数与用户程序之间进行信息通信时需要使用数据和变量，这些信息都在该函数对应的头文件中，使用某一库函数时，都要在程序中嵌入（用#include）该函数对应的头文件，用户使用时应查阅有关版本的C的库函数参考手册。正确使用头文件。

1. system函数。

system函数的用法，需要包含头文件#include <stdlib.h>，其调用参数是字符串，例如：

```
system("pause");//冻结屏幕
system("cls");//清屏,等于在DOS上使用cls命令
system("notepad")//打开记事本程序
system("ipconfig >> 123.txt");
//输出ipconfig查询出的结果到当前目录的123.txt文件中，每次都是覆盖的
#include <stdlib.h>
main()
{
    system("ls -al /etc/passwd /etc/shadow");
}
```

2. time函数。

函数头文件：#include <time.h>

此函数会返回从公元1970年1月1日的UTC（世界协调时间）时间从0时0分0秒算起到现在所经过的秒数。如果t 并非空指针的话，此函数也会将返回值存到t指针所指的内存。返回值：成功则返回秒数，失败则返回((time_t)-1)值，错误原因存于error中。

3. Sleep函数。

函数头文件：#include<windows.h>

定义函数：unsigned Sleep(unsigned seconds);

此函数执行挂起一段时间（对于windows+codeblocks下，Sleep()，单位为ms）。

1.3.5 自创实验

实验准备

C语言的库函数并不是C语言本身的一部分，它是由编译程序根据一般用户的需要，编制并提供用户使用的一组程序。C的库函数极大地方便了用户，同时也补充了C语言本身的不足。在编写C语言程序时，使用库函数，既可以提高程序的运行效率，又可以提高编程的质量。

通过调用数学库函数、system、time、Sleep、随机函数、数据文件读写等函数可以解决实际问题，在实验前需充分了解对这些函数的实际参数各自含意，才能正确调用函数实现对应功能。

实验目标

应用课堂与上述实验的知识、方法解决实际问题。

实验内容

背景资料： 2020年年初的新冠病毒改变了人们的生活节奏，新冠疫情暴发以来，在习近平总书记亲自指挥、亲自部署下，全国人民众志成城、共克时艰，全国疫情防控取得了阶段性成效。未来一到两年内，新冠病毒都仍会存在，理性看待疫情并尽快适应可能持续一两年的常态化抗疫是我们面临的新挑战，为了帮助人们进入常态化抗疫，本实验将普及地铁出行中的防控知识（见图1-18）。

图1-18　地铁出行中的防控知识

需求描述：

请编程实现如下功能：

功能1： 显示图1-18中的防控知识（分4个页面显示，每个页面停留30秒）。

功能2：进行防控知识测试，程序提出问题，由用户通过键盘输入答案，用户输入后，程序显示此题的标准答案（测试题与答案来自test.txt文件）。

功能3：显示全部测试题与答案。

1.4　简单问题处理

智慧社区是指通过利用各种智能技术和方式，整合社区现有的各类服务资源，为社区群众提供政务、商务、娱乐、教育、医护及生活互助等多种便捷服务的模式。从应用方向来看，“智慧社区”应实现“以智慧政务提高办事效率，以智慧民生改善人民生活，以智慧家庭打造智能生活，以智慧小区提升社区品质”的目标。

智慧社区是社区管理的一种新理念，是新形势下社会管理创新的一种新模式。智慧社区是指充分利用物联网、云计算、移动互联网等新一代信息技术的集成应用，为社区居民提供一个安全、舒适、便利的现代化、智慧化生活环境，从而形成基于信息化、智能化社会管理与服务的一种新的管理形态的社区。“智慧社区”建设能够有效推动经济转型，促进现代服务业发展。

智慧城区（社区）是指充分借助互联网、物联网，涉及智能楼宇、智能家居、路网监控、智能医院、城市生命线管理、食品药品管理、票证管理、家庭护理、个人健康与数字生活等诸多领域，把握新一轮科技创新革命和信息产业浪潮的重大机遇，充分发挥信息通信（ICT）产业发达、RFID 相关技术领先、电信业务及信息化基础设施优良等优势。

通过建设 ICT 基础设施、认证、安全等平台和示范工程，加快产业关键技术攻关，构建城区（社区）发展的智慧环境，形成基于海量信息和智能过滤处理的新的生活、产业发展、社会管理等模式，面向未来构建全新的城区（社区）形态。

“智慧社区”建设，是将“智慧城市”的概念引入了社区，以社区群众的幸福感为出发点，通过打造智慧社区为社区百姓提供便利，从而加快和谐社区建设，推动区域社会进步。基于物联网、云计算等高新技术的“智慧社区”是“智慧城市”的一个“细胞”，它将是一个以人为本的智能管理系统，有望使人们的工作和生活更加便捷、舒适、高效。

城市是人类文明发展的产物，社区是其最基本的组成部分，社区作为城市居民生存和发展的载体，其智慧化是城市智慧水平的集中体现。智慧社区从功能上讲，是以社区居民为服务核心，为居民提供安全、高效、便捷的智慧化服务，全面满足居民的生存和发展需要。智慧社区由高度发达的“邻里中心”服务、高级别的安防保障以及智能的社区控制构成。

在“智慧社区”中最基本工作就是顺序程序可以解决的简单问题，例如，社区居民“菜篮子”，社区居民都有健康档案，在这个档案中记录了该居民每天对营养的需求，根据营养成分程序计算出当天购买菜的种类和数量。明确了目标就可以进入程序设计，完成程序设计后需要对程序进行测试，只有当程序的运行结果与原设计一致，这个程序设计任务才算结束，在程序测试中需要采用的方法为黑盒法和白盒法。

黑盒测试时是不考虑程序内部的结构和处理过程，只根据程序实现的功能来检查是否符合预期的功能要求。黑盒测试是在程序前端接口进行的测试，又称为功能性测试用来测试程序的使用情况。

白盒测试与黑盒测试截然不同，测试人员需要了解程序的内部结构，也就是测试人员必须对整个程序有所了解。所以说白盒测试又称为结构测试，它需要了解程序内部的设计结构及具体的代码实现过程，并设计相应的测试用例对程序进行调试，测试程序是否有bug。

案例1：用黑盒法测试社区居民“菜篮子”程序（每日所需基础能量=655.096+9.563×体重（kg）+1.85×身高（cm）−4.676×年龄）。

代码 1-4-1

```
//社区居民"菜篮子"
#include <stdio.h>
#include <stdlib.h>
#include <string.h>
int main(void)
{

    char filename[10];
    FILE *fp;
    double e1,w,h,tt,pfe1,pfe2;
    int fe1=50,fe2=6,age;
    srand((unsigned)time(NULL));//利用系统时间对随机数初始化
    printf("请输入您的卡号\n");
    scanf("%s",filename);
    strcat(filename,".txt");
    fp=fopen(filename,"r");
    if(fp==NULL)
    {
        printf("%s文件无法打开！",filename);
        exit(0);
    }
    fscanf(fp,"%lf,%lf,%lf,%lf,%d",&e1,&w,&h,&age);
    fclose(fp);
    tt=655.096+9.563*w+1.85*h-4.676*age;
    fe1=tt/fe1;
    fe2=e1/fe2;
    pfe1=rand()%10;//生成在100内的随机整数
    pfe2=rand()%10;
    printf("您的购买的是：蔬菜%d克\n",fe1*100);
    printf("您的购买的是：肉%d克\n",fe2*100);
    printf("本次购买应支付：%.2lf元\n\t谢谢您的光临，期待下次见面！\n",fe1/100*
    pfe1+fe2/100*pfe2);
    return 0;
}
```

黑盒法测试：运行程序，输入社区居民房号，程序输出本次购物的清单（见图1-19），结论程序黑盒法测试通过。

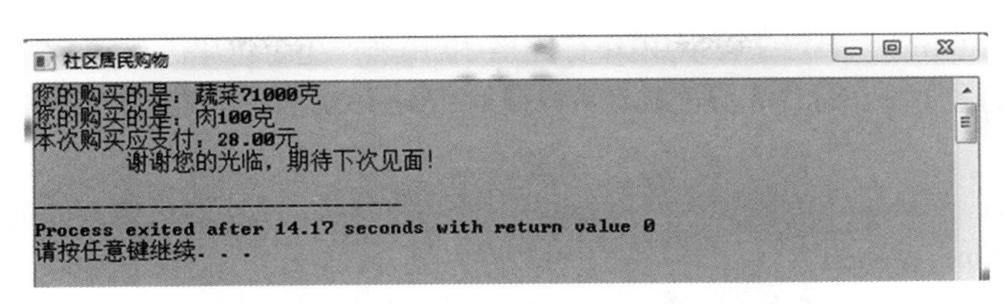

图1-19　社区居民“菜篮子”程序运行结果

案例2：用白盒法测试社区居民“菜篮子”程序。

白盒法测试：根据程序结构发现：变量fe1、fe2是整型变量，执行fe1=tt/fe1; fe2=e1/fe2;会出现误差，这是程序的bug。

思考：对各小节的应用实验中的程序按黑盒法和白盒法进行测试，并记录测试结果。

1.5　归纳与提高

C是强类型语言，有short、long、int、char、float、double等构造数据类型，数据类型是贯穿C语言整个课程的核心概念，因为程序的终极目标是处理数据，而数据在程序中是通过数据类型来管控的。

struct、union、enum属于C的构造类型，用于自定义类型，扩充类型系统（在第6章中出现）。

变量用来保存数据，数据是操作的对象，变量的变字意味着它可以在运行时被修改。变量由“类型名+变量名”决定，定义变量需要为变量分配内存，可以在定义变量的同时做初始化。

例如：

```
int x;
float y1 = 0.56, y2= 0.78;
```

但是，不允许将1个常量1次作为多个变量的初始化值。

```
float y1 =y2= 0.78; //语法错
float y1 =0.78,y2= 0.78; //正确
```

常量在程序运行中恒定、不可变，编译期间便可确定。

函数：函数封装行为，是模块化的最小单元，函数使得逻辑复用变得可能。C语言是过程式的，现实世界都可以封装为一个个过程（函数），通过过程串联和编排模拟世界。用C编程，行为和数据是分离的。调用函数的时候，调用者通过参数向函数传递信息，函数通过返回值向调用者反馈结果。

例如：

```
double x=2,y;
y=sqrt(x);//通过参数x向函数传递信息，函数通过返回值向调用者反馈结果，存入变量y中
```

预处理从C源程序文件到可执行程序需要经过预处理-编译-汇编-连接多个阶段，预处理阶段做替换、消除和扩充，预处理语句以#打头。

宏定义，#define，宏定义可以用\作行连接，#用来产生字符串，##用来拼接，宏定义的时候要注意加()避免操作符优先级干扰，可以用do…while(0)来把定义作为单独语句，#undef是define的反操作。

#if、#ifdef、#ifndef、#else、#elif、#endif用来条件编译，为了避免头文件重复包含，经常用#ifndef、#define、#endif。

#include用来做头文件包含；#pragma用来做行为控制；#error用来在编译的时候输出错误信息。

__FILE__、__LINE__、__DATE__、__TIME__、__STDC__等标准预定义宏可以被用来做一些调试用途。

#typedef用来定义类型别名。比如typedef int money_t;money_t比int更有含义。

思考：对各小节的自创实验中的程序进行优化，确保程序的规范。

第2章 顺序结构

本章知识导图如图2-1所示。

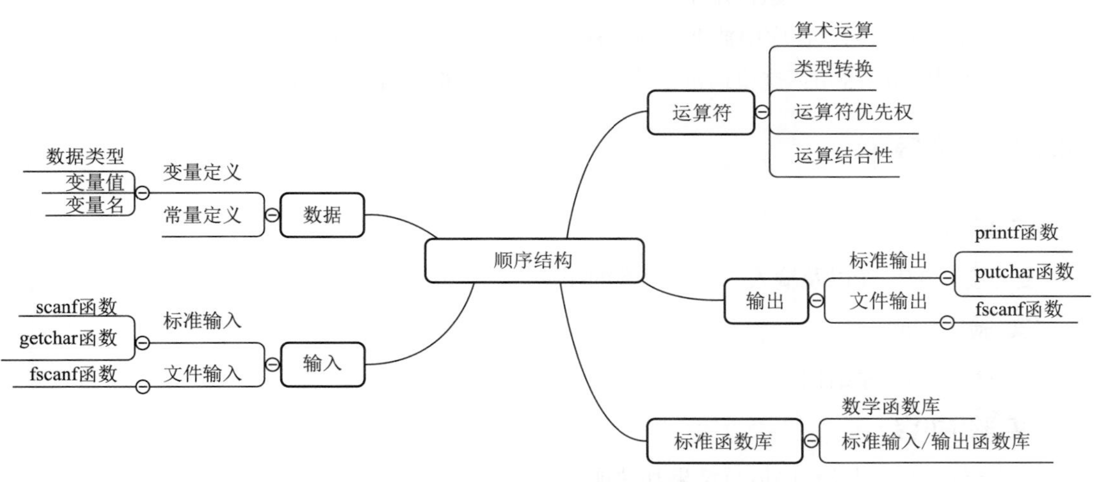

图2-1　顺序结构知识导图

2.1　认识顺序结构

习近平在庆祝改革开放40周年大会上的讲话中提到："中国人民具有伟大梦想精神，中华民族充满变革和开放精神。几千年前，中华民族的先民们就秉持'周虽旧邦，其命维新'的精神，开启了缔造中华文明的伟大实践。自古以来，中国大地上发生了无数变法变革图强运动，留下了'治世不一道，便国不法古'等豪迈宣言。自古以来，中华民族就以'天下大同'、'协和万邦'的宽广胸怀，自信而又大度地开展同域外民族交往和文化交流，曾经谱写了万里驼铃万里波的浩浩丝路长歌，也曾经创造了万国衣冠会长安的盛唐气象。正是这种'天行健，君子以自强不息'、'地势坤，君子以厚德载物'的变革和开放精神，使中华文明成为人类历史上唯一一个绵延5000多年至今未曾中断的灿烂文明。以数千年大历史观之，变革和开放总体上是中国的历史常态。中华民族以改革开放的姿态继续走向未来，有着深远的历史渊源、深厚的文化根基。……改革开放之初，虽然我们国家大、人口多、底子薄，面对着重重困难和挑战，但我们对未来充满信心，设计了用70多年、分三步走基本实现社会主义现代化的宏伟蓝图，没有非凡的胆略、坚定的自信是作不出这样宏远的构想和决策的。”

（资料来源：习近平系列重要讲话数据库）

我国改革开放的实践说明，循序渐进是我们做事情的常用准则。在计算机的世界里，按顺序执行指令也是基本准则。在程序的构成框架中，顺序结构也是程序基本结构。

C语言中顺序结构的程序一般包含三部分：

- 输入数据或给变量赋值，I（input）。
- 处理数据或进行计算，P（processing）。
- 输出结果，O（output）。

语句是程序的构成单位，程序实现的功能也是通过执行语句来实现的。在C语言顺序结构中涉及的语句可归结为：

（1）数据声明语句：通常用来对变量、常量进行定义与声明。

（2）表达式语句：程序中数据处理过程的表示，由表达式构成的语句，例如赋值语句。

（3）函数调用语句：这里通常是完成输入/输出任务的函数调用语句。

2.1.1 迷你实验

实验准备

复习变量的用途以及输入／输出函数的用法。

实验目标

掌握程序的顺序结构。

实验内容

1. 运行代码，记录程序运行结果和功能。

代码 2-1-1

```
#include <time.h>
#include <stdio.h>
#include <stdlib.h>
int main()
{
    int year;
    system("title 代码2-1-1");
    year=2020;
    year=year-1978;
    printf("至今已改革开放%d年.\n",year);
    return 0;
}
```

2. 运行代码，记录程序运行结果和功能。

代码 2-1-2

```
#include <time.h>
#include <stdio.h>
#include <stdlib.h>
int main()
{
    int year;
    system("title  代码2-1-2");
    printf("请输入当前年份:\n");
    scanf("%d",&year);
    year=year-1978;
    printf("至今已改革开放%d年.\n",year);
    return 0;
}
```

3. 运行代码，记录程序运行结果和功能。

代码 2-1-3

```
#include <time.h>
#include <stdio.h>
#include <stdlib.h>
int main()
{
    int year;
    system("title  代码2-1-3");
    year=year-1978;
    printf("请输入当前年份:\n");
    scanf("%d",&year);
    printf("至今已改革开放%d年.\n",year);
    return 0;
}
```

4. 运行代码，记录程序运行结果和功能。

代码 2-1-4

```
#include <time.h>
#include <stdio.h>
#include <stdlib.h>
int main()
{
    int year,start=1978;
    system("title  代码2-1-4");
    printf("请输入当前年份:\n");
    scanf("%d",&year);
    year=year-start;
```

```
    printf("至今已改革开放%d年.\n",year);
    return 0;
}
```

注意：

1978这个常量数据在程序中可以以变量和常量的方式存储。而常量方式中除了整型常量方式外，还可以采用符号常量，可以采用define命令定义符号常量START，语句如下：

```
#define START 1978
```

5. 运行代码，记录程序运行结果和功能。代码中用到的start.txt文件格式如图2-2所示。

图2-2　start.txt文件格式

代码 2-1-5

```
#include <stdio.h>
#include <stdlib.h>
int main()
{
    FILE *fp;
    int year,start;
    system("title  代码2-1-5");
    fp=fopen("start.txt","r");
    if(fp==NULL)
    {
        printf("file is not exist.\n");
        exit(0);
    }
    fscanf(fp,"%d%d",&start,&year);
    year=year-start;
    printf("至今已改革开放%d年.\n",year);
    fclose(fp);
    return 0;
}
```

6. 运行代码，记录程序运行结果和功能。

代码 2-1-6

```
#include <time.h>
#include <stdio.h>
#include <stdlib.h>
int main()
{
    time_t timep;
```

```
    struct tm *p;
    int year=0;
    time(&timep);
    p=gmtime(&timep);
    year=p->tm_year;
    system("title  代码2-1-6");
    year=year-1978;
    printf("至今已改革开放%d年.\n",year);
    return 0;
}
```

2.1.2　观察与思考实验

实验准备

复习不同数据类型的输入/输出方法。

实验目标

理解输入/输出函数在顺序结构中的作用。

实验内容

1. 阅读程序，观察浮点型数据的定义，记录程序运行结果和功能。

代码 2-1-7

```
#include <stdio.h>
int main()
{
    float usual_score;//平时成绩
    float exam_score;//期末考试成绩
    float final_score;//总评成绩
    system("title  代码2-1-7");
    printf("欢迎进入成绩管理系统! \n");
    printf("请依次输入平时成绩，期末考试成绩，以英文逗号隔开：\n");
    scanf("%f,%f",&usual_score,&exam_score);
    final_score=usual_score*0.3+exam_score*0.7;
    printf("总评成绩：%.2f\n",final_score);
    return 0;
}
```

【思考题】

数据类型 float 和 double 有何不同？如果平时成绩的定义修改成 double usual_score;，那么 scanf 应如何修改才可以正确输入？

2. 阅读程序，观察字符型数据的输入方式，记录程序运行结果和功能。

代码 2-1-8

```
#include <stdio.h>
int main()
```

```
{
    char a,b;
    system("title  代码2-1-8");
    printf("请输入一个大写字母：");
    a=getchar();
    putchar('\n');
    putchar('\2');
    b=a+32;          //将大写字母转换为小写字母
    printf("转换后的小写字母为：");
    putchar(b);
    printf("\2\n");
    return 0;
}
```

【思考题】

getchar 函数是读入函数的一种。如果改成用 scanf 函数完成上述程序的输入，应如何修改？

3.阅读程序，观察字符型数据的输入方式，记录程序运行结果和功能。

代码 2-1-9

```
#include <stdio.h>
#include <stdlib.h>
int main()
{
    FILE *fp;
    int year;
    float total,rate;
    system("title  代码2-1-9");
    fp=fopen("gdp1.txt","r");
    if(fp==NULL)
    {
        printf("file is not exist.\n");
        exit(0);
    }
    while(!feof(fp))
    {
        fscanf(fp,"%d%f%f",&year,&total,&rate);
        printf("%6d年,GDP总值为%10.2f（亿元），增长率为%10.2f%%\n",year,total,
        rate);
    }
    fclose(fp);
}
```

【思考题】

（1）如果文件不存在，程序可以运行吗？运行结果是什么？

（2）文件 gdp1.txt 中数据格式应该是怎样的？

（3）如果想再增加一个数据到原文件末尾，应如何修改？

2.1.3　应用实验

实验准备

复习常用运算符的应用规则。

实验目标

应用顺序结构和运算式解决实际问题。

实验内容

背景资料： 国内生产总值（GDP）指一个国家（或地区）所有常住单位在一定时期内生产活动的最终成果。现有2010年至2020年每年第一季度的GDP数据存储在gdp_comp.txt中，数据格式如图2-3所示。

需求描述： 请编程计算并输出每年的同比增长率。其中同比增长率一般是指和上一年同期相比较的增长率。例如：某个指标的同比增长率=（现年的某个指标的值-上年同期这个指标的值）/上年同期这个指标的值。

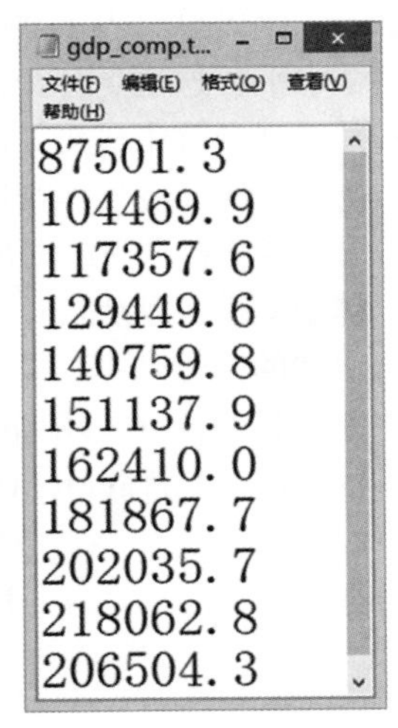

图2-3　gdp_com.txt文件格式

2.1.4　归纳

1. 顺序结构是按照解决问题的顺序编写程序语句，执行顺序是自上而下，依次执行。输入和输出是程序的基本构成，在程序开发之前应做好程序输入和输出的设计，即设计好输入/输出的方式及格式。

2. 文件的打开模式有很多种，具体如表2-1所示。

表 2-1　文件打开模式

打开模式	只读	只可以写		可读又可写		
文本文件	r	w	a	r+	w+	a+
二进制文件	rb	wb	ab	rb+	wb+	ab+

其中w模式表示打开文件进行“只写”操作，即只能向文件写入内容。若欲操作的文件不存在，则新建文件。打开文件后，会清空文件内原有的内容。可向文件中任意位置写入内容，且进行写入操作时，会覆盖原有位置的内容。

a模式表示打开文件进行“追加”操作，即只能向文件写入内容。若欲操作的文件不存在，则新建文件。成功打开文件时，文件指针位于文件结尾。打开文件后，不会清空文件内原有内容。只能向文件末尾追加（写）内容。

2.1.5　自创实验

实验准备

复习计算机中文件的含义及C语言中数据在文件中的存储方式。

实验目标

理解从文件中读取多行数据的操作过程。

实验内容

背景资料：在经济学中，常用GDP和GNI（gross national income，国民总收入）共同来衡量该国家或地区的经济发展综合水平。这也是各个国家和地区常采用的衡量手段。GDP是宏观经济中最受关注的经济统计数字，因为它被认为是衡量国民经济发展情况最重要的一个指标。GDP反映的是国民经济各部门的增加值的总额。

需求描述：假设gdp1.txt文件中保存的是改革开放40多年间GDP的部分数据，如图2-4所示。请编程实现gdp1.txt文件中数据的读取，求增长率超过10%的年份有多少年，将其写入到一个新的rate.txt文件中。

gdp1.txt - 记事本

文件(F) 编辑(E) 格式(O) 查看(V) 帮助(H)

```
1980 4545.62 7.80
1981 4891.56 5.20
1982 5323.35 9.10
1983 5962.65 10.90
1984 7208.05 15.20
1985 9016.04 13.50
1986 10275.18 8.80
1987 12058.82 11.60
1988 15042.82 11.30
```

图2-4　gdp1.txt文件格式

2.2　库函数应用

C语言的库函数并不是C语言的一部分，它是由编译程序根据一般用户的需要编制并提供用户使用的一组程序。C的库函数极大地方便了用户，同时也补充了C语言本身的不足。在编写C语言程序时，使用库函数既可以提高程序的运行效率，又可以提高程序的质量。

在迷你实验的题目中，需手动输入年份计算改革开放的时长，如果能运用时间相关的库函数，就能自动计算，从而提高程序运行效率。常用的函数库如表2-2所示。

表 2-2　常用函数库说明

库文件名	函数库说明	示例函数
stdio.h	定义了标准输入 / 输出函数	scanf()、printf()、sscanf()
string.h	定义了字符串的常用函数	gets()、puts()
math.h	定义了常用数学函数	fabs()、sqrt()
stdlib.h	定义了五种类型（例如 size_t、wchar_t、div_t、ldiv_t 和 lldiv_t）、一些宏和通用工具函数	system()、atoi()、atol()、rand()、srand()、exit()
time.h	定义了一些日期和时间函数	clock()、ctime()、time()
ctype.h	定义了一批字符分类函数，用于测试字符是否属于特定的字符类别，如字母字符、控制字符等	isalpha()、islower()、isdigit()

2.2.1　迷你实验

实验准备

复习时间库函数、随机函数的使用。

实验目标

利用时间库函数和随机函数解决实际问题。

实验内容

1.运行代码，记录程序运行结果和功能。

代码 2-2-1

```
#include <time.h>
#include <stdio.h>
#include <stdlib.h>
int main(void)
{
    int year;
    time_t timep;
    struct tm *p;
    time(&timep);
    p=gmtime(&timep);
    system("title 代码2-2-1");
    year=1900+p->tm_year;
    printf("当前年份:%d\n",year);
    printf("改革开放至今%d年\n",year-1978);
    return 0;
}
```

2. 运行代码，记录程序运行结果和功能。

代码 2-2-2

```
#include <time.h>
#include <stdio.h>
#include <stdlib.h>
int main(void)
{
    int num;
    system("title 代码2-2-2");
    srand(time(NULL));
    num=(int)(rand()%50);
    printf("改革开放至今%d年,今年是%d年",num,num+1978);
    return 0;
}
```

3. 运行代码，记录程序运行结果和功能。

代码 2-2-3

```
#include <stdio.h>
#include <stdlib.h>
int main(void)
{
    int i,num,max=-1;
    srand(time(NULL));
    system("title 代码2-2-3");
    for(i=0;i<10;i++)
```

```
    {
        num=(int)(rand()%100);
        printf("第%d数为%d\n",i+1,num);
        if(max<num)
            max=num;
    }
    printf("最大值为%d",max);
    return 0;
}
```

4. 运行代码，记录程序运行结果和功能。

代码 2-2-4

```
#include <stdio.h>
#include <stdlib.h>
#define PI 3.1415
int main(void)
{
    int i,r;
    float area;
    system("title 代码2-2-4");
    srand(time(NULL));
    for(i=0;i<10;i++)
    {
        r=rand()%10;
        area=PI*r*r;
        if(area>100)
        {
            printf("第%d个半径为%d,",i+1,r);
            printf("面积为%.2f\n",area);
        }
    }
    return 0;
}
```

5. 运行代码，记录程序运行结果和功能。

代码 2-2-5

```
#include <time.h>
#include <stdio.h>
#include <stdlib.h>
#include <windows.h>
int main(void)
{
    int i,s=0;
    clock_t start,end;
    system("title 代码2-2-5");
    printf("CLK_TCK=%d\n",CLK_TCK);
    start=clock();
```

```
    for(i=0;i<=100000;i++)
       es=s+i;
    Sleep(2000);
    printf("s=%d\n",s);
    end=clock();
    printf("The time : %.4f\n",(float)(end-start)/CLK_TCK);
    return 0;
}
```

6. 运行代码，记录程序运行结果和功能。修改代码2-2-4，使用数学函数pow(x,y)计算面积。

代码 2-2-6

```
#include <stdio.h>
#include <stdlib.h>
#include <math.h>
#define PI 3.1415
int main(void)
{
    int i,r;
    float area;
    system("title 代码2-2-6");
    srand(time(NULL));
    for(i=0;i<10;i++)
    {
        r=rand()%10;
        area=PI*pow(r,2);
        if(area>100)
        {
            printf("第%d个半径为%d,",i+1,r);
            printf("面积为%.2f\n",area);
        }
    }
    return 0;
}
```

2.2.2 观察与思考实验

实验准备

复习常用字符函数库中函数的用法。

实验目标

运用库函数解决应用问题。

实验内容

1. 阅读程序，观察isalpha函数的用法，记录程序运行结果和功能。

代码 2-2-7

```
#include <ctype.h>
#include <stdio.h>
int main()
{
    char ch;
    system("title 代码2-2-7");
    scanf("%c",&ch);
    if(isalpha(ch))
        putchar(ch);
    else
        printf("非字母字符。\n");
    return 0;
}
```

【思考题】

isalpha 函数的功能是检查字符是否是字母，如果想进一步判断是否是大写字母，应如何修改程序？

2. 阅读程序，观察sscanf函数的用法，记录程序运行结果和功能。

代码 2-2-8

```
#include <stdio.h>
#include <stdlib.h>
int main(void)
{
    FILE *fp;
    char s[50];
    int a;
    float b,c;
    system("title 代码2-2-8");
    fp=fopen("gdp1.txt","r");
    fgets(s,50,fp);
    sscanf(s,"%d%f%f",&a,&b,&c);
    printf("%d,%.2f,%.2f",a,b,c);
    fclose(fp);
    return 0;
}
```

【思考题】

比较 scanf 函数和 sscanf 函数的功能和用法有哪些不同。

3. 阅读程序，观察.h文件的用法，记录程序运行结果和功能。假设自定义函数库文件pHello.h的内容如下：

```
#include <stdio.h>
#include <stdlib.h>
void printHello()
{
```

```
    system("title 改革开放42年");
    printf("\2改革开放的42年，是中国经济迅速发展的42年！\2\n");
    printf("\t\t\2\2\2中国加油！\n");
}
```

文件“jiayou.c”内容如下：

代码 2-2-9

```
#include <stdio.h>
#include "pHello.h"
int main()
{
    system("title 代码2-2-9");
    printHello();
    return 0;
}
```

【思考题】

文件包含命令中“”和<>的区别是什么？

2.2.3 应用实验

实验准备

复习不同函数的应用特点。

实验目标

在实际应用中选用合适的函数简化问题。

实验内容

请编程实现：随机生成两个数，生成一个加法运算式。输出运算结果，并统计输出计算所花的时间。

2.2.4 归纳

1. 随机函数。

函数原型：int rand(void)。

函数功能：产生0 ~ 32 767之间的随机整数，返回一个随机整数。

2. 日期与时间函数。

头文件<time.h>中说明了一些用于处理日期和时间的类型和函数，其中time_t是用于表示时间的数据类型，其用法如下：time_t time(time_t *tp)，功能是返回当前日历时间。如果日历时间不能使用，则返回-1。

3. 几个特殊数学函数的含义：

ceil(x)返回不小于x的最小整数值（然后转换为double型）。

floor(x)返回不大于x的最大整数值。

round(x)返回x的四舍五入整数值。

2.2.5 自创实验

实验准备

了解标准函数库和自定义函数库的不同。

实验目标

运用函数库解决问题。

实验内容

程序员自建了一个my.h头文件，里面定义了一个输出*的函数void print_star(int n);。请根据表2-3中的数据，编写程序实现根据增长率绘制*图形。

表 2-3　2010—2017 年 GDP 增长率表

年　份	GDP/ 亿元	增　长　率
2010	401 512.8	10.45%
2011	473 104.05	9.30%
2012	519 470.10	7.65%
2013	568 845.00	7.67%
2014	636 463.00	7.40%
2015	689 052.00	6.90%
2016	744 127.00	6.70%
2017	827 122.00	6.90%

自定义头文件my.h代码如下：

```
#include <stdio.h>
void print_star(int n)
{
    int i;
    n=(int)n;
    for(i=0;i<n;i++)
    printf("*");
    //printf("\n");
}
```

运行结果如图2-5所示。

```
**********10.4%
*********9.3%
********7.7%
********7.7%
*******7.4%
*******6.9%
*******6.7%
*******6.9%
```

图2-5　运行结果图

2.3 认识运算

C语言运算符指的是运算符号。C语言中的符号分为10类：算术运算符、关系运算符、逻辑运算符、位操作运算符、赋值运算符、条件运算符、逗号运算符、指针运算符、求字节数运算符和特殊运算符。由这些符号组合构成的式子称为表达式。当然有些常用的数学计算已经被写入到数学函数库math.h中，比如求绝对值、求平方根等，可以直接通过调用数学库函数实现数学计算。

表达式混合运算的基本过程为：先看优先级，再看结合性。

优先级是用来表示运算符在表达式中的运算顺序的，在求解表达式的值时，总是先按运算符的优先级由高到低进行运算。当一个运算对象两侧的运算符优先级别相同时，则按运算符的结合性来确定表达式的运算顺序。

大多数运算符的结合方向是“自左至右”，即先左后右，也叫“左结合性”，例如 a−b + c，表达式中有 − 和+两种运算符，且优先级相同，按先左后右的结合方向，先围绕减号结合，执行 a−b 的运算，再围绕加号结合，完成运算(a−b) + c。除了左结合性外，C 语言有三类运算符的结合方向是从右至左，也叫“右结合性”，即单目运算符、条件运算符以及赋值运算符。

除运算符优先级和结合性外，C 标准运算符中有些运算符具有特殊性，比如逻辑与运算&&和逻辑或运算||，它们在运算时具有短路特性。

2.3.1 迷你实验

实验准备

复习不同算术运算符的表示和运算规则。

实验目标

运用算术运算进行问题求解。

实验内容

1. 运行代码，记录程序运行结果和功能。

代码 2-3-1

```
#include <stdio.h>
int main()
{
    float r1=0.3/100;
    float r2=1.43/100;
    float r3=1.69/100;
    float r4=1.95/100;

    int money=10000;
    int interest1;
```

```
    int interest2;
    int interest3;
    int interest4;
    system("title 代码2-3-1");
    interest1=money*(1+r1);
    interest2=money*(1+r2/4)*(1+r2/4)*(1+r2/4)*(1+r2/4);
    interest3=money*(1+r3/2)*(1+r3/2);
    interest4=money*(1+r4);

    printf("第一种存法所得本息和是: %d\n",interest1);
    printf("第二种存法所得本息和是: %d\n",interest2);
    printf("第三种存法所得本息和是: %d\n",interest3);
    printf("第四种存法所得本息和是: %d\n",interest4);
    return 0;
}
```

背景知识：表2-4给出了2018年工商银行在上海的实际挂牌存款年利率。

表 2-4　2018 年工商银行存款年利率表

期限	活期	3 个月	6 个月	1 年
利率	0.3%	1.43%	1.69%	1.95%

存款方式如下：

（1）活期，年利率为0.3%。

（2）存四次三个月定期，年利率为1.43%。

（3）存两次半年定期，年利率为1.69%。

（4）一年期定期，年利率为1.95%。

2. 运行代码，记录程序运行结果和功能。

代码 2-3-2

```
#include <stdio.h>
#include <stdlib.h>
int main()
{
    system("title 代码2-3-2");
    int a=10+3+6-5+2;
    int b=-23;
    int c=12*b;
    int d=10/3;
    int e=-10%3;
    double g=10.8/3;
    printf("%.2f\n",a+b+c+d+e+g);
    return 0;
}
```

3. 运行代码，记录程序运行结果和功能。

代码 2-3-3

```
#include <stdio.h>
int main()
{
    system("title 代码2-3-3");
    int a=0,b=10,c=-6;
    int result_1=a&&b,result_2=c||0;
    printf("%d,%d\n",result_1,!c);
    printf("%d,%d\n",9&&0,result_2);
    printf("%d,%d\n",b||100,0&&0);
    return 0;
}
```

4. 运行代码，记录程序运行结果和功能。

代码 2-3-4

```
#include <stdio.h>
#include <stdlib.h>
int main()
{
    system("title 代码2-3-4");
    char c='k';
    int i=1,j=2,k=3;
    float x=3e+5,y=0.85;
    printf( "%d,%d\n",!x*!y,!!!x );
    printf( "%d,%d\n",x||i&&j-3,i<j&&x<y );
    printf( "%d,%d\n",i==5&&c&&(j=8),x+y||i+j+k);
    return 0;
}
```

5. 运行代码，记录程序运行结果和功能。

代码 2-3-5

```
#include <stdio.h>
int main()
{
    int x=0,y=5,z=0,m ;
    system("title 代码2-3-5");
    m=(x=30)&&(y=0)&&(z=10) ;
    printf("%d, %d, %d, %d\n",m,x,y,z);
    m=++x||--y&&--z;
    printf("%d, %d, %d, %d\n",m,x,y,z);
    m=x||--y&&--z;
```

```
    printf("%d, %d, %d, %d\n",m,x,y,z);
    m=x+y,y+5,z+6;
    printf("%d, %d, %d, %d\n",m,x,y,z);
    return 0;
}
```

2.3.2 观察与思考实验

实验准备

复习关系运算符及其基本运算规则。

实验目标

运用关系运算符进行问题求解。

实验内容

1. 阅读程序，观察sqrt函数和强制类型转换的用法，记录程序运行结果和功能。

代码 2-3-6

```
#include <stdio.h>
#include <stdlib.h>
#include <math.h>
int main()
{
    int a,b,c;
    float s,area;
    system("title 代码2-3-6");
    printf("请输入三条边长:\n");
    scanf("%d%d%d",&a,&b,&c);
    if(a+b>c&&a+c>b&&b+c>a)
    {
        s=(float)(a+b+c)/2;
        area=sqrt(s*(s-a)*(s-b)*(s-c));
        printf("面积为%.2f",area);
    }
    else
        printf("不能构成三角形。\n");
    return 0;
}
```

【思考题】

math.h 文件的功能是什么？如果删除语句 #include <math.h>，程序运行会有什么变化？语句 s=(float)(a+b+c)/2; 中，float 的作用是什么？是否可以去掉？

2. 阅读程序，观察条件运算符（？：）的用法，记录程序运行结果和功能。

代码 2-3-7

```
#include <stdio.h>
int main()
{
    system("title 代码2-3-7");
    int  year;
    double gdp;
    char yes_no;
    printf("输入年份：\n");
    scanf("%4d",&year);
    yes_no=(1978<year<2018)?'T':'F';
    if(yes_no=='T')
        printf("该年份是在改革开放40年期间。\n");
    else
        printf("该年份不是在改革开放40年期间。\n");
    return 0;
}
```

【思考题】

如果要把语句 yes_no=(1978<year<2018)?'T':'F';修改成用逻辑运算符判断，应如何修改？

2.3.3　应用实验

实验准备

复习数据的读取方式。

实验目标

学会不同存储方式下数据的正确读取及运算。

实验内容

1. **背景资料：**某地按年度为周期实施阶梯电价，居民家庭用户年用电电价分为三个阶梯：第一档0~3 120度（1度=1 kW·h），电价0.617元/度；第二档3 121~4 800度，电价0.667元/度；第三档超过4 800度，电价0.917元/度。居民每月（每期）电表读数保存在文本文件eCost.txt中，数据格式如下：

20000

20500 21000 21500 22000 22500 23000 23500 24000 24500 25000 25500 26000

-1

第一个数为年初电表读数，接下来每个数为各月月底的电表读数，文件的最后一个数为负数，表示文件结束。

需求描述：从文件中获取每月电表读数，计算应缴纳的电费。输出信息包括每期序号、当期电表读数、当期年用电量累计、年收费累计、当期收费。运行结果如图2-6所示。

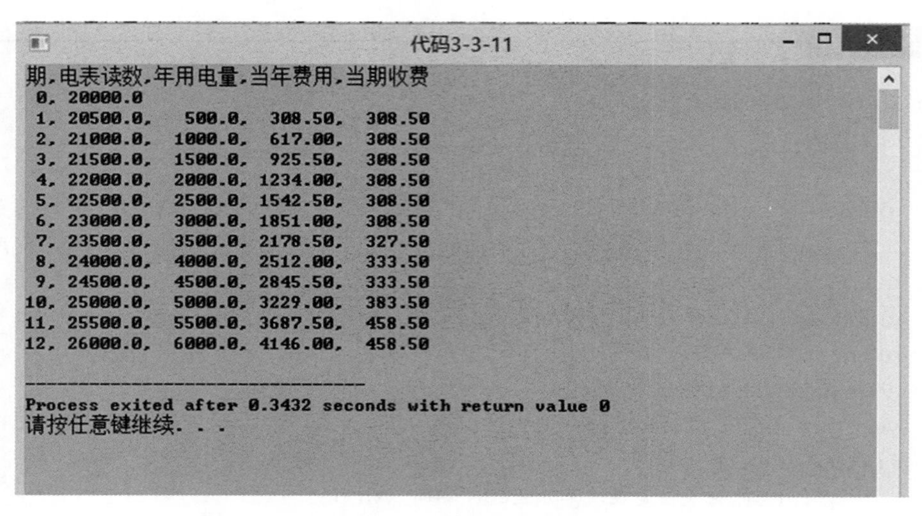

图2-6　输出结果图

2.假设有一个文件high_data.txt中存放了某个班级学生的身高数据，单位为cm，编程计算这个班级学生的身高平均值、方差和标准差。

提示：标准偏差公式：

$$s=\sqrt{\frac{1}{N-1}\sum_{i=1}^{N}(x_i-\overline{X})^2}$$

其中，$\overline{X}$代表数据的均值。

文件high_data.txt中的数据如图2-7所示。

背景知识：标准偏差（Standard Deviation，Std Dev）是一种度量数据分布的分散程度的标准，用以衡量数据值偏离算术平均值的程度。标准偏差越小，这些值偏离平均值就越少，反之亦然。而统计中的方差（样本方差）是指每个样本值与全体样本值的平均数之差的平方值的平均数。样本方差可以用来衡量样本波动的大小，估计总体波动的大小。在Excel中，可以分别用函数VAR和STDEV来表示，如图2-8和图2-9所示。

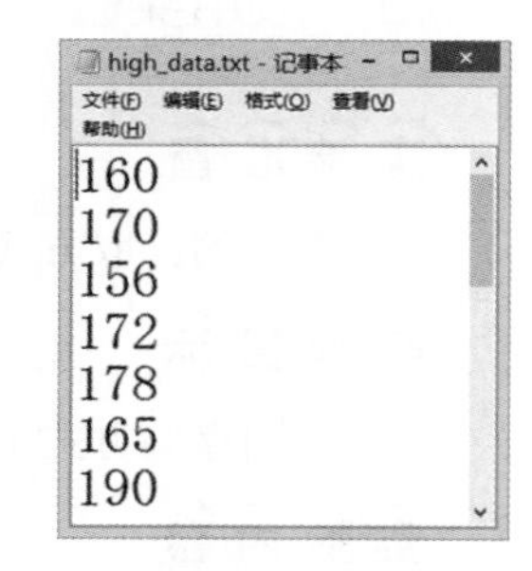

图2-7　high_data.txt数据

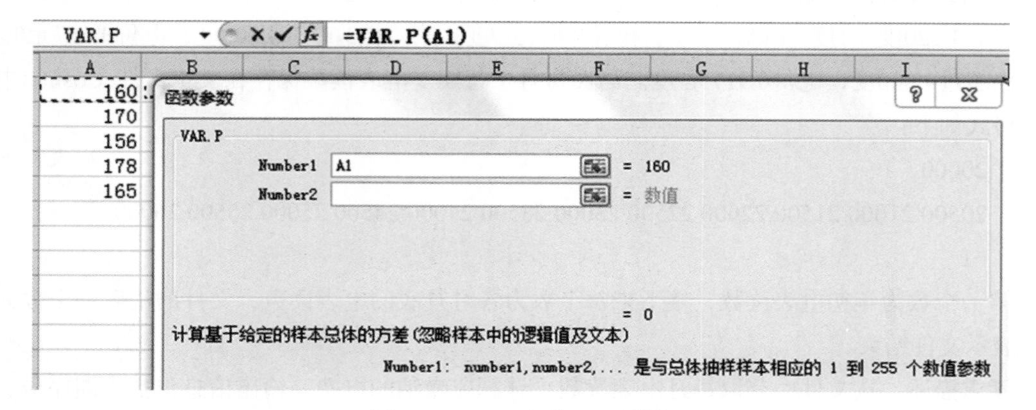

图2-8　Excel中的VAR函数

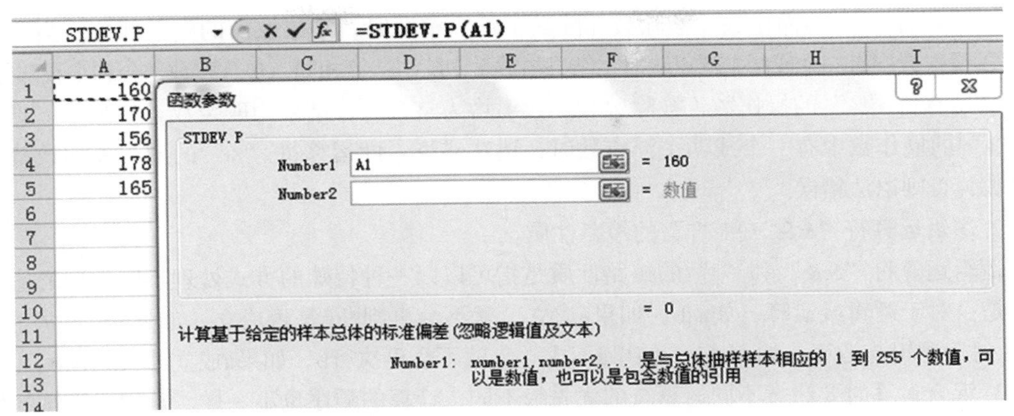

图2-9 Excel中的STDEV函数

3. 请编程实现：输入一个学生学号（6位，前2位表示入学年份）。根据系统时间，输出该学生目前是几年级的学生。如果输入的学号的前2位的取值超出在校学生的入学年份，提示错误，并要求重新输入。运行结果参照图2-10。

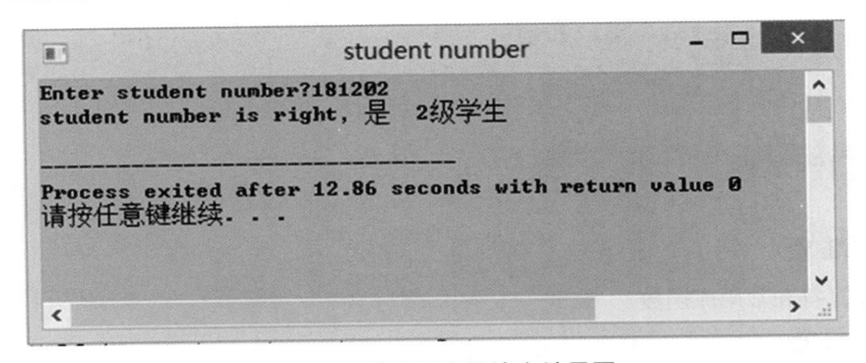

图2-10 学号判定的输出结果图

4. 请编程实现：从文本文件data.txt中取出一些年份的GDP数据，计算并输出GDP和增长率的平均值。

文件格式如下：

年份 ,GDP, 增长率

1980,4545.62,7.80

5. 某地按年度为周期实施阶梯电价，居民家庭用户年用用电电价分为三个阶梯：第一档0~3 000度，基础电价0.6元/度；第二档3 001~5 000度，电价比基础电价增加0.10元/度；第三档超过5 000度，电价在第二档的基础上增加0.20元/度。请编程实现：输入已用电度数，计算应缴纳的电费。

6. 天天向上的力量。每天努力多一点，你会越变越好。一年365天，以第一天的能力值为基数1.0，当好好学习时，能力值比前一天提高1%，没有学习时能力值比前一天降低1%，请编程计算，每天努力和每天放任，一年下来的能力值相差多少？

2.3.4 归纳

1. 相除运算符（/）和取余运算符（%）。

当运算符“/”的操作数（被除数和除数）均为整数时，结果取商的整数部分。当运算符“/”的操作数中有一个或两个浮点数时，结果与数学中除法运算相同，包含整数部分和小数部分。

当运算符“%”的操作数（被除数和除数）均为整数时，结果为取余数（整数）。当运算符“%”的操作数中有一个或两个浮点数时，语法错误。即运算符“%”的两个操作数都必须为整数，否则语法错误。

2. 逻辑运算符“&&”和“||”的短路性质。

逻辑运算符“&&”和“||”的短路性质是指可以以一种特殊的方式处理不同类型的值，其规则是：对于逻辑或运算，如a||b，如果a成立，就不会再判断b是否成立，如果a不成立才会执行b。对于逻辑与运算，如a&&b，如果a不成立，就不会再执行b，如果a成立才会判断b。

3. 混合运算时要注意不同运算符的优先级不同，计算的顺序也不一样。常用运算符的优先关系如下：

赋值运算符(=) <&&和|| <关系运算符<算术运算符<非(!)

&&和 || 低于关系运算符，! 高于算术运算符。

按照运算符的优先级可以得出：

```
a>b && c>d  等价于   (a>b)&&(c>d)
!b==c||d<a  等价于   ((!b)==c)||(d<a)
a+b>c&&x+y<b  等价于   ((a+b)>c)&&((x+y)<b)
```

2.3.5 自创实验

实验准备

复习运算符和常用库函数。

实验目标

运用运算表达式和库函数综合解决实际问题。

实验内容

背景资料：近年来，中国经济对世界经济的影响力越来越大，国际社会对中国经济的关注程度也越来越高，那么中国在世界经济中的地位如何？中国是否依然保持着较强的竞争力？科学认识这些问题是在全球化背景下认识中国发展阶段和发展程度的重要途径。下面通过统计数据，分别从经济、对外贸易、科技、居民生活等方面展开分析，有助于了解中国的国际地位和影响力。

1.中国经济在国际中的地位

改革开放以来，中国经济取得了突飞猛进的发展，尤其是进入新世纪后，随着中国加入WTO，中国经济在世界经济中所占比重迅速提高，中国GDP增速高于世界平均水平。1980年，中国GDP总量仅为2 017亿美元，仅为美国的7%、日本的19%，占世界GDP总量的比重为2%，排第10名；1995年，中国GDP总量达到7 002亿美元，世界排名上升至第8名，但是占世界GDP总量的比重仍为2%；2000年，中国经济高速增长， GDP总量占世界经济的比重提升至4%，排名第6名，但是仍然落后于日本、德国、英国、法国等传统发达国家；随后中国经济强劲发展，中国GDP先后超过法国、英国、德国、日本，到2010年成为仅次于美国的世界第二大经济体，占世界经济的比重也不断提高，截至2018年，中国GDP总量为136 082亿美元，占世界比重为16%，具体如图2-11所示。

排名		1	2	3	4	5	6	7	8	9	10
1980年	国家	美国	日本	法国	英国	意大利	加拿大	巴西	墨西哥	西班牙	中国
	GDP(亿美元)	27090	10593	6646	5374	4499	2660	2350	2235	2133	2017
	占世界比重(%)	25%	10%	6%	5%	4%	2%	2%	2%	2%	2%
1990年	国家	美国	日本	法国	意大利	英国	俄罗斯	加拿大	西班牙	巴西	中国
	GDP(亿美元)	55541	29700	11954	10939	9755	5791	5727	4919	4650	3546
	占世界比重(%)	26%	14%	6%	5%	5%	3%	3%	2%	2%	2%
1995年	国家	美国	日本	德国	法国	英国	意大利	巴西	中国	加拿大	西班牙
	GDP(亿美元)	70384	51374	24023	15351	11070	10880	7039	7002	5734	5596
	占世界比重(%)	25%	18%	8%	5%	4%	4%	2%	2%	2%	2%
2000年	国家	美国	日本	德国	英国	法国	中国	意大利	加拿大	墨西哥	巴西
	GDP(亿美元)	102848	48875	19500	16480	13622	12113	11418	7423	7079	6554
	占世界比重(%)	31%	15%	6%	5%	4%	4%	3%	2%	2%	2%
2005年	国家	美国	日本	德国	英国	中国	法国	意大利	加拿大	西班牙	韩国
	GDP(亿美元)	130366	47554	28614	25250	22860	21961	18527	11694	11573	8981
	占世界比重(%)	27%	10%	6%	5%	5%	5%	4%	2%	2%	2%
2010年	国家	美国	中国	日本	德国	法国	英国	巴西	意大利	印度	加拿大
	GDP(亿美元)	149921	60872	57001	34171	26426	24529	22089	21251	16756	16135
	占世界比重(%)	23%	9%	9%	5%	4%	4%	3%	3%	3%	2%
2015年	国家	美国	中国	日本	德国	英国	法国	印度	意大利	巴西	加拿大
	GDP(亿美元)	182193	110155	43895	33814	28964	24382	21036	18323	18022	15529
	占世界比重(%)	24%	15%	6%	5%	4%	3%	3%	2%	2%	2%
2018年	国家	美国	中国	日本	德国	英国	法国	印度	意大利	巴西	加拿大
	GDP(亿美元)	204941	136082	49709	39968	28252	27775	27263	20739	18686	17093
	占世界比重(%)	24%	16%	6%	5%	3%	3%	3%	2%	2%	2%

图2-11　1980年以来国家GDP排名TOP10

需求描述：请运用编程知识，从数据分析角度分析中国经济的增长情况，以及在世界的地位。请从网上查询1980—2018年中国及世界的GDP数据并保存为文件，从文件中计算1980—2018年中国GDP年均增长率，以及世界年均增长率。

2. 中国科技在国际中的地位。

众所周知，科技是引领发展的第一动力，也是建设现代化经济体系的战略支撑，科技无疑是一个国家综合国力的重要象征。那么，我国的科技在世界的影响力如何呢？2017年，来自“一带一路”沿线的20国青年评选出了中国的“新四大发明”——高铁、网购、扫码支付、共享单车，“新四大发明”已经深入到五湖四海不同种族的留学生的生活中，改变了他们的生活方式。高铁跑出“中国速度”，拉近城市之间的距离；优质商品借助发达的电商平台，到达世界各地消费者的手中；扫码支付引领消费时尚，让不带钱包出门成为常态；共享单车为“最后一公里”提供解决方案，有效缓解交通拥堵……“新四大发明”是近年来中国科技创新的缩影，不仅改变了中国人的生活，也刷新了世界对中国的认识，生动阐释了中国创新模式给世界的启示。

随着中国经济水平的不断提高，科技实力也在不断提升。但是，从科技投入和研究人员来看，中国与日本、韩国、美国、德国仍有一定差距。科技以人为本，所以人才的培养才是未来竞争的基础和实力。中国越来越注重科技创新，但是需要进一步扩大科技研发投入，加强科研人员的培养。

需求描述：请编程绘制一个2016年中国、韩国、日本、德国、美国5个国家，每百万人中研究人员数量的对比图。数据为：2016年中国为1 206人，韩国、日本、德国、美国分别为7 113人、5 210人、4 878人、4 256人。

2.4 归纳与提高

1.输入/输出是程序的重要组成部分，在使用输入函数时，注意要取变量的地址。例如scanf("%d",a);，变量名前面没有加地址运算符&，会导致程序运行中断。

2.输出函数应用时注意输出项和输出格式字符的个数以及数据类型要对应。

例如：

```
int a=7;
printf("%f",a);
```

数据类型和格式字符不一致，整数用浮点格式输出，会导致运行结果为0.00000。

例如：

```
int a=7,b=8;
printf("%d",a,b);
```

格式字符个数与输出项个数不一致，格式字符个数多余输出项，则会多输出随机值。格式字符少于输出项，则只会输出前面几项。

3. 混合运算时注意数据类型的自动转换过程。例如：

```
int a;
double b,c;
```

a/c+b最后的计算结果类型为double。

有时候为了得到正确的运算结果，会对部分数据进行强制类型转换，使其能合理化。例如：

```
int sum=10,n=3;
float avg;
avg=sum/n;  //这时候avg得到的数为3.0，如果要获得3.3的平均值，必须修改为avg=(float)sum/n
```

4.混合运算是先考虑运算符的优先级，优先级高的先做。在优先级相等的前提下考虑结合性。常用的运算符优先关系，大家可以记住“先算术，后关系，再逻辑，赋值比较低，逗号倒数第一”。

第3章 选择结构

本章知识导图如图3-1所示。

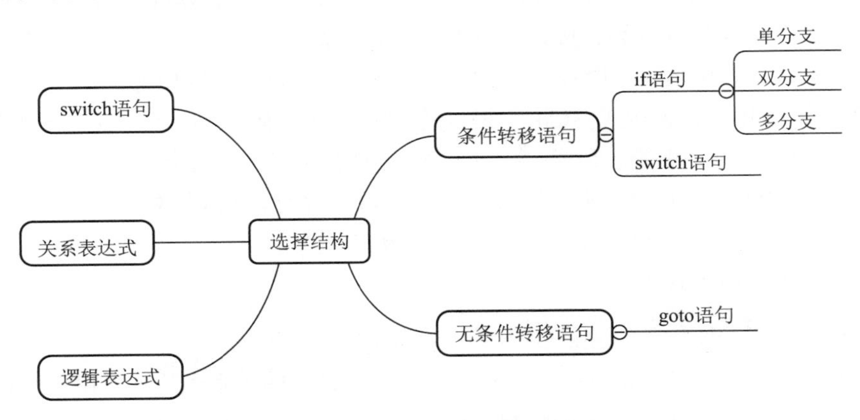

图3-1 选择结构知识导图

3.1 选择

选择无处不在，小到个人职业规划（选择哪个行业），大到一个省、一个国的发展方向，都需要作出选择。如何选择需要有科学依据，程序的选择结构可以通过设置选择条件帮助人们科学判断，作出正确的选择。

对选择结构的认识可以从垃圾分类开始，垃圾分类就是保护环境、保护地球。习总书记十分关心垃圾分类工作。2016年12月，他主持召开中央财经领导小组第十四次会议，研究普遍推行垃圾分类制度。近年来，我国加速推行垃圾分类制度，全国垃圾分类工作由点到面，逐步启动，成效初显，46个重点城市先行先试，推进垃圾分类取得积极进展。2019年起，全国地级及以上城市全面启动生活垃圾分类工作，到2020年底，46个重点城市将基本建成垃圾分类处理系统，2025年底前全国地级及以上城市将基本建成垃圾分类处理系统。

目前，我国垃圾处理的主要方式有填埋、焚烧和堆肥。垃圾分类需要按照垃圾的不同处理要求进行分类。上海地区将垃圾分为可回收利用垃圾、可焚烧垃圾、可堆肥垃圾、有毒有害垃圾（危险填埋场处理）、其他垃圾（卫生填埋场处理）。

程序辅助落实生活垃圾分类是如何实现的？垃圾投放地有专用设备对垃圾进行识别，将识别数据传递给程序，程序的选择结构根据垃圾编号，告知用户垃圾类别和投放位置；选择结构的任务是：识别数据与垃圾分类标准数据的比较，根据比较结构进行正确分类，在这个过程中计算机内部判断两个数值的关系，在C语言中两个数值间的关系判断问题由关系运算实现，关系运算结果提交给选择语句，选择语句则根据需求进行分类处理。

3.1.1 迷你实验

实验准备

1. 运算符分类。C语言提供了34种运算符，前2章实验中已经熟练应用算术运算符，然而在垃圾分类处理中需要明确两个运算对象的关系，显然不能用算术运算符实现。正确选择运算符的前提是了解34种运算符的分类，按运算优先级分为15类，按用途分为算术、关系、逻辑、条件、赋值、特殊运算、位运算、逗号、下标、指针、自增自减、获取12类。

2. 关系运算符和关系表达式。C语言提供的关系运算符有：<小于、<= 小于或等于、>大于、>= 大于或等于、== 等于、!= 不等于，关系运算符都是双目运算符，其结合性均为左结合。关系运算符的优先级低于算术运算符，高于赋值运算符。在6个关系运算符中，<、<=、>、>=的优先级相同，高于==和!=，==和!=的优先级相同。

关系表达式的一般形式为：

```
表达式关系运算符表达式
```

例如：a+b>c-d，x>3/2，'a'+1<c，-i-5*j==k+1都是合法的关系表达式。由于表达式可以又是关系表达式，因此允许出现嵌套的情况，例如：a>(b>c)，a!=(c==d)等。关系表达式的值是“真”和“假”，用“1”和“0”表示。例如：5>0的值为“真”，即为1。(a=3)>(b=5)由于3>5不成立，故其值为假，即为0。

3. 逻辑运算符和逻辑表达式。C语言提供的逻辑运算符是&&逻辑与（相当于“同时”）、|| 逻辑或（相当于“或者”）、! 逻辑非（相当于“否定”），其运算规则为：

&&：当且仅当两个运算量的值都为“真”时，运算结果为“真”，否则为“假”。

||：当且仅当两个运算量的值都为“假”时，运算结果为“假”，否则为“真”。

!：当运算量的值为“真”时，运算结果为“假”；当运算量的值为“假”时，运算结果为“真”。

逻辑非的优先级最高，逻辑与次之，逻辑或最低，即：!（非）→&&（与）→ ||（或）。逻辑运算符与其他种类运算符的优先关系：! →算术运算→关系运算→&&→ || →赋值运算。

C语言用整数“1”表示“逻辑真”，用“0”表示“逻辑假”。但在判断一个数据的“真”或“假”时，却以0和非0为根据：如果为0，则判定为“逻辑假”；如果为非0，则判定

为“逻辑真”。例如，假设num=12，则！num的值为0，num>=1 && num<=31的值为 1，num || num>31的值为1。

逻辑运算符两侧的操作数，除可以是0和非0的整数外，也可以是其他任何类型的数据，如实型、字符型等。在计算逻辑表达式时，只有在必须执行下一个表达式才能求解时，才求解该表达式（即并不是所有的表达式都被求解）。即对于逻辑与运算，如果第一个操作数被判定为“假”，系统不再判定或求解第二个操作数。对于逻辑或运算，如果第一个操作数被判定为“真”，系统不再判定或求解第二个操作数（这就是逻辑运算中的短路现象）。

实验目标

正确使用关系运算、逻辑运算书写表达式。

实验内容

1. 运行代码，记录程序运行结果和功能（关注关系表达式的运算法则）。

代码 3-1-1

```
#include <stdio.h>
#include <stdlib.h>
int main()
{
    char c='k';//声明字符类型变量c并赋初值
    int i=1,j=2,k=3;//声明整型变量i,j,k并赋初值
    float x=3e+5,y=0.85;//声明单精度浮点型变量x,y并赋初值
    system("title 3-1-1");
    printf("关系表达式:\'a\'+5<%c的运算结果:%d\n关系表达式:-%d-2*%d>=%d+1的运算
    结果: %d\n",c,'a'+5<c,i,j,k,-i-2*j>=k+1);//输出关系运算的结果
    printf("关系表达式: 1<%d<5的运算结果: %d\n关系表达式: %.2f-5.25<=%.2f+%.2f的
    运算结果: %d\n",j,1<j<5,x,x,y,x-5.25<=x+y);//输出关系运算的结果
    printf("关系表达式: %d+%d+%d==-2*%d的运算结果: %d\n关系表达式: %d==%d==%d+5
    的运算结果: %d\n",i,j,k,j,i+j+k==-2*j,j,j,i,j==j==i+5);//输出关系运算的结果
    return 0;
}
```

2. 运行代码，记录程序运行结果和功能（关注逻辑表达式的运算法则）。

代码 3-1-2

```
#include <stdio.h>
#include <stdlib.h>
int main()
{

    float x=3e+5,y=0.85;//声明单精度浮点型变量x,y并赋初值
    system("title 3-1-2");
    printf("逻辑表达式: !%.2f*!%.2f的运算结果: %d\n逻辑表达式: !!!%.2f的运算结果:
    %d\n",x,y,!x*!y,x,!!!x);//输出逻辑运算的结果
    printf("逻辑表达式: !%.2f*%.2f的运算结果: %d\n逻辑表达式: !!%.2f的运算结果:
    %d\n",x,y,!x*y,x,!!x);//输出逻辑运算的结果
```

```
    printf("逻辑表达式：%.2f*%.2f的运算结果：%d\n逻辑表达式：!%.2f的运算结果：%d\
n",x,y,x*y,x,!x);//输出逻辑运算的结果
    return 0;
}
```

3. 运行代码，记录程序运行结果和功能（关注逻辑运算符对整型数据的操作细节）。

代码 3-1-3

```
#include <stdio.h>
#include <stdlib.h>
int main()
{
    int x=5,y=1;//声明整型变量x,y并赋初值
    system("title 3-1-3");
    printf("逻辑表达式：!%d*!%d的运算结果：%d\n逻辑表达式：!!!%d的运算结果：%d\n",
    x,y,!x*!y,x,!!!x);//输出逻辑运算的结果
    printf("逻辑表达式：!%d*%d的运算结果：%d\n逻辑表达式：!!%d的运算结果：%d\n",
    x,y,!x*y,x,!!x);//输出逻辑运算的结果
    printf("逻辑表达式：%d*%d的运算结果：%d\n逻辑表达式：!%d的运算结果：%d\n",
    x,y,x*y,x,!x);//输出逻辑运算的结果
    return 0;
}
```

4. 运行代码，记录程序运行结果和功能（关注多种运算对不同类型数据的操作细节）。

代码 3-1-4

```
#include <stdio.h>
#include <stdlib.h>
int main()
{

    char c='k';//声明字符类型变量c并赋初值
    int i=1,j=2,k=3;//声明整型变量i,j,k并赋初值
    system("title 3-1-4");
    printf("i=%d,j=%d,c=%c\n",i,j,c);
    printf("逻辑表达式：%d==5&&%c&&(j=8)的运算结果：%d\n",i,c,i==5&&c&&
    (j=8));//输出逻辑运算的结果
    printf("i=%d,j=%d,c=%c\n",i,j,c);
    i=5;
    printf("i=%d,j=%d,c=%c\n",i,j,c);
    printf("逻辑表达式：%d==5&&%c&&(j=8)的运算结果：%d\n",i,c,i==5&&c&&(j=8));
    //输出逻辑运算的结果
    printf("i=%d,j=%d,c=%c\n",i,j,c);
    return 0;
}
```

5. 运行代码，记录程序运行结果和功能（关注表达式等价问题）。

代码 3-1-5

```
#include <stdio.h>
#include <stdlib.h>
int main()
{
    int i=5;//声明整型变量i,j,k并赋初值
    system("title 3-1-5");
    printf("i=%d\n",i);
    printf("逻辑表达式：%d的运算结果：%d与逻辑表达式：%d!=0的运算结果：%d等价\n",
    i,i,i,i!=0);//输出逻辑运算的结果
    i=0;
    printf("逻辑表达式：%d==0的运算结果：%d与逻辑表达式：!%d的运算结果：%d等价\n",
    i,i==0,i,!i);//输出逻辑运算的结果
    return 0;
}
```

3.1.2 观察与思考实验

实验准备

if语句一般有三种基本形式。

（1）单分支if形式，一般格式为：

```
if(表达式) 语句;
```

语义是：如果表达式的值为真，则执行其后的语句，否则不执行该语句。语句可以是单条语句，也可以是用花括号{}括起来的复合语句。

（2）双分支if...else形式，一般格式：

```
if(表达式)
   语句1;
else
   语句2;
```

语义是：如果表达式的值为真，则执行语句1，否则执行语句2 。语句1和语句2可以是复合语句。

（3）多分支if ...else if...else if 形式，一般格式为：

```
if(表达式1)
   语句1;
else if(表达式2)
   语句2;
else if(表达式3)
   语句3;
   ...
else if(表达式m)
```

```
    语句m;
else
    语句n;
```

语义是：依次判断表达式的值，当出现某个值为真时，则执行其对应的语句。然后跳到整个if语句之外继续执行程序。如果所有的表达式均为假，则执行语句n。然后继续执行后续程序。

实验目标

正确使用关系运算、逻辑运算构建选择结构程序，学会使用if语句。

实验内容

1. 阅读程序，观察关系、逻辑表达式在选择语句中的作用，记录程序运行结果和功能。

代码 3-1-6

```
#include <stdio.h>
#include <stdlib.h>
int main()
{
    int age;
    system("title 3-1-6");
    printf("欢迎您参加老年文化才艺比赛\n");
    printf("请输入您的年龄（周岁）：\n");
    scanf("%d",&age);
    if(age>=65)
        printf("Hi！老伙计！请到后台化妆！\n");
    return 0;
}
```

【思考题】

```
if(age>=65)
    printf("Hi！老伙计！请到后台化妆！\n");
```

与上述语句等效的语句如何编写？

2. 阅读程序，观察代码3-1-6与代码3-1-7的区别，记录程序运行结果和功能。

代码 3-1-7

```
#include <stdio.h>
#include <stdlib.h>
int main()
{
    int age;
    system("title 3-1-7");
    printf("欢迎您参加老年文化才艺比赛\n");
    printf("请输入您的年龄（周岁）：\n");
    scanf("%d",&age);
    if(age>=65)
        printf("Hi！老伙计！请到后台化妆！\n");
```

```
    else
        printf("Hi! 请到观众席! \n");
    return 0;
}
```

【思考题】

```
if(age>=65)
    printf("Hi! 老伙计! 请到后台化妆! \n");
else
    printf("Hi! 请到观众席! \n");
```

与上述语句等效的语句如何编写?

3. 阅读程序,观察||运算的作用,记录程序运行结果和功能。

代码 3-1-8

```
#include <stdio.h>
#include <stdlib.h>
int main()
{
    char answer;
    system("title 3-1-8");
    printf("请输入您所投放的垃圾的特征值,产生"臭味"? \n");
    answer=getchar();
    if(answer=='Y'||answer=='y')
        printf("Hi! 请倒入湿垃圾桶! \n");
    else
        printf("Hi! 请倒入干垃圾桶! \n");
    return 0;
}
```

【思考题】

运算符 || 与 && 的区别是什么?

4. 阅读程序,观察输入值为1,2,3,4,5,6,7,8,9,10,11,12时的结果,记录程序运行结果和功能。

代码 3-1-9

```
#include <stdio.h>
#include <stdlib.h>
int main()
{
    int mm;
    system("title 3-1-9");
    printf("请输入您所月号(1-12)\n");
    scanf("%d",&mm);
    if(mm==1||mm==3||mm==5||mm==7||mm==8||mm==10||mm==12)
        printf("%d月为31天! \n",mm);
```

```
    else if(mm!=2)
        printf("%d月为30天! \n",mm);
    else
        printf("%d月为28天或29天，具体需要看当年是闰年还是平年! \n",mm);
    return 0;
}
```

【思考题】

如何优化代码 3-1-9？

5. 阅读程序，观察利用if语句求3个整数中最大值的方法，记录程序运行结果和功能。

代码 3-1-10

```
#include <stdio.h>
#include <stdlib.h>
int main()
{
    int a,b,c,max;
    system("title 3-1-10");
    printf("请输入3个整数\n");
    scanf("%d%d%d",&a,&b,&c);
    if(a>b)
        max=a;
    else
        max=b;
    if(c>max)
        max=c;
    printf("%d,%d,%d的最大值为: %d",a,b,c,max);
    return 0;
}
```

【思考题】

如何利用 if 语句找出 3 个整数中的最小值？

6. 阅读程序，观察利用条件运算求3个整数中最大值的方法，记录程序运行结果和功能。

代码 3-1-11

```
#include <stdio.h>
#include <stdlib.h>
int main()
{
    int a,b,c,max;
    system("title 3-1-11");
    printf("请输入3个整数\n");
    scanf("%d%d%d",&a,&b,&c);
    max=a>b?a:b;
    max=max>c?max:c;
    printf("%d,%d,%d的最大值为: %d",a,b,c,max);
```

```
    return 0;
}
```

【思考题】

如何利用条件运算找出3个整数中的最小值？

7. 阅读程序，观察利用if求分段函数值的方法，记录程序运行结果和功能。

代码 3-1-12

```
#include <stdio.h>
#include <stdlib.h>
int main()
{
    int x,y;
    system("title 3-1-12");
    printf("请输入x的值\n");
    scanf("%d",&x);
    if(x>0)
        y=x+1;
    else if(x==0)
        y=x;
    else
        y=x+5;
    printf("x=%d,y: %d",x,y);
    return 0;
}
```

【思考题】

如何利用条件运算解决分段函数问题？

8. 阅读程序，观察最大值问题的实际应用，记录程序运行结果和功能。

代码 3-1-13

```
#include <stdio.h>
#include <stdlib.h>
#include <string.h>
int main()
{
    float x,max=-1;
    //变量x存放商品价格，变量max存放商品最高价格，当x输入值为-1时结束输入
    char name_film[30],max_name_file[30];
    //name_film存放销售该商品的微店地址，结束输入'0'，max_name_file存放销售最高
    价商品的微店地址
    system("title 3-1-13");
    while(3)
    {
        fflush(stdin);
        printf("请输入网球装备微店地址\n");
        gets(name_film);
```

```
            printf("输入该微店网球装备的价格");
            scanf("%f",&x);
            if(x>max)
            {
                max=x;
                strcpy(max_name_file,name_film);
            }
            if(x==-1)
                break;
        }
        system("cls");
        printf("网球装备目前最高价格为：%.2f元，微店地址：%s",max,max_name_file);
        return 0;
}
```

【思考题】

在学生信息管理的实际应用中求最小值问题有哪些？

3.1.3 应用实验

实验准备

1. 在三种形式的if 语句中，if 关键字之后均为表达式。该表达式通常是关系表达式、逻辑表达式，但语法上可以是其他表达式，例如赋值表达式等，甚至也可以是一个变量。

例如：

```
if(a=5) 语句1;
//语法上正确，但是否与实际判断需求一致需要思考，目前含义：表达式a=5值为非0值执行语句1
if(b) 语句1;//语法上正确，表示变量b为非0值时执行语句1
```

如果程序段：

```
if(a=b)
    printf("%d",a);
else
    printf("a=0");
```

其语义是：把b值赋予a，表达式a=b值为非0时输出变量a的值，否则输出字符串“a=0”。但设计预期目标是：变量a、变量b的值相等时输出变量a的值，否则输出字符串“a=0”。

由上述描述可知，if 关键字之后出现其他表达式时需要反复确认。

2. if 语句中条件判断表达式必须用括号括起来，if 语句必须以分号结尾。

3. if 语句的三种形式中，所有的语句应为单个语句，如果实际需要执行多条语句，则必须把这一组语句用{}括起来组成一个复合语句。但要注意的是在}之后不再加分号。

4. 面对实际问题时，需要梳理分类（选择）依据，例如，根据不同年龄分配不同角色问题，其分类（选择）依据是年龄，对年龄进行运算（关系、逻辑），运算结果作为if语句的判断条件，在语句的分支中执行对应操作。

5. 数学意义上的简单分段函数可以直接套用if…else语句，例如代码3-1-12。

实验目标

理解并掌握if语句的应用。

实验内容

1. 保护环境，爱护地球，从节约用水开始。为鼓励居民节约用水，A市对居民用水按水量阶梯式计价。计价标准：按每年用水量统计，不超过220立方米的部分按每立方米3.45元收费；超过220立方米不超过300立方米的部分按每立方米4.83元收费；超过300立方米的部分按每立方米5.83元收费。编程对居民水费进行计算，要求保留两位小数。

2. 电商平台上出售某品牌的签字笔，但不同商铺价格略有不同，为了节约开支，将商铺签字笔价格和商铺的网址存入对应变量中，由程序从中选出最低价，输出最低价商铺的网址（参考代码3-1-13）。

3. **背景资料：** 地球绕太阳运行周期为365天5小时48分46秒（合365.242 19天），即一小回归年（tropical year）。公历的平年只有365天，比回归年短约0.242 2天，每4年累积约一天，把这一天加于2月末（即2月29日），使当年时间长度变为366天（1~12月分别为31天、29天、31天、30天、31天、30天、31天、31天、30天、31天、30天、31天），这一年就为闰年。需要注意的是，公历是根据罗马人的“儒略历”改编而得。由于当时没有了解到每年要多算出0.0078天的问题，从公元前46年到16世纪，一共累计多出了10天。为此，当时的教皇格列高利十三世，将1582年10月5日人为规定为10月15日。并开始了新闰年规定。即规定公历年份是整百计数的，必须是400的倍数才是闰年，不是400的倍数的就是平年。比如，1700年、1800年为平年，2000年为闰年。此后，平均每年长度为365.242 5天，约4年出现1天的偏差。按照每4年一个闰年计算，平均每年就要多算出0.007 8天，经过400年就会多出大约3天来，因此，每400年中要减少3个闰年。闰年的计算，归结起来就是通常说的：四年一闰；百年不闰，四百年再闰。闰年分为普通闰年（公历年份是4的倍数且不是100的倍数，为普通闰年，如2004、2020年就是普通闰年）和世纪闰年（公历年份是整百数的，且必须是400的倍数才是世纪闰年，如1900年不是世纪闰年，2000年是世纪闰年）。

需求描述： 由键盘输入年份，判断该年份是否为闰年，若是闰年，输出该年份并显示“The year is leap year”，否则输出该年份并显示“The year isn’t leap year”。

提示： 通常判断某年是否为闰年，有以下两种情况。

（1）能被400整除（世纪闰年）。

（2）能被4整除但不能被100整除（普通闰年）。

假设在程序中用变量year表示该年的年份，则上述关系表达式表为：

```
year mod 400=0;
 (year mod 4=0) and (year mod 100 !=0)
```

上述两种情况中，只要能其中任何一种成立，即可判定该年为闰年。所以判断是否为闰年的关系表达式为：

```
(year mod 400 = 0) or (year mod 4=0) and (year mod 100 !=0)
```

3.1.4 归纳

选择结构也叫分支结构。代码会被分成多个部分，程序会根据特定条件（某个表达式的运算结果）判断执行其值所对应的代码（就像垃圾分类一样，结果是可回收垃圾则进入可回收垃圾代码）。

选择结构（分支结构）涉及的关键字包括 if、else、switch、case、break，还有一个条件运算符?:（这是C语言中唯一的一个三目运算符）。

其中，if...else 是最基本的结构，switch...case 和?:都是由 if...else 演化而来的，选择它们可以简化程序。

本节所有问题涉及的关键字包括 if、else，还有条件运算符?:。在编写代码时，if...else 可以嵌套使用，原则上嵌套的层次（深度）没有限制，但是过多的嵌套层次会让代码结构混乱。

构建选择结构的方法是：找到选择的依据，对依据进行分析，判断依据是单一比对还是多项比较，如果是单一比对可以直接运用关系表达式书写判断表达式（注意，分支处理出现多个操作需要用{}将多条语句组合成一条复合语句）；如果是多项比较则需要用逻辑运算符组合构建判断表达式，也可以用多分支优化程序。

3.1.5 自创实验

实验准备

复习关系、逻辑、条件运算以及if语句的语法规范。

实验目标

根据需求正确编写选择结构的程序。

实验内容

背景资料：

可回收物主要包括废纸、塑料、玻璃、金属和布料五大类。

废纸：主要包括报纸、期刊、图书、各种包装纸等。但是，要注意纸巾和厕所纸由于水溶性太强而不可回收。

塑料：各种塑料袋、塑料泡沫、塑料包装（快递包装纸是其他垃圾/干垃圾）、一次性塑料餐盒餐具、硬塑料、塑料牙刷、塑料杯子、矿泉水瓶等。

玻璃：主要包括各种玻璃瓶、碎玻璃片、暖瓶等（镜子是其他垃圾/干垃圾）。

金属物：主要包括易拉罐、罐头盒等。

布料：主要包括废弃衣服、桌布、洗脸巾、书包、鞋等。

需求描述：

对回收物进行编号：101报纸（可回收垃圾），102期刊（可回收垃圾），103图书（可回收垃圾），104包装纸（可回收垃圾），105纸巾（干垃圾），106厕所纸（干垃圾）；110玻璃瓶（可回收垃圾），111碎玻璃片（可回收垃圾），112暖瓶（可回收垃圾），115镜子（干垃圾）；120易拉罐（可回收垃圾），121罐头盒（可回收垃圾）；130衣服（可回收垃圾），131桌布（可回收垃圾），132洗脸巾（可回收垃圾），133书包（可回收垃圾），134鞋（可回收垃圾）。

将编号数据存入以编号命名的数据文件中，由键盘输入所投放垃圾的编号（实际是通过专用设备识别后传递给程序的），程序根据输入值找到对应数据文件，输出数据文件中垃圾的类型以及投放垃圾桶的颜色（蓝色是可回收垃圾桶，灰色是干垃圾桶）；湿垃圾和有害垃圾的处理参照以上做法。根据上述需求描述编写垃圾投放管理程序，程序交互界面自行设计（原则：简洁、美观）。

3.2　选项控制

在微信中选择不同的小程序需要使用选项卡；在电商平台购物需要快速找到心仪商品，首先选择商品分类，再选择同类商品中的著名品牌，最后选择商品；商品分类其实也是一种选项卡，选项卡在互联网时代应用非常广泛，选项卡的控制则是通过程序实现的，本节通过选项的基本控制了解多分支选择结构。

C语言提供了用于多分支选择的switch语句，该语句可以便捷地控制选项，满足人们的实际需求。

3.2.1　迷你实验

实验准备

switch语句其一般形式为：

```
switch(表达式)
{
    case常量表达式1:  语句1;
    case常量表达式2:  语句2;
    …
    case常量表达式n:  语句n;
    default:          语句n+1;
}
```

其语义是：计算表达式的值，并逐个与其后的常量表达式的值相比较，当表达式的值与某个常量表达式的值相等时，即执行其后的语句，然后不再进行判断，继续执行后面所有case后的语句，当表达式的值与所有case后的常量表达式均不相同时，则执行default后的语句。

在使用switch语句时还应注意以下几点：

（1）在case后的各常量表达式的值不能相同，否则会出现错误。

（2）在case后允许有多个语句，可以不用花括号括起来。

（3）各case和default子句的先后顺序可以变动，不会影响程序的执行结果。

（4）default子句可以省略。

break是switch的辅助语句，break具有退出或终止的含义，可以出现在switch 语句中，也可以在循环中使用，在switch中，break 起到了不同case 之间的防火墙作用，不让程序从一个case“穿越”到另一个case，结束switch 语句并执行switch 的后续语句；在循环中使用break是终止循环的执行。

实验目标

认识switch语句，学会用switch语句解决实际问题。

实验内容

1. 运行代码，记录程序运行结果和功能。

代码 3-2-1

```
#include <stdio.h>
#include <stdlib.h>
int main()
{
    int x=1,a=0,b=0;
    system("title 3-2-1");//设置运行窗口标题
    switch(x)
    {
        case 0: b++;
        case 1: a++;
        case 2: a++;
        b++;
    }
    printf("a=%d,b=%d,x=%d",a,b,x);
    return 0;
}
```

2. 运行代码，记录程序运行结果和功能。

代码 3-2-2

```
#include <stdio.h>
#include <stdlib.h>
int main()
{
    int x=1,a=0,b=0;
    system("title 3-2-2");//设置运行窗口标题
    switch(x)
    {
        case 0: b++;break;
        case 1: a++;break;
        case 2: a++;b++;break;
    }
    printf("a=%d,b=%d,x=%d",a,b,x);
    return 0;
}
```

3. 运行代码，记录程序运行结果和功能。

代码 3-2-3

```
#include <stdio.h>
```

```
#include <stdlib.h>
int main()
{
    int x=3,a=0,b=0;
    system("title 3-2-3");//设置运行窗口标题
    switch(x)
    {
        case 0: b++;break;
        case 1: a++;break;
        case 2: a++;break;
        default: b=b+3;
    }
    printf("a=%d,b=%d,x=%d",a,b,x);
    return 0;
}
```

4. 运行代码，记录程序运行结果和功能。

代码 3-2-4

```
#include <stdio.h>
#include <stdlib.h>
int main()
{
    char ch;
    system("title 3-2-4");//设置运行窗口标题
    printf("请输入垃圾分类桶颜色的首字母");
    ch=getchar();
    switch(ch)
    {
        case 'r':
        case 'R':printf("红色垃圾桶用于放有害垃圾，谢谢！");break;
        case 'e':
        case 'E':printf("鲜绿色垃圾桶用于放湿垃圾，谢谢！");break;
        case 'b':
        case 'B':printf("蓝色垃圾桶用于放可回收垃圾，谢谢！");break;
        case 'g':
        case 'G':printf("灰色垃圾桶用于放干垃圾，谢谢！");break;
        default:printf("所输入垃圾分类桶颜色的首字母有误，谢谢！");
    }
    return 0;
}
```

5. 运行代码，记录程序运行结果和功能。

代码 3-2-5

```
#include <stdio.h>
#include <stdlib.h>
#define HKU 1
```

```
#define USST 2
#define DHU 3
int main()
{
    int name_pack;
    system("title 3-2-5");//设置运行窗口标题
    printf("请输入高校的英文缩写名称编号");
    scanf("%d",&name_pack);
    switch(name_pack)
    {
        case HKU :printf("香港大学是香港历史最悠久的大学，1916年12月第1批学士毕业于香
        港大学。");break;
        case USST:printf ("上海理工大学是上海地方重点学校，建校百年，为制造业培养了
        大批优秀人才！");break;
        case DHU:printf("东华大学是教育部直属、国家“211工程”、国家“双一流”建设高校。
        经过近70年的建设和发展，学校已经从建校之初的一所纺织单科院校发展成为以工为主，工、
        理、管、文、艺等学科协调发展的有特色的全国重点大学。") ;break;
        default:printf("你所输入的高校的英文缩写名称有误，请确认后再输入，谢谢！");
    }
    return 0;
}
```

6. 运行代码，记录程序运行结果和功能。

代码 3-2-6

```
#include <stdio.h>
#include <stdlib.h>
int main()
{
    int n;
    system("title 3-2-6");//设置运行窗口标题
    printf("\t校园影院预告\n\t近期上映：1、八佰\n\t\t  2、风声\n\t\t  3、秀美人生\
    n");
    printf("输入你选择的影片序号");
    scanf("%d",&n);
    switch(n)
    {
        case 1:printf("\n\t电影：八佰预约票，请保存好预约信息，谢谢！");break;
        case 2:printf("\n\t电影：风声预约票，请保存好预约信息，谢谢！");break;
        case 3:printf("\n\t电影：秀美人生预约票，请保存好预约信息，谢谢！");break;
        default:printf("\n\t你所输入的信息有误，请确认后再输入，谢谢！");
    }
    return 0;
}
```

7. 运行代码，记录程序运行结果和功能。

代码 3-2-7

```
#include <stdio.h>
```

```
#include <stdlib.h>
int main()
{
    int n;
    system("title 3-2-7");//设置运行窗口标题
    printf("\n一周有七天，周一至周五是工作日，周六、周日休假\n请输入当天的周号（1-7)");
    scanf("%d",&n);
    switch(n)
    {
        case 1 ... 5:printf("\n\t今天是工作日，努力工作、学习吧！");break;
        case 6 ... 7:printf("\n\t今天是休假，一起去爬山吧！");break;
        default:printf("\n\t你所输入信息有误，请确认后再输入，谢谢！");
    }
    return 0;
}
```

3.2.2 观察与思考实验

实验准备

1. 复习关系、逻辑、条件运算，if语句的语法规范，switch语句的语法规范。

2. 设计switch语句要从标准用法出发，其标准的结构如下：

```
switch(变量)
{
    case 常量1: 动作语句1;break;
    case 常量2: 动作语句2;break;
    case 常量3: 动作语句3;break;
    default: 动作语句5;//通常是提示
}
```

其中动作语句用printf("动作语句1");替换，修改变量值，使其分别为常量1、常量2、常量3的值，观察所显示的信息，通过这个操作了解switch执行的流程。在此过程中break语句不可省略，default子句可以省略，最后一个子句后的break语句也可以省略。

实验目标

熟练掌握选择结构的应用。

实验内容

1. 阅读程序，观察利用字符分类器实现分类的方法，记录程序运行结果和功能。

代码 3-2-8

```
#include <stdio.h>
#include <stdlib.h>
int main()
```

```
{
    char c;
    system("title 3-2-8");//设置运行窗口标题
    printf("input a character: ");
    c=getchar();
    if(c<32)
        printf("This is a control character\n");
    else if(c>='0'&&c<='9')
        printf("This is a digit\n");
    else if(c>='A'&&c<='Z')
        printf("This is a capital letter\n");
    else if(c>='a'&&c<='z')
        printf("This is a small letter\n");
    else
        printf("This is an other character\n");
    return 0;
}
```

【思考题】

如何模仿字符分类器构建电子商务平台的商品分类器？

2. 阅读程序，观察利用switch语句构建字符分类器的方法，记录程序运行结果和功能。

代码 3-2-9

```
#include <stdio.h>
#include <stdlib.h>
int main()
{
    char c;
    system("title 3-2-9");//设置运行窗口标题
    printf("\n\tCharacter List\n\t00--31control character   48--57 \'0\'
    --\'9\' \n");
    printf("\t65--90  \'A\'--\'Z\'\t97--122control character\'a\'--\'z\'\
    n\t123--128 other character\n ");
    printf("input a character: ");
    c=getchar();
    switch(c)
    {
        case 1 ... 31:printf("This is a control character\n");break;
        case 32:printf("This is a space character\n");break;
        case 48 ... 57:printf("This is a digit\n");break;
        case 65 ... 90:printf("This is a capital letter\n");break;
        case 97 ... 122:printf("This is a small letter\n");break;
        default:printf("This is an other character\n");
    }
        return 0;
}
```

【思考题】

如何利用 switch 语句构建电子商务平台的商品分类器？

3. 阅读程序，观察利用switch语句构建简易计算器的方法，记录程序运行结果和功能。

代码 3-2-10

```
#include <stdlib.h>
#include <stdio.h>
int main()
{
    float a,b;
    char c;
    system("title 3-2-10");//设置运行窗口标题
    printf("input expression: a+(-,*,/)b \n");
    scanf("%f%c%f",&a,&c,&b);
    switch(c)
    {
        case '+': printf("%f\n",a+b);break;
        case '-': printf("%f\n",a-b);break;
        case '*': printf("%f\n",a*b);break;
        case '/': if(b!=0) printf("%f\n",a/b);else printf("%.0f input error\
        n",b);break;
        default: printf("input error\n");
    }
    return 1;
}
```

【思考题】

如何利用 switch 语句构建三角函数计算器？

4. 阅读程序，观察利用if语句构建三角形面积计算器的方法，记录程序运行结果和功能。

代码 3-2-11

```
#include <stdio.h>
#include <stdlib.h>
#include <math.h>
int main()
{
    float a,b,c;
    float s,area;
    system("title 3-2-11");//设置运行窗口标题
    printf("please input three line:\n");
    scanf("%f%f%f",&a,&b,&c);
    //判断是否满足三角形条件：两边之和是否大于第三边；
    if (a+b>c&&b+c>a&&a+c>a)
    {
        s=(a+b+c)/2;
        area=(float)sqrt(s*(s-a)*(s-b)*(s-c));//三角形面积计算；
```

```
        printf("the area is: %f", area);
        printf("\n");
        //判断三条边是否相等;
        if(a==b&&a==c)
        {
            printf("等边三角形\n");
        }
        //判断三角形是否有两条边相等;
        else if(a==b||a==c||b==c)
        {
            printf("等腰三角形\n");
        }
        //判断是否有两边的平方和大于第三边的平方;
        else if((a*a+b*b==c*c)||(a*a+c*c==b*b)||(b*b+c*c==a*a))
        {
            printf("直角三角形\n");
        }
        else
        {
            printf("一般三角形\n");
        }
    }
    else
    {
        printf("三边不能构成三角形\n");
    }
    system("pause");
    return 0;
}
```

【思考题】

如何利用 switch 语句构建三角形面积计算器？

5. 阅读程序，观察构建菜单式选项处理程序的方法，记录程序运行结果和功能。

代码 3-2-12

```
#include <stdio.h>
#include <stdlib.h>
#include <math.h>
#define PI 3.14
int main()
{

    system("title 3-2-12");//设置运行窗口标题
    float radius,length,breadth,height,base,a,b,c,s;
    double  area;
    int choice;
```

```
    printf("\n\t形状的类型\n");
    printf("\n\t1.长方形\n");
    printf("\t2.圆形\n");
    printf("\t3.三角形\n");
    printf("\t4.退出\n");
    printf("\n\t 请输入选项(1/2/3/4):");
    scanf("%d",&choice);
    switch(choice)
    {
        case  1:
            printf("\n请输入长方形的详细信息");
            printf("\n 长为 :");
            scanf("%f",&length);
            printf("\n 宽为 :");
            scanf("%f",&breadth);
            area=length * breadth;
            printf("\n 该长方形的面积为 %7.2f\n",area);
            break;
        case  2:
            printf("\n请输入圆形的详细信息");
            printf("\n 半径为 :");
            scanf("%f",&radius);
            area=PI *radius*radius;
            printf("\n该圆形的面积为%7.2f\n",area);
            break;
        case  3:
            printf("\n请输入三角形的详细信息");
            printf("输入三角形的三边:\n");
            scanf("%f%f%f", &a, &b, &c);
            //判断是否满足三角形条件:两边之和是否大于第三边;
            if(a+b>c&&b+c>a&&a+c>a)
            {
                s=(a+b+c)/2;
                area = (float)sqrt(s*(s-a)*(s-b)*(s-c));//三角形面积计算;
                printf("the area is: %f", area);
                printf("\n");
                //判断三条边是否相等;
                if(a==b&&a==c)
                {
                    printf("等边三角形\n");
                }
              //判断三角形是否有两条边相等;
                else if(a==b||a==c||b==c)
                {
                    printf("等腰三角形\n");
                }
              //判断是否有两边的平方和大于第三边的平方;
```

```
                else if((a*a+b*b==c*c)||(a*a+c*c==b*b)||(b*b+c*c==a*a))
                {
                    printf("直角三角形\n");
                }
                else
                {
                    printf("一般三角形\n");
                }
            }
            else
            {
                printf("三边不能构成三角形\n");
            }
            break;
        case  4: printf("\n退出程序\n");
            break;
            default :printf("\n 选项错误\n");
    }
        system("pause");//屏幕暂停
        return 0;
}
```

【思考题】

如何利用菜单式处理方式进行电子商务平台的线上交易？

6. 阅读程序，观察成绩评价方法，记录程序运行结果和功能。

代码 3-2-13

```
#include <stdio.h>
#include <stdlib.h>
int main()
{

    system("title 3-2-13");//设置运行窗口标题
    float score;
    char ch[11];
    printf("请输入学生学号");
    gets(ch);
    printf("%s同学本课程的成绩? ",ch);
    scanf("%f",&score);//输入学生成绩
    switch((int)score)
    {
        case 90 ... 100:printf("%s同学祝贺你，本课程成绩等级为:优秀",ch);break;
        case 80 ... 89:printf("%s同学祝贺你，本课程成绩等级为:良好",ch);break;
        case 70 ... 79:printf("%s同学你本课程成绩等级为:一般，以后继续努力",ch);
        break;
        case 60 ... 69:printf("%s同学你本课程成绩等级为:合格，加油！",ch);
```

```
            break;
            case 0 ... 59:printf("%s同学你本课程成绩等级为:不合格，认真复习备考! ",
            ch);break;
            default:printf("%s同学本课程成绩输入有误，请核对",ch);
        }
        return 0;
    }
```

【思考题】

如何模仿成绩评价法开展线上营销活动？

3.2.3 应用实验

实验准备

1. 复习关系、逻辑、条件运算，if语句的语法规范，switch语句的语法规范。

2. 条件运算符是C语言中唯一一个三目运算符，可以表示成“表达式1?表达式2:表达式3”，条件运算符要求有三个运算对象，把三个表达式连接构成一个条件表达式。

条件运算符的作用是根据表达式1的值选择使用表达式的值。当表达式1的值为真时（非0值）时，整个表达式的值为表达式2的值；当表达式1的值为假（值为0）时，整个表达式的值为表达式3的值。要注意的是条件表达式中表达式1的类型可以与表达式1和表达式2的类型不一样。例如，获取a、b两变量中的较小值放入min变量中，可以用if语句编写代码，即：

```
if(a<b)
    min=a;
else
    min=b;
```

用条件运算符构成条件表达式代码则更简洁：

```
min=(a<b)?a:b;
```

3. switch 的分支语句一共有n+1个，而程序设计的预期目标是执行其中的一个分支，分支执行完后就结束整个 switch 语句，而继续执行 switch后面的语句，此目标可以通过每个分支后的 break 语句实现。即：

```
switch(表达式)
{
    case 常量表达式1: 语句1; break;
    case 常量表达式2: 语句2; break;
    …
    case 常量表达式n: 语句n; break;
    default: 语句n+1; break;
}
```

添加 break 语句后，一旦“常量表达式 x”与“表达式”的值相等，则执行“语句 x”，执行完毕后，由于有了 break语句则直接跳出 switch 语句，继续执行 switch 语句后面的语句，避免执行不必要的分支。由于default是最后一个分支，匹配后不会再执行其他分支，所以其后面也可以不用break语句。

case子句的常量不是一个而是一组时，子句的正确表述方式为：

```
常量下限<空格><…><空格>常量上限:语句n;
```

实验目标

根据问题需求设计对应的选项控制。

实验内容

1. 参照代码3-2-6，实现电影预约管理功能，当学生选择心仪的影片后，程序通过随机数发生器产生一个数，该数表示当前学生所选影片预约票已经发放数。如果产生的随机数超过影院座位数则表示预约票已经发放完毕，该学生需要重新选择影片或等待预约成功的同学转让电影预约票。

2. 参照代码3-2-7，制订每天的工作计划，例如，输入1，显示：今天是周一，你上午的课程有高等数学，下午有物理实验，晚上有选修课。工作计划如何存储、获取需要自行设计。

3. 参照代码3-2-12，编写暑期支教辅助学习程序，在代码3-2-12基础上扩充自动生成小学算术自测题和分数计算的教学功能。

3.2.4 归纳

通过本节程序可以发现，使用switch语句的过程与生活中乘电梯类似，每个case语句后面的标号相当于一个电梯内各楼层编号按钮，进电梯按需要到达层的按钮，例如，学院大楼一共11层，要到第10层院长办公室，那么，第10层后面要加个break语句，意思是到这一层就离开电梯了，即退出这个switch语句了。如果每一层都有人下去，那么每一层都要有一个break语句。每一层都不下，就从1层坐到11层，相当于将break语句都去掉，没有break语句的switch语句，会执行每个case语句，一直执行到default语句后面的}退出switch语句，即最后到顶层了，出电梯。

switch后面的表达式的值必须是int或enum类型，float等其他数据类型是无法被接收的，因为编译器需要switch表达式计算结果与case后的常量值精确匹配，而计算机无法精确表达一个float类型数据，因此，switch表达式如果是float的值就无法与case后的常量值精确匹配，这是switch表达式值不能为float等其他数据类型的原因。

switch可以有任意多个case语句（包括没有），每个case后面“常量表达式”的值必须互不相同，否则就会出现互相矛盾的现象，这样写会造成语法错误；case后的常量值和执行语句之间使用“:”分隔； break不是必需的，如果没有break，则执行完当前case的代码块后会继续执行后面case代码块的内容，直到switch语句体结束；switch的默认情况用default关键词表示，当switch后面的表达式的值和所有case后面的常量都不匹配的情况下，默认执行default后面的语句，可以将实际选项控制中不存在的选项值处理作为default子句的执行代码段。

利用switch实现选项控制的代码基本结构为：

```
声明存放选项编号的整型变量;
printf("1---选项1\n");//输出程序中的全部选项含义及其对应的编号
printf("2---选项2\n");
…
printf("n---选项n\n");
printf("n+1---退出\n");
printf("请输入选项的编号 (1---n+1) \n");
scanf("%d",&存放选项编号的整型变量名);
switch(存放选项编号的整型变量名)
{
    case 1:实现选项1功能的执行语句;break;
    case 2:实现选项2功能的执行语句;break;
    …
    case n:实现选项n功能的执行语句;break;
    case n+1:printf("感谢您使用本程序, 期待下次相遇, 再见!\n");
    exit(0);
    default:printf("您输入的选项编号有误, 请核实, 谢谢!\n");
}
```

3.2.5 自创实验

实验准备

复习关系、逻辑、条件运算，if语句的语法规范，switch语句的语法规范。

实验目标

根据问题的需求设计高效的解决方案。

实验内容

自主研发垃圾分类微系统，系统的选项卡有5个选项输入，即：可回收垃圾、有害垃圾、厨余垃圾、干垃圾和退出系统选项。

可回收垃圾功能则显示可回收垃圾范围和容易错放的垃圾，例如，喝完牛奶的包装盒，如果包装盒清洗后晒干是可回收垃圾，反之则是干垃圾；有害垃圾功能则显示有害垃圾范围和特殊有害垃圾，例如，新冠疫情中病人废弃的口罩，需要特殊处理；厨余垃圾、干垃圾功能与可回收垃圾功能相同。

进入系统时需要登录，非系统用户则需要注册，系统要求用手机号注册，系统首先验证手机号的位数，不足11位显示“输入信息有误，注册失败！”退出系统，手机号输入正确则系统要求用户设置登录密码，密码长度6位，设置时需要两次输入密码，两次输入值一致，密码设置成功，反之则显示“注册失败！”退出系统，注册成功后手机号和密码保存到“手机号.txt”数据文件中，下次登录时系统自动找“手机号.txt”数据文件，如果数据文件不存在，则显示“用户不存在，请注册”，如果“手机号.txt”数据文件存在，则读取数据文件信息，将登录所输入的密码与数据文件内的密码比较，两者一致则显示“登录成功”，进入系统各选项功能。请根据需求设计程序。

3.3 交互命令的实施

人机交互系统是指支持人和计算机系统直接进行交互通信的系统，其主要功能是完成人机之间的信息传递以提高计算机系统的友善性和正确率。人机交互系统实现用户与计算机之间的人机交流，需要考虑三个因素：人的因素、交互设备和实现人机交互的软件。人机交互系统可以大致分为命令语言交互系统、选单驱动交互系统、直接操纵交互系统和多媒体交互系统。人机交互系统研究的内容主要是人机交互系统模型的建立与分析、工作方式和设计原理、设计方法、评估。

交互命令是指用户在程序运行过程中输入命令字，程序实现该命令字对应的功能。命令字包括指定命令词典和语法，还有错误信息表和帮助系统。命令字设计原则是：命令名称、变量顺序等要保持一致性，保证最短的任务时间、最少的求助请求以及最少的差错；选择有意义的独特命令字同样重要，命令字的选取要与众不同、易普及，含义要丰富、有特色，容易识别和记忆，避免不必要的复杂性。

3.3.1 迷你实验

实验准备

1. 嵌套if语句的两种形式。

（1）嵌套在else分支中，格式为：

```
if(表达式1) 语句1;
else if(表达式2)
{    if(内嵌表达式1)
        语句1-1;
     else if(内嵌表达式2)
        语句2-1
        …
}
else 语句n;
```

（2）嵌套在if分支中，格式为：

```
if(表达式1)
{
     if(内嵌表达式1)
        语句1-1;
     else if(内嵌表达式2)
     {  语句2-1;
        …
     }
}
else if(表达式n)
        语句n;
        else 语句n+1;
```

2. 在嵌套if语句中，if和else按照“就近配对”的原则配对，即相距最近且还没有配对的一对if和else首先配对。

3. 关于if嵌套语句的说明：

if语句用于解决二分支的问题，嵌套if语句则可以解决多分支问题。两种嵌套形式各有特点，应用时注意区别。if中嵌套的形式较容易产生逻辑错误，而else中嵌套的形式配对关系则非常明确，因此从程序可读性角度出发，建议尽量使用在else分支中嵌套的形式。

实验目标

通过实验体验if嵌套语句，训练逻辑归纳能力。

实验内容

1. 运行代码，记录程序运行结果。

问题描述：某公司打算推出一款电子产品，研发人员给出了产品的定价，但公司做活动，请体验者出价，如果体验者所出的价与内定价一致显示相应信息，反之，则会显示体验者输入的价格过高或过低。

代码 3-3-1

```
#include <stdio.h>
#include <stdlib.h>
#include <math.h>
#define pp 598
int main()
{
    float user_p;
    system("title 3-3-1");
    printf("您体验了新品，如果您买此产品能接受的价格是：");
    scanf("%f",&user_p);
    if(user_p==pp)
        printf("恭喜您，您的想法与公司内部定价一致，谢谢！\n");
    else
    {
        if(user_p<pp)
            printf("您是否对产品性能还不十分了解？您可以接受的价格低于公司内部定价\n");
        else
            printf("您对产品评价真高，您的价格高于公司内部定价");
    }
    return 0;
}
```

2. 运行代码，记录程序运行结果和功能。

代码 3-3-2

```
#include <stdio.h>
#include <stdlib.h>
#include <math.h>
```

```
int main()
{

    double fuel_reading;
    system("title 3-3-2");
    printf("输入长江水位读数(0-1): ");
    scanf("%lf", &fuel_reading);
    //下面加上花括号使if...else能够正确匹配
    if(fuel_reading<0.75)
    {
        if(fuel_reading<0.25)
        printf("水位低, 注意!\n");
    }
    else
    {
        printf("水位高, 开闸泄洪!\n");
    }
    return 0;
}
```

3. 运行代码，记录程序运行结果和功能。

代码 3-3-3

```
#include <stdio.h>
#include <stdlib.h>
#include <string.h>
#define ps 888888
#define us "admin"
int main()
{
    char user_name[10];
    int password;
    system("title 3-3-3");
    printf("\t欢迎进入本网站\n");
    printf("\t请输入用户名: ");
    gets(user_name);
    if(strcmp(user_name,us)==0)
    {
        printf("用户名正确: %s",user_name);
        printf("\t请输入密码: ");
        scanf("%d",&password);
        if(password==ps)
            printf("\t\t登录成功! \n");
        else
        {
            printf("\t用户名正确: %s",user_name);
            printf("\t密码输入错误, 登录失败! ! \n");
```

```
        }
    }
    else
    {
        printf("\t用户名不正确：%s",user_name);
        printf("\t请输入密码：");
        scanf("%d",&password);
        if(password==ps)
        {
            printf("\t%s用户名不存在，登录失败！！",user_name);
        }
        else
            printf("\t%s用户名不存在，密码输入错误，登录失败！！",user_name);

    }
    return 0;
}
```

4. 运行代码，记录程序运行结果和功能。

代码 3-3-4

```
#include <stdio.h>
#include <stdlib.h>
#include <string.h>
#define ps 888888
#define us "admin"
int main()
{

    char user_name[10];
    int password;
    system("title 3-3-4");
    printf("\t欢迎进入本网站\n");
    printf("\t请输入用户名：");
    gets(user_name);
    printf("\t请输入密码：");
    scanf("%d",&password);
    if(strcmp(user_name,us)==0&&password==ps)
    {
        printf("\t用户名正确：%s,密码输入正确，登录成功！",user_name);
    }
    else if(strcmp(user_name,us)==0&&password!=ps)
        printf("\t%s用户名正确，密码输入不正确，登录失败！！",user_name);
    else if(strcmp(user_name,us)!=0&&password==ps)
    {
        printf("\t%s用户名不存在，密码输入正确，登录失败！！",user_name);
    }
```

```
    else
    {
        printf("\t%s用户名不存在，密码输入错误，登录失败！！",user_name);
    }
    return 0;
}
```

5. 运行代码，记录程序运行结果和功能。

代码 3-3-5

```
#include <stdio.h>
#include <stdlib.h>
int main()
{

    int a1=0,a2=0,a3=0;
    system("title 3-3-5");
    printf("\t请输入任意3个整数");
    scanf("%d%d%d",&a1,&a2,&a3);
    printf("\t所输入数据的顺序为：%d %d %d\n",a1,a2,a3);
    if(a1>a2)
    {
        if(a2>a3)
        {
            printf("\t排序结果为：%d %d %d\n",a1,a2,a3);
            //从大到小的顺序a1,a2,a3;
        }
        else if(a3>a1)
        {
            printf("\t排序结果为：%d %d %d\n",a3,a1,a2);
            //从大到小的顺序a3,a1,a2;
        }
        else
        {
            printf("\t排序结果为：%d %d %d\n",a1,a3,a2);
            //从大到小的顺序a1,a3,a2;
        }
    }
    else//判断a1<=a2;
    {
        if(a1>a3)
        {
            printf("\t排序结果为：%d %d %d\n",a2,a1,a3);
            //从大到小的顺序a2,a1,a3;
        }
        else if(a3>a2)
        {
```

```
            printf("\t排序结果为: %d %d %d\n",a3,a2,a1);
            //从大到小的顺序a3,a2,a1;
        }
        else
        {
            if(a3>a1)
            {
                printf("\t排序结果为: %d %d %d\n",a2,a3,a1);
                //从大到小的顺序a2,a3,a1;
            }
        }
    }

    return 0;
}
```

6. 运行代码，记录程序运行结果。

问题描述：要求输入3个正整数，如果其中任一数不是正整数，程序输出Invalid number!，然后结束运行。

当第1个数为奇数时，计算后两数之和，当第1个数为偶数时，计算第2数减去第3数的差。运算结果大于10输出，反之输出提示信息。

代码 3-3-6

```
#include <stdio.h>
#include <stdlib.h>
#include <math.h>
int main()
{
    int a,b,c,pi;
    system("title 3-3-6");
    printf("Enter number 1: ");
    scanf("%d",&a);
    if(a<=0)
        printf("Invalid number!");
    else{
        printf("Enter number 2: ");
        scanf("%d",&b);
        if(b<=0)
            printf("Invalid number!");
        else{
            printf("Enter number 3: ");
            scanf("%d",&c);
            if(c<=0)
                printf("Invalid number!");
            else{
                if(a%2==0)
                    pi=b-c;
```

```
                else
                    pi=b+c;
                if(pi>10)
                    printf("Result:%d",pi);
                else
                    printf("Result:pi<10");
            }
        }
    }
    return 0;
}
```

7. 运行代码，记录程序运行结果和功能。

代码 3-3-7

```
#include <stdio.h>
#include <stdlib.h>
#include <math.h>
int main()
{
    float a,b,c,d,pr,pi,x1,x2;
    system("title 3-3-7");
    printf("输入三个系数a, b, c:");
    scanf("%f%f%f",&a,&b,&c);
    printf("\na=%.2f,b=%.2f, c=%.2f\n",a,b,c);
    if(a==0)
    {
        if(b!=0)
            printf("一元一次方程有一个根:x=%.2f\n",-c/b);
        else if(c!=0)
            printf("分母为0无解! \n");
        else
            printf("x 是任意值\n");
    }
    else
    {
        d=b*b-4*a*c;
        if(d>0)
        {
            x1=(-b+sqrt(d))/(2*a);
            x2=(-b-sqrt(d))/(2*a);
            printf("\n方程有两个不同的实根:x1=%.2f, x2=%.2f\n",x1,x2);
        }
        else  if(d==0)
        {
            printf("\n方程有两个相同实根:x1=x2=%.2f\n",-b/(2*a));
        }
```

```
        else
        {
            pr=-b/(2*a);
            pi=sqrt(-d)/(2*a);
            printf("\n方程有两个共轭复根:x1=%6.2f +%6.2fi\n",pr,pi);
            printf("\t\t    x2=%6.2f -%6.2fi\n",pr,pi);
        }
    }
    return 0;
}
```

8. 运行代码，记录程序运行结果和功能。

代码 3-3-8

```
/*输入任意正整数，判断是否是5位正整数，如果是再判断其是否为回文数，即一个数字从左边读
和从右边读的结果是一致的，例如12321。*/
#include <stdio.h>
#include <stdlib.h>
int main()
{
    int password,a1,a2,a3,a4,a5,pp,t;
    system("title 3-3-8");
    printf("\t请输入一个整数");
    scanf("%d",&password);
    pp=password;
    if(password<0)
        printf("亲，本程序接收的为正整数，您的输入值错误，谢谢！");
    else if(password<10000||password>99999)
        printf("亲，您的输入值正确%d，但不能为此数据提供分析服务，因为它是非回文数谢谢！",
        password);
    else
    {
        a1=pp%10;
        pp=pp/10;
        a2=pp%10;
        pp=pp/10;
        a3=pp%10;
        pp=pp/10;
        a4=pp%10;
        pp=pp/10;
        a5=pp%10;
        t=a1*10000+a2*1000+a3*100+a4*10+a5;
        if(password==t)
            printf("经过分析%d是回文数，其逆序为：%d\n",password,t);
        else
            printf("经过分析%d不是回文数，其逆序为：%d\n",password,t);
    }
    return 0;
}
```

9. 为了体验循环的简洁，修订代码如下。运行代码，记录程序结果和功能，体验与代码3-3-8的不同。

代码 3-3-8-修订

```
/*输入任意正整数，判断是否是5位正整数数，如果是再判断其是否为回文数，一个数字从左边读和从右边读的结果是一致的，例如12321。*/
#include <stdio.h>
#include <stdlib.h>
int main()
{
    int password,a,t,pp;
    system("title 3-3-8");
    printf("\t请输入一个整数");
    scanf("%d",&password);
    pp=password;
    if(password<0)
        printf("亲，本程序接收的为正整数，您的输入值错误，谢谢！");
    else if(password<10000||password>99999)
        printf("亲，您的输入值正确%d，但不能为此数据提供分析服务，因为它是非回文数谢谢！",
        password);
    else
    {
        while(pp)
        {
            a=pp%10;
            pp=pp/10;
            t=t*10+a;
        }
        if(t==password)
            printf("经过分析%d是回文数，其逆序为：%d\n",password,t);
        else
            printf("经过分析%d不是回文数，其逆序为：%d\n",password,t);
    }
    return 0;
}
```

3.3.2 观察与思考实验

实验准备

1. switch case嵌套switch。

switch语句的case子语句由switch语句构成，这种结构就是switch case嵌套switch语句，其结构为：

```
switch(表达式)
{
    case常量表达式1:  {
```

```
        switch(分支1表达式)
        {
            case分支1表达式对应常量表达式1: 语句1;
            case分支1表达式对应常量表达式2: 语句2;
            …
            case分支1表达式对应常量表达式n: 语句n;
            default: 语句n+1;
        }
    }
    case常量表达式2:  语句2;
    …
    case常量表达式n:  语句n;
    default:          语句n+1;
}
```

每一个case子句原则上都可以是switch语句，遇到嵌套必须用{}清晰划分嵌入的switch语句，增加可读性。

switch case嵌套switch解决了多级选项控制问题，例如，一级选项为电商平台的商品分类（服装、日用品、数码产品、书籍、食品），二级选项则为分类下的子分类（服装可以分成女装、男装、童装），一级选项采用switch语句控制，二级选项则由一级选项中嵌套的switch控制。

2. if与switch的区别。

switch与if的根本区别在于，switch会生成一个跳转表来指示实际的case分支的地址，而这个跳转表的索引号与switch变量的值是相等的。从而，switch不用像if那样遍历条件分支直到命中条件，而只需访问对应索引号的表项就能到达定位分支的目的。

当分支较多时，用switch的效率是很高的。因为switch是随机访问的，就是确定了选择值之后，直接跳转到那个特定的分支，但是if是遍历所有的可能值，直到找到符合条件的分支。在多条件分支选择的情况下使用switch比if效率高，但是switch语句没有if语句灵活。

case后面的常量表达式实际上只起语句标号作用，而不起条件判断作用，即“只是开始执行处的入口标号”，因此，一旦与switch后面圆括号中表达式的值匹配，就从此标号处开始执行，而且执行完一个case后面的语句后，若没遇到break语句，就自动进入下一个case继续执行，而不再判断是否与之匹配，直到遇到break语句才停止执行，退出switch语句。因此，若想执行一个case分支之后立即跳出 switch语句，就必须在此分支的最后添加一个break语句。

实验目标

梳理构建复杂的选择结构的逻辑关系。

实验内容

1. 阅读程序，观察switch case嵌套switch的作用，记录程序运行结果和功能。

代码 3-3-9

```
#include <stdio.h>
#include <stdlib.h>
int main()
{
```

```
    int a,a1;
    system("title 3-3-9");
    printf("\t认识颜色\n\t1---红色    2---蓝色\n\t3---黄色    4---结束\n");
    printf("\t请输入你想认识的颜色编号");
    scanf("%d",&a);
    switch(a)
    {
        case 1:
        {
            printf("\t很高兴为你介绍红色，让我们一起了解这个颜色中的故事吧！\n");
            printf("\t从哪个红色开始了解\n\t1--大红   2--朱红    3--嫣红   4--结束
            \n");
            printf("\t请输入你开始了解的颜色编号");
            scanf("%d",&a1);
            switch(a1)
            {
                case 1:printf("大红色表示吉祥，春节写春联用的红纸就是大红\n");
               break;
                case 2:printf("朱红则偏暗，一般用作油漆色\n");break;
                case 3:printf("嫣红则用于形容花的颜色，比较明亮\n");break;
                case 4:printf("红色介绍到此结束，谢谢!\n");break;
                default:printf("你所输入红色分类中不存在此编号");
            }
            break;
        }

        case 2:
            printf("\t很高兴为你介绍蓝色，让我们一起了解这个颜色中的故事吧！\n");break;
        case 3:
            printf("\t很高兴为你介绍黄色，让我们一起了解这个颜色中的故事吧！\n");break;
        case 4:
            printf("\t很高兴为你服务，再见！\n");
            exit(0);
        default:
            printf("你所输入的颜色编号不存在");
            exit(0);
    }
    printf("颜色的故事很多，未完待续...\n");
    return 0;
}
```

【思考题】

如何实现线上商品推荐（参照代码3-3-9，例如，推荐的商品为短裙，该商品在服装大类下女装小类下的裙装子类中）？

2. 阅读程序，观察f1函数的作用，记录程序运行结果和功能。

代码 3-3-10

```
#include <stdio.h>
```

```
#include <stdlib.h>
int f1()
{
    int a1;
    while(5)
    {
        system("cls");
        printf("\t从哪个红色开始了解\n\t1--大红  2--朱红   3--嫣红  4--返回上一级\n");
        printf("\t请输入你开始了解的颜色编号");
        scanf("%d",&a1);
        switch(a1)
        {
            case 1: printf("大红色表示吉祥，春节写春联用的红纸就是大红\n");
                system("pause");break;
            case 2: printf("朱红则偏暗，一般用作油漆色\n");
                system("pause");break;
            case 3: printf("嫣红则用于形容花的颜色，比较明亮\n");
                system("pause");break;
            case 4: printf("红色介绍到此结束，谢谢!\n");return 0;
            default: printf("你所输入红色分类中不存在此编号");
                system("pause");
        }
    }
}
int main()
{
    int a,a1;
    system("title 3-3-10");
    while(3)
    {
        system("cls");
        printf("\t认识颜色\n\t1---红色   2---蓝色\n\t3---黄色   4---结束\n");
        printf("\t请输入你想认识的颜色编号\n");
        scanf("%d",&a);
        switch(a)
        {
            case 1:
            {   printf("\t很高兴为你介绍红色，让我们一起了解这个颜色中的故事吧！\n");
                f1();
                break;
            }
            case 2:printf("\t很高兴为你介绍蓝色，让我们一起了解这个颜色中的故事吧！\n");
                system("pause");break;
            case 3:printf("\t很高兴为你介绍黄色，让我们一起了解这个颜色中的故事吧！\n");
                system("pause");break;
            case 4:printf("\t很高兴为你服务，再见！\n");system("pause");
                exit(0);
```

```
                default:printf("你所输入的颜色编号不存在\n");system("pause");
            }
        }
        printf("颜色的故事很多，未完待续...\n"); system("pause");
        return 0;
    }
```

【思考题】

如何编程实现科技文献检索？（参照代码3-3-10，通过文献所涉及的专业、研究方向和文献关键词检索文献。）

3. 阅读程序，观察各个自定义函数的作用，记录程序运行结果和功能。

代码 3-3-11

```
    #include <stdio.h>
    #include <stdlib.h>
    void pmenu(char mname[][60],int n);//显示选项
    void cmenu(char mname[][60],int n);//控制选项的执行
    void pt(int n);
    void pmu();
    int main()
    {
        int n;
        char mname[3][60]={"1------Print hollow triangle","2------Print the
multiplication table","3------Exit"};

        system("title 3-3-11");
        cmenu(mname,3);
        return 0;
    }
    void pt(int n)
    {
        int i,j;
        for(i=0;i<n;i++)
        {
            for(j=n;j>i;j--)
            {
                printf(" ");
            }
            for(j=0;j<2*i+1;j++ )
            {
                if(j==0||j==2*i||i==0||i==n-1)
                {
                    printf("*");
                }
                else
                {
                    printf(" ");
```

```
            }
        }
        printf("\n");
    }

}
void pmenu(char mname[][60],int n)
{
    int i;
    for(i=0;i<n;i++)
        puts(mname[i]);
        printf("Select 1-%d\n",n);
}
void pmu()
{
    int i,j;
    for(i=1;i<=9;i++)
    {
        for(j=i;j<10;j++)
        printf("%d*%d=%2d ",i,j,i*j);
        printf("\n");
    }
}
void cmenu(char mname[][60],int n)
{

    int select;
    int x;
    while(8)
    {
        system("cls");
        pmenu(mname,n);
        scanf("%d",&select);
        switch(select)
        {
            case 1:
                printf("input n?");
                scanf("%d",&x);
                system("cls");
                pt(x);
                system("pause");
                break;
            case 2:
                system("cls");
                pmu();
                system("pause");
                break;
```

```
            case 3:
                printf("See you!");
                system("pause");
                exit(0);
                break;
            default:
                printf("Select error!");
                system("pause");
                break;
        }
    }
}
```

【思考题】

如何编程实现科技文献多方式检索（根据文献标题检索、根据作者名检索、根据期刊名检索）？

4. 阅读程序，观察各个自定义函数的作用，记录程序运行结果和功能。

代码 3-3-12

```
#include <stdio.h>
#include <stdlib.h>
char cmdGet();//获取命令字
void ptt(int n);//打印直角三角形
void cmdA(int n);//打印ASCII表
void cmdQ();//退出处理
void cmdH();//帮助命令处理
int main()
{
    int num,cmd;
    system("title 3-3-12");
    while(8)
    {
        cmd=cmdGet();
        switch(cmd)
        {
            case 'T':
                scanf("%d",&num);
                ptt(num);
                system("pause");
                break;
            case 'A':
                scanf("%d",&num);
                cmdA(num);
                system("pause");
                break;
            case 'H': cmdH();
                system("pause");
```

```
                break;
            case 'Q': cmdQ();
                system("pause");
                break;
            case '\n': break;
            default:  printf("无效命令（%c）\n",cmd);
        }
        while(cmd!='\n')
        cmd=getchar();
    }
    return 0;

}
char cmdGet()
{ //命令符读取+转大写函数
    char cmd;
    printf("print>");
    do{
        cmd=getchar();
    } while(cmd==' '||cmd=='\t');
    if(cmd>='a' &&cmd<='z')
        cmd=cmd-32;
        return cmd;
}
void ptt(int n)
{
    int i,j;
    for(i=0;i<n;i++)
    {
        j=0;
        while(j<=i)
        {
            printf("* ");
            j++;
        }
        printf("\n");
    }
}
void cmdA(int n)
{ //命令A处理函数
    int i;

    printf("ASCCII  Octal  Char ASCCII  Octal  Char ASCCII  Octal  Char\
    n ");
    for(i=1;i<=n;i++)
        printf("%6d %6o %6c",i,i,i);
    if(!(i%3))printf("\n");
```

```
    }
}
void cmdH()
{ //命令H处理函数
    printf(
        "  T 打印直角三角形行数n\n"
        "  A 数值   \n"
        "  H              //显示本帮助\n"
        "  Q              //退出程序\n"
    );
}
void cmdQ()
{ //命令Q处理函数
    printf("再见! \n\n");
    exit(0);
}
```

【思考题】

如何利用交互命令编程实现科技文献多方式检索?(根据文献标题检索、根据作者名检索、根据期刊名检索、根据关键词检索)?

5. 阅读程序,观察交互命令方式控制下的学生成绩管理程序的优势,记录程序运行结果和功能。

代码 3-3-13

```
//学生成绩管理(交互命令方式)
#include <stdio.h>
#include <stdlib.h>
void cmdA()
{ //命令A处理函数
    int num=-1;
    float score=-1;
    scanf("%d%f",&num,&score);
    if(num<=0)
        printf("学号 %d 无效(必须为正数)\n",num);
    if(score<0||score>100)
        printf("成绩 %g 无效(必须在0至100之间)\n",score);
    if(num>0&&score>=0&&score<=100)
    {
        printf("学号: %d, 成绩: %.1f分, 等级: ",num,score );
        if(score>=90)
            printf("优秀\n");
        else if(score>=80)
            printf("良好\n");
        else if(score>=60)
            printf("合格\n");
        else
            printf("不合格\n");
    }
```

```
}
void cmdH()
{ //命令H处理函数
    printf(
        "学生成绩管理程序V0.3，支持的命令有：\n"
        "  A 学号成绩  //学生成绩等级\n"
        "  H           //显示本帮助\n"
        "  Q           //退出程序\n"
    );
}
void cmdQ()
{ //命令Q处理函数
    printf("再见！\n本程序由1900000000-张三三开发\n");
    exit(0);
}
char cmdGet()
{ //命令符读取+转大写函数
    char cmd;
    printf("ST3>");
    do{
        cmd=getchar();
    } while(cmd==' ' ||cmd=='\t');
    if(cmd>='a'&&cmd<='z')
        cmd=cmd-'a'+'A';
    return cmd;
}
int main()
{ //主函数
    char cmd;
    system("title 3-3-13.c");//设置运行窗口标题
    printf("[StuSc3]\n");
    while(1)
    {
        cmd=cmdGet();
        switch(cmd)
        {
            case 'A': cmdA(); break;
            case 'H': cmdH(); break;
            case 'Q': cmdQ(); break;
            case '\n': break;
            default:  printf("无效命令（%c）\n",cmd);
        }
        while(cmd!='\n')
            cmd=getchar();
    }
    return 0;
}
```

【思考题】

分别从用户和程序设计者角度分析菜单、交互命令在学生成绩管理中的优劣。

3.3.3 应用实验

实验准备

梳理知识点，在实际问题处理中分析需要用选择控制结构实现的功能，在功能实现过程中分析选用语句（单分支、双分支、多分支），设计原则是目标明确，程序执行效率高，可读性强。

实验目标

能够应用选择结构解决实际问题。

实验内容

1. 参照代码3-3-10设计垃圾分类知识学习系统，系统包括：1--垃圾分类意义，2--垃圾处理过程，3--可回收垃圾的标准（可回收垃圾可分为：1--布 2--纸 3--玻璃），4--有毒有害垃圾标准，5--医用垃圾，6--退出系统，每个学习模块可以通过printf显示相关信息，也可以将信息存入数据文件，用system("type 数据文件名");显示数据文件内容。

2. 参照代码3-3-12设计交互命令式的学习if语句系统，系统提示符为if_struc>，在提示符下输入H，显示交互命令式的学习if语句系统允许使用的全部命令，命令Q表示退出系统，命令S1表示学习单分支if语句，命令S2表示学习双分支if语句，命令S3表示学习多分支if语句。

3.3.4 归纳

交互命令处理分4个环节，第1个环节是显示命令提示符，表示程序允许用户输入命令字，其实现方法：

```
printf("命令提示符");
```

第2个环节是由键盘输入命令字，其实现方法：

```
字符变量=getchar();
```

第3个环节是接收正确的命令字，将非命令字跳过，取到真正的命令字，其实现方法：

```
do {
字符变量=getchar();
} while(字符变量==' ' ||字符变量=='\t');
//字符变量接收到的空格认为是非命令，要求用户重新输入，用户输入非空格认为是命令字，保存到字符变量中。
```

第4个环节是分析命令的含义实现对应功能，例如：命令字H表示显示帮助信息，

```
switch (字符变量)
{
    case 'A': cmdA(); break;
    case 'H': cmdH(); break; //字符变量接收到H执行对应功能的自定义函数
    case 'Q': cmdQ(); break;
    case '\n': break;
    default:  printf("无效命令(%c)\n",cmd);
```

```
}
命令字H对应的自定义函数
void cmdH()
{ //命令H处理函数
    printf(
        "系统支持的命令有：\n"
        " ****************  //*********\n"
        "  H             //显示本帮助\n"
        "  Q             //退出程序\n"
    );
}
```

3.3.5 自创实验

实验准备

复习关系、逻辑、条件运算，if语句的语法规范，switch语句语法规范。

实验目标

提升应用选择结构解决实际问题的能力。

实验内容

背景资料：

某电影院共有4个放映厅，放映场次数据存储在filmdata.txt 中，格式如下：

放映厅	电影名称	放映时间	座位数量	已售票数
A	钢铁侠 3	18:30	150	0
B	致青春	19:30	150	0
C	姜戈	20:00	150	0
D	生化危机 4	20:20	100	0
D	钢铁侠 3	14:30	150	0
C	致青春	15:30	150	0
B	姜戈	16:00	150	0
A	生化危机 4	16:20	100	0

需求描述：

影院票务处理系统运行选项或命令字如下：

L 显示（数据文件filmdata.txt中）所有电影信息

B 购买电影票

R 退票

S 统计满座率

E 退出系统

具体需求如下：

L读取数据文件filmdata.txt，显示该文件中所有电影信息。

B选择购票方式，完成购票。购票方式有：根据电影名购票，选择电影名称，显示放映时间和放映厅，选择时间、放映厅，输入数量，选择座位，支付，购票完成；根据放映时间购票，选择放映时间，显示该时段的影片和放映厅，选择影片、放映厅，输入数量，选择座位，支付，购票完成；系统根据当前票务信息对所买的票数进行判断，如不符合实际情况，会给出提示；如果客户选购的场次满座，则显示“本次购票失败，请重新选择”。

R退票处理则根据影院规定开映前60分钟全额退票；开映前30分钟可退票，但需要支付手续费（票价的45%）；其他情况一律不可办理退票。

S统计满座率则对每场电影售出票进行累加，得出总票数，用售出的票数除以总座位数，即可得出该场的满场率，并按满座率降序排序输出当天的统计结果。

根据需求设计程序。

3.4 分段函数的应用

分段函数，就是对于自变量x的不同取值范围有不同的解析式的函数。它是一个函数，而不是几个函数；分段函数的定义域是各段函数定义域的并集，值域也是各段函数值域的并集。

生活中很多情况会利用分段函数进行计算，例如，分段式水电费计算、计算个人所得税、通信计费、网约车计费、快递计费等。

3.4.1 迷你实验

实验准备

直接套用if结构模板完成分段函数计算，例如，计算分段函数y=f(x)的值，其中，a<=x<b，y=计算式1，b<=x<c，y=计算式2，c<=x<d，y=计算式3，则直接套用if结构模板如下：

```
声明变量y,x;//a,b,c,d为常量
if(x>=d)
    printf("x>=d无函数值");
else if(x>=c)
    printf("y=%g",计算式3);
else if(x>=b)
    printf("y=%g",计算式2);
else if(x>=a)
    printf("y=%g",计算式1);
else
    printf("x<a无函数值");
```

实验目标

体验分段函数的实际应用。

实验内容

1. 运行代码，记录程序运行结果和功能。

代码 3-4-1

```
#include <stdio.h>
#include <stdlib.h>
#include <math.h>
int main()
{
    float x,y;
    system("title 3-4-1");
    printf("\tx=?");
    scanf("%f", &x);//输入值为1，运算结果为0.84
    if(x>=0&&x<40)
    {
        if(x<10)
            y=sin(x);
        if(x>=10&&x<20)
            y=cos(x);
        if(x>=20&&x<30)
            y=exp(x)-1;
        if(x>=30&&x<40)
            y=log(x+1);
        printf("\n\ty=%.2f",y);
    }
    else
        printf("no definition");
    return 0;
}
```

2. 运行代码，记录程序运行结果和功能。

代码 3-4-2

```
#include <stdio.h>
#include <stdlib.h>
#include <math.h>
int main()
{
    float x,y;
    system("title 3-4-2");
    printf("\tx=?");
```

```
    scanf("%f",&x);//输入值为1，运算结果为0.84
    if(x>=40)
        printf("%.2f >=40 no definition",x);
    else if(x>=30)
        printf("\n\ty=%.2f",log(x+1));
    else if(x>=20)
        printf("\n\ty=%.2f",exp(x)-1);
    else if(x>=10)
        printf("\n\ty=%.2f",cos(x));
    else if(x>=0)
        printf("\n\ty=%.2f",sin(x));
    else
        printf("%.2f<0 no definition",x);
    return 0;
}
```

3. 运行代码，记录程序运行结果和功能。

代码 3-4-3

```
/*
体质指数 (Body Mass Index，BMI)，是国际常用来量度体重与身高比例的工具。它利用身高和
体重之间的比例去衡量一个人是否过瘦或过肥。
体质指数适合所有18至65岁的人士使用，儿童、发育中的青少年、孕妇、老人及肌肉发达者除外。
其计算公式如下：
体质指数(BMI)=体重(kg)/身高 (m)^2 EX:75/1.8^2=23.15
亚裔成年人请用以下的指引：
体质指数类别罹病机会*
< 18.5 过轻，某些疾病和某些癌症患病率增高
18.5—23.9 正常
24—27.9 超重
>28 肥胖
*/
#include <stdio.h>
#include <stdlib.h>
int main()
{
    float w,h,t;
    system("title 3-4-3");
    printf("请输入你的体重和身高，用空格分隔开。\n");
    scanf("%f %f",&w,&h);
    t=w/(h*h);
    if(t>=28)
        printf("肥胖\n");
    else if(t>=24)
        printf("为超重体重\n");
    else if(t>=18.5)
        printf("正常\n");
    else
```

```
        printf("过轻，某些疾病和某些癌症患病率增高\n");
    return 0;
}
```

4. 运行代码，记录程序运行结果和功能。

代码 3-4-4

```
#include <stdio.h>
#include <time.h>
#include <stdlib.h>
int main()
{
    int a;
    srand((unsigned)time(NULL));
    system("title 3-4-4");
    a=rand()%(9999-1000)+10;
    if(a%2==0)//a是偶数
    {
        printf("a是偶数\n");
        if(a%4==0)//a是偶数再判断其是否能被4整除
        {
            printf("a能被4整除\n");
        }
        else
        {
            printf("a不能被4整除\n");
        }
    }
    else//a是奇数再判断能否被3、7整除
    {
        printf("a不是偶数\n");
        if(a%3==0)
        {
            printf("a能被3整除\n");
        }
        else
        {
            printf("a不能被3整除\n");
        }
        if(a%7==0)
        {
            printf("a能被7整除\n");
        }
        else
        {
            printf("a不能被7整除\n");
        }
```

```
    }
    printf("%d的前序数为 %d,后序数为 %d\n",a,a-1,a+1);
    return 0;
}
```

5. 运行代码，记录程序运行结果和功能。

代码 3-4-5

```
#include <stdio.h>
#include <stdlib.h>
int main()
{
    int num;
    float score;
    system("title 3-4-5");
    printf("[3-4-5]\n");
    while(8)
    {
        printf("请输入学号和成绩：");
        num=-1; score=-1;
        scanf("%d%f",&num,&score);
        if(num<=0)
            printf("学号 %d 无效（必须为正数）\n",num);
        if(score<0||score>100)
            printf("成绩 %g 无效（必须在0至100之间）\n",score);
        if(num>0&&score>=0&&score<=100)
            break;
    }
    printf("学号：%d，成绩：%.1f分，等级：",num,score );
    if(score>=85)
        printf("优秀\n");
    else if(score>=60)
        printf("合格\n");
    else
        printf("不合格\n");
    return 0;
}
```

6. 运行代码，记录程序运行结果和功能。

代码 3-4-6

```
#include <stdio.h>
#include <stdlib.h>
#define PRICE (0.6)       //每度电的费用
int main(void)
{
    int x;
    double y;
```

```
    system("title 3-4-6");
    printf("\n\t请输入年用电量(度): ");
    scanf("%d",&x);
    if(x<=3000)
        y=x*PRICE;
    else if(x<=5000)
        y=3000*PRICE+(x-3000)*(PRICE+0.1);
    else
        y=3000*PRICE+(5000-3000)*(PRICE+0.1)+(x-5000)*(PRICE+0.3);
    printf("\t%.0lf\n\n",y);      //根据用电量计算电费
    return 0;
}
```

3.4.2 观察与思考实验

实验准备

单分支if 语句由一个表达式（运算结果为逻辑值）、一个或多个语句组成；双分支if...else语句由一个表达式（运算结果为逻辑值）、一个或多个语句、一个可选的 else 语句组成，else语句在运算结果为逻辑值为假时执行；嵌套 if 语句在一个 if 或 else if 语句内使用另一个 if 或else if 语句；switch 语句用于一个变量有多个值时的情况；嵌套switch语句即在一个switch语句内使用另一个 switch 语句。

实验目标

熟练掌握选择结构并能用该结构解决实际问题。

实验内容

1. 阅读程序，观察if分支嵌套if...else的实现方式，记录程序运行结果和功能。

代码 3-4-7

```
#include <stdio.h>
#include <stdlib.h>
int main(void)
{
    int g,s,b,m=0;
    system("title 3-4-7");
    printf("请输入一个3位数正整数: ");
    scanf("%d",&m);
    if(100<=m&&m<=999)
    {
        g=m%10;
        s=m/10%10;
        b=m/100;
        if(g*g*g+s*s*s+b*b*b==m)
            printf("%d是水仙花数\n",m);
        else
```

```
            printf("%d不是水仙花数\n",m);
    }
    else
        printf("输入数值不是3位数正整数\n");
        return 0;
}
```

【思考题】

如何判断四位自幂数（4位自幂数称为四叶玫瑰数，每个位上的数字的4次幂之和等于该数本身）？

2. 阅读程序，观察ecost(float amount)函数替换if嵌套的优势，记录程序运行结果和功能。

代码 3-4-8

```
/*居民家庭用户年用电电价分为三个\"阶梯\"：第一档0~3000度，
基础电价0.6元/度；第二档3001~5000度，电价在基础电价上增加0.1元/度；
第三档超过5000度，电价在第二档的基础上增加0.2元/度。
*/
#include <stdio.h>
#include <stdlib.h>
float ecost(float amount);
int main(void)
{
    float amount,cost; //年用电量、年电费
    system("title 3-4-8");
    printf("\t请输入年用电量（度）：");
    scanf("%f", &amount);
    cost=ecost(amount);
    printf("\t年电费为 %.2f 元\n\n", cost);
    return 0;
}
float ecost(float amount)
{   //年电费计算函数，根据电量amount计算并返回对应的电费
    float estd[]={4,0,0.6,3000,0.1,5000,0.2,7000,0.3 }; //收费标准
    int i;
    float cost=0;
    for(i=0;i<estd[0];i++)
        if(amount>=estd[2*i+1])
            cost+=(amount-estd[2*i+1])*estd[2*i+2];
        return cost;
}
```

【思考题】

如何用自定义函数判断自幂数（自幂数包括独身数、水仙花数、四叶玫瑰数、五角星数、六合数、北斗七星数、八仙数、九九重阳数）？

3. 阅读程序，观察交互命令在电费计算中的作用，记录程序运行结果和功能。

代码 3-4-9

```
/*居民家庭用户年用电量电价分为三个\"阶梯\"：第一档0~3000度，
```

```
基础电价0.6元/度；第二档3001~5000度，电价在基础电价上增加0.1元/度；
第三档超过5000度，电价在第二档的基础上增加0.2元/度。
*/
#include <stdio.h>
#include <stdlib.h>
#define STR1 "居民家庭用户年用电量电价分为三个\"阶梯\"：第一档0~3000度，"
#define STR2 "基础电价0.6元/度；第二档3001~5000度，电价在基础电价上增加0.1元/度；"
#define STR3 "第三档超过5000度，电价在第二档的基础上增加0.2元/度。"
float ecost(float amount);
char cmdGet();
void cmdQ();
void cmdH();
void cmdD();
void cmdR();
int main(void)
{
    float amount,cost;//年用电量、年电费
    char cmd;
    system("title 3-4-9");
    while(1)
    {
        cmd=cmdGet();
        switch(cmd)
        {
            case 'R': cmdR(); break;
            case 'H': cmdH(); break;
            case 'D': cmdD(); break;
            case 'Q': cmdQ(); break;
            case '\n': break;
            default:  printf("无效命令（%c）\n",cmd);
        }
        while(cmd!='\n')
        cmd=getchar();
    }
    return 0;
}
void cmdH()
{ //命令H处理函数
    printf(
        "电费计算程序V0.3，支持的命令有：\n"
        "  R 用电量  //计算电费\n"
        "  D  //显示电费计算法则\n"
        "  H              //显示本帮助\n"
        "  Q              //退出程序\n"
    );
}
void cmdD()
```

```
{ //命令D处理函数
    printf("%s\n%s\n%s\n",STR1,STR2,STR3);
}
void cmdR()
{
    float amount;
    scanf("%f",&amount);
    printf("\t年电费为 %.2f 元\n\n",ecost(amount));
}
void cmdQ()
{ //命令Q处理函数
    printf("再见! \n");
    exit(0);
}
char cmdGet()
{ //命令符读取+转大写函数
    char cmd;
    printf("eCost3>");
    do{
        cmd=getchar();
    } while(cmd==' ' ||cmd=='\t');
    if(cmd>='a'&&cmd<='z')
        cmd=cmd-32;
    return cmd;
}
float ecost(float amount)
{   //年电费计算函数，根据电量amount计算并返回对应的电费
    float estd[]={4,0,0.6,3000,0.1,5000,0.2,7000,0.3 }; //收费标准
    int i;
    float cost=0;
    for(i=0;i<estd[0];i++)
        if(amount>=estd[2*i+1])
            cost+=(amount-estd[2*i+1])*estd[2*i+2];
    return cost;
}
```

【思考题】

如何用交互命令方式判断自幂数（自幂数包括独身数、水仙花数、四叶玫瑰数、五角星数、六合数、北斗七星数、八仙数、九九重阳数）？

4. 阅读程序，观察程序中所引用的库函数和自定义函数，记录程序运行结果和功能。

代码 3-4-10

```
#include <stdio.h>
#include <stdlib.h>
//定义标准、儿童、老人的平日、高峰日及2日票价
#define PRICE_STD1 300
#define PRICE_STD2 399
```

```
#define PRICE_DCT1 180
#define PRICE_DCT2 175
#define PRICE_STD_2_1 570
#define PRICE_STD_2_2 685
#define PRICE_STD_2_3 810
#define PRICE_DCT_2_1 410
#define PRICE_DCT_2_2 395
#define PRICE_DCT_2_3 480
int main()
{
    system("title 3-4-10");
    //声明判断工作日和周末的函数
    int weekday(int y,int m,int d);
    //存放标准、儿童、老人票的数量
    int num_std=0,num_kid=0,num_old=0;
    //存放到访日期年、月、日
    int year=0,month=0,day=0;
    //定义一个数组，存放每个月份的天数
    int Month[]={0,31,28,31,30,31,30,31,31,30,31,30,31};
    //存放日期合法标志
    int date_no=1;
    //存放第一天平日或高峰日标志：平日为0，周末为1
    int flag1=0;
    //存放第二天平日或高峰日标志：平日为0，周末为1
    int flag2=0;
    //存放门票类型：1日票为'1'，2日票为'2'
    char type='\0';
    //存放标准、儿童、老人票的各自总计价格
    double price_std=0,price_kid=0,price_old=0;
    //存放总计票价
    double price=0;
    //输入门票数量
    printf("欢迎游览长三角大乐园！\n");
    printf("\n请输入门票数量\n");
    printf("标准票（张）：");
    scanf("%d",&num_std);
    printf("儿童票（张）：");
    scanf("%d",&num_kid);
    printf("老人票（张）：");
    scanf("%d",&num_old);
    //输入到访日期，判断输入日期合法性
    while(date_no)
    {
        printf("\n请输入到访日期\n\37\37\37 格式为年月日：2000 1 1 \37\37\37\
        n");
```

```
        printf("请输入：");
        scanf("%d %d %d",&year,&month,&day);
        //闰年判断，如果是闰年二月份天数加1
        if(year%4==0&&year%100!=0||year%400==0)
        Month[2]++;
        //输入的日期合法性判断
        if(day<=Month[month]&&day>0&&month<13&&month>0&&year>2016&&year<
        3000)
            date_no=0;
        else
            printf("输入日期不合法，请重新输入！");
    }
    //获取第一天平日或高峰日标志
    flag1=weekday(year,month,day);
    //选择购票类型
    printf("\n请选择购票类型\n");
    printf("\t1 ---- 1日票 \t\n");
    printf("\t2 ---- 2日票 \t\n");
    printf("\t0 ---- 退出 \t\n");
    printf("\t请选择：");
    getchar();
    scanf("%c",&type);
    printf("\n");
    //根据购票类型计算相应门票价格
    switch(type){
        case '0':
            return 0;
        //计算1日票的门票价格
        case '1':
            if(flag1==0)
            {
                //平日票1日票合计
                price_std=PRICE_STD1*num_std;
                price_kid=PRICE_DCT1*num_kid;
                price_old=PRICE_DCT1*num_old;
                price=price_std+price_kid+price_old;
            }
            else
            {
                //高峰日票1日票合计
                price_std=PRICE_STD2*num_std;
                price_kid=PRICE_DCT2*num_kid;
                price_old=PRICE_DCT2*num_old;
                price=price_std+price_kid+price_old;
            }
```

```
        break;
        //计算2日票的门票价格
        case '2':
            //获取第二天平日或高峰日标志
            flag2=weekday(year,month,day+1);
            if(flag1+flag2==0)
            {
                //二日票合计：平日+平日
                price_std=PRICE_STD_2_1*num_std;
                price_kid=PRICE_DCT_2_1*num_kid;
                price_old=PRICE_DCT_2_1*num_old;
            }
            else if(flag1+flag2==1)
            {
                //二日票合计：平日+高峰日
                price_std=PRICE_STD_2_2*num_std;
                price_kid=PRICE_DCT_2_2*num_kid;
                price_old=PRICE_DCT_2_2*num_old;
            }
            else
            {
                //二日票合计：高峰日+高峰日
                price_std=PRICE_STD_2_3*num_std;
                price_kid=PRICE_DCT_2_3*num_kid;
                price_old=PRICE_DCT_2_3*num_old;
            }
            price=price_std+price_kid+price_old;
            break;
        default:
            printf("选择错误！退出！\n");
            return 0;
    }
    //
    //输出门票价格汇总情况
    printf("\n您购买的门票价格情况如下：\n");
    printf("\n======================================\n");
    if(type=='1')
        printf("到访日期：%d年%d月%d日\n", year,month,day);
    else
        printf("到访日期：%d年%d月%d日起两日内\n", year,month,day);
    printf("%d X 标准票（1.4m以上）(%.2lf元）\n",num_std,price_std);
    printf("%d X 儿童票（1.0-1.4m）(%.2lf元）\n",num_kid,price_kid);
    printf("%d X 老人票（65岁以上）(%.2lf元）\n",num_old,price_old);
    printf("======================================\n");
    printf("总计\t%.2lf 元\n\n",price);
```

```
    return 0;
}

int weekday(int y,intm,int d)
{
    //基姆拉尔森计算公式根据日期判断星期几
    //根据工作日或周末返回平日或高峰日标志flag
    //存放平日或高峰日标志
    int flag=0;
    int iweek=0;
    if(m==1||m==2) m+=12,y--;
    iweek=(d+2*m+3*(m+1)/5+y+y/4-y/100+y/400)%7;
    switch(iweek){
        case 0:
        case 1:
        case 2:
        case 3:
        case 4: flag=0; break;  //平日（工作日）为0
        case 5:
        case 6: flag=1; break;  //高峰日（周末）为1
    }
    return flag;
}
```

【思考题】

如何利用景点票价优惠政策规划出行计划？

3.4.3 应用实验

实验准备

复习关系、逻辑、条件运算，if语句的语法规范，switch语句的语法规范。

实验目标

自主研发选择结构程序。

实验内容

1. **背景资料**：中国自古便有十天干与十二地支，简称“干支”。天干地支纪年法是中国文化的集中体现。在天干地支纪年法中，“甲、乙、丙、丁、戊、己、庚、辛、壬、癸”被称为十天干，“子、丑、寅、卯、辰、巳、午、未、申、酉、戌、亥”被称为十二地支。十天干和十二地支依次相配，组成六十个基本单位，称为一个甲子。

关于天干地支纪年法的运算对照如下。

天干：甲、乙、丙、丁、戊、己、庚、辛、壬、癸。

年份除10余：4、5、6、7、8、9、0、1、2、3。

地支：子、丑、寅、卯、辰、巳、午、未、申、酉、戌、亥。

年份除12余：4、5、6、7、8、9、10、11、0、1、2、3。

例如，“辛亥革命”发生在1911年。又如，1894 年中日之间爆发战争，因1894年为甲午年，故史称甲午战争。

需求描述：输入农历年份，输出其天干地支纪年。例如，程序接收数据“1911”后，输出“辛亥年”，同时显示辛亥革命简介，类似有纪念价值的年份在系统中展示。

2. 编写一个处理垃圾错投问题的系统，如果输入所投垃圾编号和垃圾投放垃圾桶的颜色与垃圾分类标准不一致，系统显示“你的垃圾投放错误”，并显示正确的分类，同时将相关知识显示在屏幕上，请用户重新投放。

3.4.4 归纳

分段函数问题一般分三类，简单问题，直接套用if语句；对于自变量分段较多的问题，如成绩分档问题、水电费分档问题则使用switch语句；复杂分段函数，自变量的分段没有规律，使用switch语句无法构建计算表达式，用if嵌套降低程序可读性，可以利用数组来求解。

例如，某地按年度电量实施阶梯电价，居民家庭用户年用电电价分为三个“阶梯”：第一档0~3000度，基础电价0.6元/度；第二档3001~5000度，电价在基础电价上增加0.1元/度；第三档超过5000度，电价在第二档的基础上增加0.2元/度。后续用电持续增长，增加了第四档，年用量超过7000度时，电价在第三档基础上再增加0.3元/度。

问题描述：

（1）为了应对未来对于电价的各种可能调整，程序应该具有最大的灵活性。电量范围及价格设定以“数据”方式表达，如下所示：

```
float estd[] = {4, 0,0.6, 3000,0.1, 5000,0.2, 7000,0.3 };
```

数组数据理解为：数组第一个元素4表示共有4档计费，电量超过0度，每度0.6元，电量超过3000度部分，每度再增加0.1元，电量超过5000度部分，每度再增加0.2元，电量超过7000度部分，每度再增加0.3元。

（2）设计函数ecost，用于计算年用电量对应的电费，程序框架为：

```
#include <stdio.h>
float ecost(float amount)
{   //年电费计算函数，根据电量amount计算并返回对应的电费
    float estd[]={4,0,0.6,3000,0.1,5000,0.2,7000,0.3}; //收费标准
    //修改上表相当于修改收费标准
    ... return ...;  //本函数只计算并返回，不能直接输入输出
}   //边界检查，年用电量小于0时，电费统一为0元
int main(void)
{   //主函数，输入电量，调用函数计算电费并输出
    ... =ecost(...); //主函数：输入电量、调用函数计算、输出结果
}   //电费输出精确到分（保留2位小数）
```

3.4.5 自创实验

实验准备

复习关系、逻辑、条件运算，if语句的语法规范，switch语句的语法规范。

实验目标

自主研发复杂选择结构程序。

实验内容

背景资料：互联网时代给人们的生活带来了便利，出门带上手机就行，手机可以作为钥匙，可以作为钱包，可以作为相机，可以……如果手机钱包中的钱用完了，首先想到的是向朋友求助，请朋友发个红包。王先生出门买早餐，支付时发现手机钱包中的钱用完了，他就发微信，请好友发6元红包给他，几秒钟后红包到账，王先生用红包支付了早餐费，高兴地离开餐厅。他请求的红包金额是固定的，但实际情况中，抢红包活动中红包的金额是随机的，为了区分固定红包和随机红包，请同学们写一段代码来解决此问题。

需求描述："红包"处理可简单分成"求助型"和"互动型"两种，在"求助型"处理中关键是确认身份，由于微信号被盗是完全有可能的，确认身份是非常必要的，考虑到身份确认不能按平台的操作方法，请对方输入个人信息，那么可以采用密码确认，这个密码的加密方法是用对方的幸运数作为密钥，用密码输入一个问题，对方能正确回答则通过身份认证，之后就是求助红包的金额限定，如果超越限定，将做第二次身份认证，请对方回答一个私密问题，通过认证则发红包，反之，则举报。"互动型"红包是朋友间开展的系列活动之一，每次发"互动型"红包都应该有一个活动的名称，在接收红包的同时收到赠言。

程序涉及的数据如表3-1和表3-2所示。

表 3-1 "求助型"的朋友信息表

序号	微信号	幸运数	私密问题
1	6108	6	2010
2	1861	5	2011

表 3-2 "互动型"活动主题

主题	赠言
期末考试	加油

程序功能如图3-2所示。

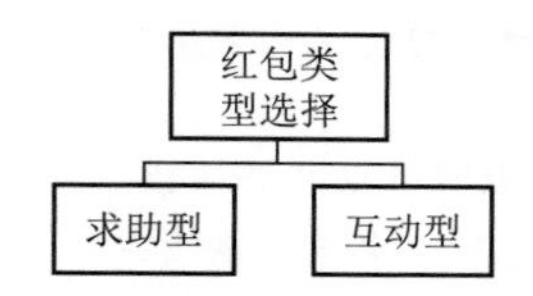

图3-2 程序功能模块图

3.5 归纳与提高

选择结构程序设计涉及对条件的判断、选择语句的选取（如单分支、双分支、多分支，开关语句等）、if 语句嵌套时的深度、选择结构程序的优化和选择结构程序的测试案例选取，这些都是选择结构程序设计需要综合考虑的问题。

1. 多分支 if 语句优化。多分支if 语句如果采用switch 语句，则能使程序结构更清晰。

2. 复杂条件分析与条件表达式化简。通过对复杂的条件表达式进行分析，将复杂条件表达式简化，可以提高代码的效率。

3. 条件语句与循环语句的组织。代码中经常遇到条件语句与循环语句交织的情况，有效地组织条件语句与循环语句，可以提高程序的效率。

4. 分支程序的测试。常用的程序测试方法有两种：结构测试法，即让测试用例尽可能覆盖程序结构中的每一部分；功能测试法，即从程序需实现的功能出发选取测试用例。

9.5 归纳与提高

[illegible]

第4章 循环结构

本章知识导图如图4-1所示。

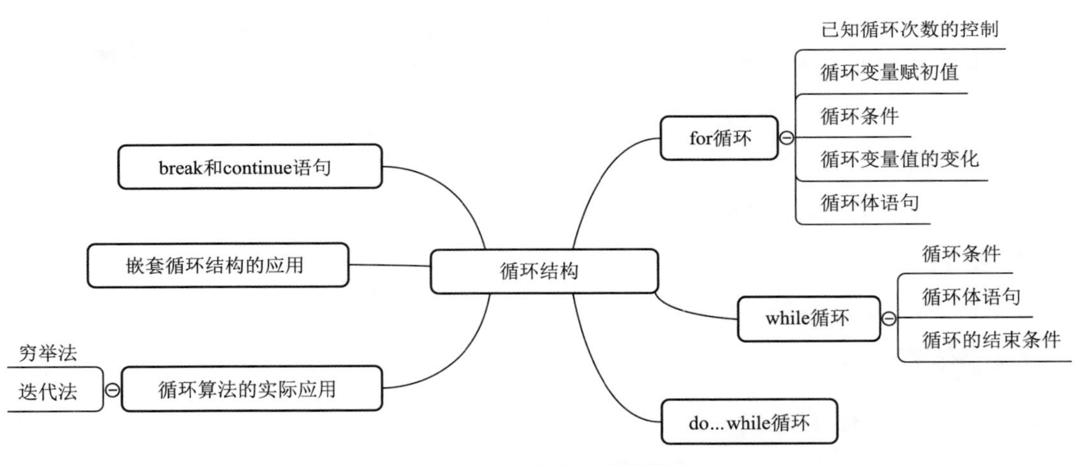

图4-1 循环结构知识导图

4.1 认识循环结构

循环则为往复回旋，指事物周而复始地运动或变化。《战国策·燕策二》："此必令其言如循环，用兵如刺蜚绣。"《史记·高祖本纪》："三王之道若循环，终而复始。"明张景《飞丸记·旅邸揣摩》："寒暑兮往来相继，兴衰兮循环道理。"巴金在《秋》中写道："花谢花开，月圆月缺，都是循环无尽，这是很自然的事。"

在自然现象和人类活动中，周期性变化都有着令人惊异的广泛存在和深刻影响。日常生活在时间和空间上或多或少是直线进行的，但周期性变化很复杂地交织在自然界和人类的活动中。由于地球的自转产生的昼夜循环，由于月球引力产生的潮汐涨落，由于地球绕太阳运转而产生的四季更替，清醒和睡眠的时间，工作、休息、吃饭的时间，诸如此类，等等。科学研究在继续揭示同期性变化的无所不在和极为重要的影响。

在程序中周期性变化问题是通过循环结构解决的，在有些循环中设定循环的次数和周期性的操作就可以解决问题，但也存在循环中部分操作重复，部分操作特殊的情况。

构建循环结构时需要分析需求，确定周期性变化问题，针对问题给出具体实施方案。

4.1.1 迷你实验

实验准备

C语言提供三种循环结构，while循环是其中的一种，其结构为：

```
while(循环控制值满足测试条件)
{
    周期性变化的处理
    获取下一个值
}
```

特点：进入循环结构时，先判断循环控制值是否满足循环条件，如果不满足则不进入循环结构；如果满足则进入循环结构完成周期性变化的处理后修订循环控制值进入下一轮循环条件判断。

实验目标

理解循环语句的语义，遵循循环语句的语法规范。

实验内容

1. 运行代码，记录程序运行结果和功能。

代码 4-1-1

```
#include <stdio.h>
#include <stdlib.h>
int main()
{
    int order;       //商品序号
    int Qty;        //数量
    float price;    //商品单价
    float total;    //商品总价
    system("title 4-1-1");
    printf("本自动售货机共有如下5种商品：\n");
    printf("1--牛奶（5.0元）\n");
    printf("2--可乐（2.0元）\n");
    printf("3--红茶（2.5元）\n");
    printf("4--果汁（4.0元）\n");
    printf("5--矿泉水（2.1元）\n");
    printf("请输入您选择的商品序号:\n");
```

```
    scanf("%d",&order);
    printf("请输入您购买该商品的数量 :\n");
    scanf("%d",&Qty );
    switch(order)
    {
        case 1:price=5.0;break;
        case 2:price=2.0;break;
        case 3:price=2.5;break;
        case 4:price=4.0;break;
        case 5:price=2.1;break;
        default:printf("输入序号有误\n");price=0;
    }
    total=price*Qty;
    printf("您需要付款: %.2f元\n",total);
    return 0;
}
```

2. 运行代码，记录程序运行结果和功能。

代码 4-1-2

```
#include <stdio.h>
#include <stdlib.h>
int main()
{
    int order;
    int Qty;
    float price;
    float total=0;      //商品总价，还未购买时总价为0
    int choice=1;    //是否继续购买，初始时默认继续购买
    system("title 4-1-2");
    printf("本自动售货机共有如下5种商品: \n");
    printf("1--牛奶（5.0元）\n");
    printf("2--可乐（2.0元）\n");
    printf("3--红茶（2.5元）\n");
    printf("4--果汁（4.0元）\n");
    printf("5--矿泉水（2.1元）\n");
    printf("0--退出 \n");
    while(choice!=0)    //choice不等于0时认为是选择继续购买
    {
        printf("请输入您选择的商品序号:\n");
        scanf("%d",&order);
        printf("请输入您购买该商品的数量 :\n");
        scanf("%d",&Qty );
        switch(order)
        {
            case 1:price=5.0;break;
```

```
            case 2:price=2.0;break;
            case 3:price=2.5;break;
            case 4:price=4.0;break;
            case 5:price=2.1;break;
            default:printf("输入序号有误\n");price=0;
        }
        total=total+price*Qty;    //将每次购买的价格计入总价
        printf("按【0】结束购买，其他键继续购买");
        scanf("%d",&choice);
    }
    printf("您需要付款：%.2f元\n",total);
    return 0;
}
```

3. 运行代码，记录程序运行结果和功能。

代码 4-1-3

```
#include <stdio.h>
#include <stdlib.h>
int  main()
{
    int  i=1;          //循环变量赋初值
    double T=0.0;   //累加变量赋初值
    while(i<=100)
    {
        T=T+i;
        i++;
    }
    system("title 4-1-3");
    printf("1+2+3+...%d=%.0f\n",i,T);
    return 0;
}
```

4. 运行代码，记录程序运行结果和功能。

代码 4-1-4

```
#include <stdio.h>
#include <stdlib.h>
int main()
{
    int  i=0;          //循环变量赋初值
    double T;  //累加变量
    do
    {


        ++i;
```

```
        T=T+i;
    }while(i<=100);
    system("title 4-1-4");
    printf("1+2+3+...%d=%.0f\n",i,T);
    return 0;
}
```

4.1.2 观察与思考实验

实验准备

do…while循环是三种循环结构的一种，其结构为：

```
do{
    周期性变化的处理
    获取下一个值
}while(值满足测试条件);
```

特点：进入循环结构完成周期性变化的处理后修订循环控制值判断循环控制值是否满足循环条件，如果不满足则终止循环；如果满足则进入循环结构完成周期性变化的处理后修订循环控制值进入下一轮循环条件判断。

for循环是三种循环结构之一，for语句构建的循环结构为：

```
for(获得初值; 值满足测试条件; 获得下一个值)
    周期性变化的处理
```

特点：进入循环结构时先获得初值，再判断循环控制值是否满足循环条件，如果不满足则不进入循环结构；如果满足则进入循环结构，完成周期性变化的处理后，修订循环控制值进入下一轮循环条件判断。

在循环结构中如果在特定条件下需要终止循环，或者终止本次周期性变化的处理，直接修订循环控制值进入下一轮循环条件判断，则可以使用break和continue语句。

break：在循环结构中，遇到break，则立即离开此循环结构，执行此循环结构的后继语句。

continue ：在循环结构中，遇到continue，不执行当次循环，直接修订循环控制值，进入下一轮循环条件判断。

实验目标

理解循环语句的语义，遵循循环语句的语法规范，学会构建循环结构。

实验内容

1. 阅读程序，观察while语句的作用，记录程序运行结果和功能。

代码 4-1-5

```
#include <stdio.h>
#include <stdlib.h>
int main()
```

```
{
    int  i=0;           //循环变量赋初值
    system("title 4-1-5");
    while(i<10)
    {
        printf("今天是教师节，老师节日快乐！\n");
    }

    return 0;
}
```

【思考题】

如何将无限次循环改变成有限次循环？

2. 阅读程序，观察while中嵌套if的作用，记录程序运行结果和功能。

代码 4-1-6

```
#include <stdio.h>
#include <stdlib.h>
int main()
{
    int  i=1;           //循环变量赋初值
    system("title 4-1-6");
    while(i<100)
    {
        if(i%7==0)
        printf("%5d",i);
        i++;
    }
    return 0;
}
```

【思考题】

如何设置循环结束条件？

3. 阅读程序，观察循环变量的变化，记录程序运行结果和功能。

代码 4-1-7

```
#include <stdio.h>
#include <stdlib.h>
int main()
{
    int  i=1;           //循环变量赋初值
    system("title 4-1-7");
    while(i<100)
    {
```

```
        if(i%10==7)
            printf("%5d",i);
        i++;
    }

    return 0;
}
```

【思考题】

如何控制循环变量的变化？

4. 阅读程序，观察i/10==7在循环控制中的作用，记录程序运行结果和功能。

代码 4-1-8

```
#include <stdio.h>
#include <stdlib.h>
int main()
{
    int  i=1;         //循环变量赋初值
    system("title 4-1-8");
    while(i<100)
    {
        if(i/10==7)
            printf("%5d",i);
        i++;
    }
    return 0;
}
```

【思考题】

代码 4-1-6、代码 4-1-7、代码 4-1-8 的差异是什么？

5. 阅读程序，观察do…while语句的作用，记录程序运行结果和功能。

代码 4-1-9

```
#include <stdio.h>
#include <stdlib.h>
int main()
{
    int num,digit;
    system("title 4-1-9");
    printf("Enter the number:");
    scanf("%d",&num);
    printf("The number in reverse order is:");
    do{
        digit=num%10;
        printf("%d",digit);
        num=num/10;
    }while(num!=0);
```

```
    printf("\n");
    return 0;
}
```

【思考题】

通过循环实现分类的方法有哪些？

6. 阅读程序，观察for语句的作用，记录程序运行结果和功能。

代码 4-1-10

```
#include <stdio.h>
#include <stdlib.h>
int main()
{
    int n=0,i;
    system("title 4-1-10");
    for(i=100;i<=500;i++)
        if(i%3==0&&i%7==0)
        {
            printf("%5d",i);
            n=n+1;
            if(n%5==0) printf("\n");
        }
    return 0;
}
```

【思考题】

用 while、do…while 替换代码 4-1-10 中的 for 语句可以实现程序功能吗？

7. 阅读程序，观察循环嵌套的作用，记录程序运行结果和功能。

代码 4-1-11

```
#include <stdio.h>
#include <stdlib.h>
#include <math.h>
int main()
{
    int m,k,i,n=0; //变量m代表素数
    system("title 4-1-11");
    printf("100~200之间的全部素数是:\n");
    for(m=101;m<=199;m=m+2)
    {
        k=(int)sqrt(m);
        for(i=2;i<=k;i++)
            if(m%i==0) break;
        if(i==k+1)  printf("%8d",m);
    }
    return 0;
}
```

【思考题】

break 语句在程序中起什么作用?

8. 阅读程序，观察循环嵌套的作用，记录程序运行结果和功能。

代码 4-1-12

```
#include <stdio.h>
#include <stdlib.h>
#define M 10
int main()
{
    int i,num; //变量m代表素数
    float sum1,sum2;
    system("title 4-1-12");
    printf("请输入一个整数: ");
    for(sum1=sum2=0.0,i=0;i<M;i++)
    {
        scanf("%d",&num);
        if(num==0)break; //结束本层循环
        sum1+=num;
        if(num<0)continue; //终止本次循环
        sum2+=num;
    }
    printf("总和=%f\n",sum1);
    printf("正整数总和=%f\n",sum2);
    return 0;
}
```

【思考题】

break 与 continue 在程序中的作用各是什么?

4.1.3　应用实验

实验准备

复习顺序结构、选择结构、循环结构程序设计方法。

实验目标

理解循环语句的语义，遵循循环语句的语法规范，应用循环语句解决简单问题。

实验内容

1. **背景资料：**北斗导航系统是改革开放40多年来取得的重要成就之一，通过几代人不断努力实现了关键核心技术自主可控。2018年年底，北斗导航将向“一带一路”国家和地区开通服务，2020年覆盖全球。北斗已经成为航天强国的标志，国家安全的基石。

随着北斗的成功组网，基于北斗系统的土地确权、精准农业、数字施工、智慧港口等已经在东盟、南亚、东欧、西亚、非洲等地区得到了成功的应用。此外，北斗系统的成熟也将使其在工业互联网、物联网、车联网等新兴应用领域及自动驾驶、自动泊车、自动物流等方面全面

开花结果。同时，也将加快促进无人驾驶技术在智能交通领域的落地实施。

北斗卫星导航系统与共享单车的结合，高精度定位准确、便捷地找共享单车，解决了共享单车“找不到车”“还不了车”等常见问题，并降低超区、禁停区停车的误判率，大幅提升用户体验，同时更精准干预用户骑行行为和停放管理。

需求描述：计划在学校的校园内投放500辆共享单车，由于学生普遍认为共享单车出行绿色环保，实际校园内停放了2 000辆共享单车，此时系统发出预警，不允许第2 001辆共享单车进校园，同时通知共享单车服务站来校园取多余的1 500辆共享单车。由随机函数产生数值，该数值表示每一分钟校园内停放的车辆，当随机函数产生数值大于等于2 000时程序发出预警信号。根据需求描述设计程序。

2. 小明在回家路上被大雨淋湿了，回到家换上干衣服后打算做作业，打开算术书，发现书被雨淋湿了，有一道作业题，8个数字只能看清3个，第一个数字虽然看不清，但可以看出不是1。编程帮助小明找回题面中的其余数字。

（□×（□3+□））2＝8□□9

4.1.4 归纳

while循环语句、do…while循环语句和for循环语句通常情况下是通用的，使用技巧归纳如下：

（1）如果可以确定循环次数，首选for循环，它看起来最清晰，循环的3个组成部分一目了然。

（2）如果循环次数不明确，需要通过其他条件控制循环，可以选用while循环或者do…while循环。

（3）如果必须先进入循环，经循环体运算得到循环控制条件后，再判断是否进行下一次循环，使用do…while语句最合适。因为do…while循环语句的特点是先执行循环体语句组，然后再判断循环条件。

（4）当运用循环结构求解问题时，有时需要在某种条件出现的时候终止循环，而不需等到循环条件结束时才终止，此时可以运用辅助控制语句break和continue来达到目的。

在循环体中可以通过break语句立即终止循环的执行，而转到循环结构的下一条语句处执行。break语句在循环结构中的使用形式如图4-2所示。

```
do
{
    ...
      if(表达式2)  break;
    ...
}while(表达式1);
```

```
while(表达式1)
{
    ...
      if(表达式2) break;
    ...
}
```

```
for( ;表达式1; )
{
    ...
      if(表达式2) break;
    ...
}
```

图4-2　break语句在循环结构中的使用形式

图4-2中的表达式1是循环条件表达式，决定是否继续执行循环。表达式2决定是否执行break语句。

当在循环体中遇到continue语句时，程序将跳过continue后面尚未执行的语句，开始执行下一次循环。continue语句在循环结构中的使用形式如图4-3所示。

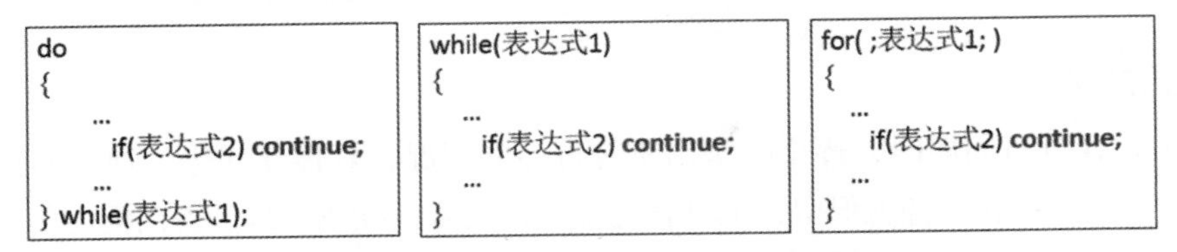

图4-3　continue语句在循环结构中的使用形式

其中，continue语句只是结束本次循环，即跳过循环体中尚未执行的语句，接着进行下一次是否执行循环的判定，而不是结束整个循环。

4.1.5　自创实验

实验准备

复习for循环和while循环应用的特点。

实验目标

应用课堂与上述实验的知识、方法解决实际问题。

实验内容

背景资料：2020年年初的新冠病毒改变了人们的生活节奏，新冠疫情暴发以来，在习近平总书记亲自指挥、亲自部署下，全国人民众志成城、共克时艰，全国疫情防控取得了阶段性成效。未来一到两年内，新冠病毒都仍会存在，理性看待疫情并尽快适应可能持续一两年的常态化抗疫是我们面临的新挑战，为了帮助人们进入常态化抗疫，本实验统计返校学生健康状况。

需求描述：编写程序实现如下功能：

功能1：显示欢迎语：欢迎你返校复学。

功能2：进行防控知识测试，程序提出问题，由用户通过键盘输入答案，用户输入后，程序显示此题的标准答案（测试题与答案来自test.txt文件，内容自拟）。

功能3：显示全部测试题与答案。

功能4：输入学生学号，测体温，体温低于37.2℃的可以直接回宿舍，体温高于37.2℃的住学校招待所，学号前2位为17的是计算机专业，输入-1表示全部返校生输入结束，输入结束则统计并输出计算机专业直接回宿舍人数，全校住学校招待所人数。

4.2　穷举法

穷举法又称为枚举法，是指从可能的集合中一一穷举各个元素，用问题中给定的约束条件判定哪些是无用的，哪些是有用的。能使问题成立的，就是问题的解。

采用穷举法解题的基本思路是：首先确定穷举对象、穷举范围和判定条件；然后一一列举可能的解，验证是否是问题的解。

4.2.1 迷你实验

实验准备

穷举法是在分析问题时，逐个列举出所有可能的情况，具体在代码中通过循环把所有可能的情况过一遍，符合条件就保留，不符合就丢弃，然后继续找。最后得出问题的所有解。此方法主要利用计算机运算速度快、精确度高的特点，对要解决问题的所有可能情况，一个不漏地进行检验，从中找出符合要求的答案，因此枚举法是通过牺牲时间来换取答案的全面性。4.1.4节归纳了3种循环语句的使用技巧，灵活应用3种循环可以实现枚举法。

实验目标

掌握穷举法的基本算法。

实验内容

1. 运行代码，记录程序运行结果和功能。

问题描述：火箭发射之前都有一个倒计时，它简单明了，清楚准确，目的是提醒、协调火箭各个系统，最后确认所有准备工作是否无误。

代码 4-2-1

```
#include <stdio.h>
#include <windows.h>
int main()
{
    int i;
    system("title 4-2-1");
    for(i=10;i>0;i--)
    {
        printf("%3d",i);
        Sleep(1000);//调用Sleep函数，挂起1000ms
    }
    printf("\n launch......\n");
    return 0;
}
```

2. 运行代码，记录程序运行结果和功能。

问题描述：有一个乘法算式，1A2 × 3B=C75D，该算式在四个字母所在处缺四个数，如何找出A、B、C、D所代表的具体数值？这个问题即可用穷举法解决。

代码 4-2-2

```
#include <stdio.h>
int main()
{
    int A,B,C,D;
```

```
    int i,j;
    int m,n,product;
    int h,k;
    system("title 4-2-2");
    for(i=0;i<10;i++)
    {
        m=100+10*i+2;
        for(j=0;j<10;j++)
        {
            n=30+j;
            product=m*n;
            D=product%10;
            h=product/10%10;
            k=product/100%10;
            C=product/1000%10;
            if(h==5&&k==7)
            {
                A=i;
                B=j;
                printf("A:%d   B:%d   C:%d   D:%d",A,B,C,D);
                printf("\n");
            }
        }
    }
    return 0;
}
```

4.2.2 观察与思考实验

实验准备

穷举法的算法思想。

实验目标

优化穷举法代码，提升程序运行的效率。

实验内容

1. 阅读程序，观察穷举法在代码中的应用，记录程序运行结果和功能。

问题描述：有某班学生大学英语六级考试的成绩，试卷中共有4种题型：写作、听力理解、阅读理解和翻译，各部分的得分已列出，英语老师想核对一下每位学生试卷的总分。

代码 4-2-3

```
#include <stdio.h>
int main()
{
```

```
    int i,sum,score;
    system("title 4-2-3");
    for(i=1;i<=4;i++)
    {
        printf("NO %d score:  ",i);
        scanf("%d",&score);
        sum=sum+score;
    }
    printf(" %d",sum);
    return 0;
}
```

【思考题】

如何修改代码4-2-3，使之解决问题描述中的实际问题？如果想要输出4个数值的乘积，代码又需如何修改？

2. 阅读程序，观察素数判断的关键点，记录程序运行结果和功能。

问题描述：数学里面有一个有趣的数——素数，世界上最难的问题很多都与素数有关，而针对素数本身，也有许多有趣且重要的论断，如欧几里得证明的素数有无穷多个，欧拉证明的“全体素数的倒数之和不收敛”，还有目前未被证明的“孪生素数猜想”问题等。

素数的判断有多种方法，常用的一种方法是根据素数的定义进行判断，即除了1和它自身外，再没有其他因子的自然数就是素数。

代码 4-2-4

```
#include <stdio.h>
int main()
{
    int m,k,i;
    system("title 4-2-4");
    printf("输入整数m: ");
    scanf("%d",&m);
    k=m-1;
    for(i=2;i<=k;k++)//从2~m-1进行测试，m能被其中一个数整除则m就不是素数
    {
        if(m%i==0) break;
    }
    if(i<=k)
        printf("%d 不是素数!\n",m);
    else
        printf("%d 是素数!\n",m);
    return 0;
}
```

【思考题】

如何优化代码4-2-4以提升代码工作效率？

3. 阅读程序，观察穷举法在统计中的应用，记录程序运行结果和功能。

问题描述：在Word中有一个统计功能，可以统计页数、字数、字符数等，而且字符数的统

计包括空格或者不包括空格的字符个数。这个统计功能是由程序实现的。

代码 4-2-5

```
#include <stdio.h>
int main()
{
    char ch;
    int n=0;
    system("title 4-2-5");
    while((ch=getchar())!='\n')   //以回车结束输入
        n++;
    printf("\n%d",n);
    return 0;
}
```

【思考题】

如何优化代码 4-2-5 以提升代码工作效率？

4. 阅读程序，观察月份数据获取的方法，记录程序运行结果和功能。

问题描述：判断每月的天数可以用在报表统计、工资计算、工作日记录等许多方面，在Excel中，通过系统提供的日期时间函数，就可以计算每月的天数，公式如图4-4所示。

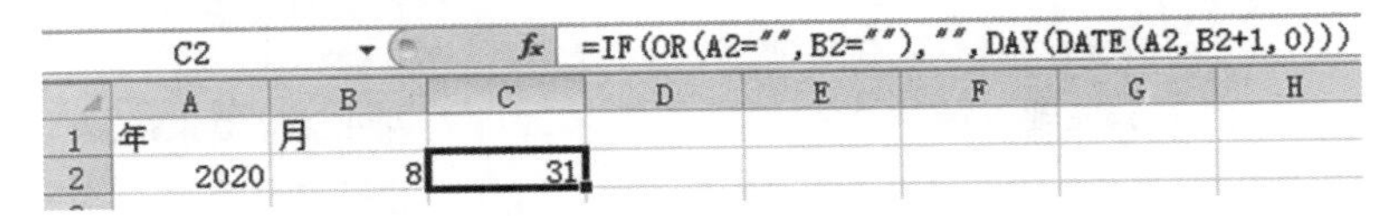

图4-4　利用Excel函数计算每月天数

这个功能也可以通过程序来实现。

代码 4-2-6

```
#include <stdio.h>
int main()
{
    int m,n=0;
    system("title 4-2-6");
    printf("请输入月份:");
    scanf("%d",&m);
    switch(m)
    {
        case 4:
        case 6:
        case 9:
        case 11:
            n=30;//4、6、9、11月为30天
            break ;
        case 2:
            n=28;//平年2月为28天
```

```
            break;
        default:
            n=31;//1、3、5、7、8、10、12月为31天
            break;
    }
    printf( "%d月天数为%d,",m,n);
    return 0;
}
```

【思考题】

（1）在实际计算中，还需要考虑闰年的情况，如果需要加入闰年的判断，如何修改代码4-2-6？

（2）在统计应用中月份的取值范围是1~12，如何将这个取值范围体现在代码中？

4.2.3 应用实验

实验准备

穷举法的程序框架一般为：

```
cnt=0;                                          // 解的个数初值为0
for(k=<区间下限>;k<=<区间上限>;k++)             // 根据指定范围实施穷举
    if(<约束条件>)                              // 根据约束条件实施筛选
    {
        printf(<满足要求的解>);                 // 输出满足要求的解
        cnt++;                                  // 统计解的个数
    }
```

实验目标

熟练应用穷举法解决实际问题。

实验内容

1. 有3个方格，每个方格里面都有一个整数a1、a2、a3。已知0<=a1,a2,a3<=n，而且a1+a2是2的倍数，a2+a3是3的倍数，a1+a2+a3是5的倍数。编写程序，输入一个n（0 <= n<=100），找到一组a1、a2、a3，使得a1+a2+a3最大。

2. 中国福利彩票始于1987年，是在顺应改革开放形势、关爱困难群体的背景下诞生的，以“扶老、助残、救孤、济困”为宗旨。假设某奖池中装有3个红球、5 个白球、6 个黑球，现准备从池中任意取出8个球，但至少有一个白球，编程查找并输出所有可能的方案。

3. 假设有4 名专家对4 件产品的质量进行评估，4 名专家的评语如下：

A 说：2 号产品质量最好。

B 说：4 号产品是最好的。

C 说：3 号产品质量不是最好的。

D 说：B 说错了。

需要编程解决的问题是：找出质量最好的产品和评估最正确的专家。

4. 美国数学家维纳（N.Wiener）智力早熟，11岁就上了大学。一次，他参加某个重要会议，年轻的脸孔引人注目。于是有人询问他的年龄，他回答说：“我年龄的立方是个4位

数。我年龄的4次方是个6位数。这10个数字正好包含了从0到9这10个数字，每个都恰好出现1次。”请编程推算一下，他当时的年龄是多少？

5. 珠心算是一种通过在脑中模拟算盘变化来完成快速运算的一种计算技术。珠心算训练既能够开发智力，又能够为日常生活带来很多便利，因而在很多学校得到普及。某学校的珠心算老师采用一种快速考察珠心算加法能力的测验方法。他随机生成一个元素个数不超过100个的正整数集合，集合中数的大小不超过1 000，且各不相同，要求学生回答其中有多少个数恰好等于集合中另外两个（不同的）数之和？例如，对于集合{1，2，3，4，5}，输出应为3。因为3=1+2、4=2+2=1+3、5=1+4=2+3，共3个数。编写程序解决上述问题。

4.2.4 归纳

用穷举算法解决问题，通常可以从两个方面进行分析。

（1）问题所涉及的情况：问题所涉及的情况有哪些，情况的种数是否可以确定，把它描述出来。应用穷举时对问题所涉及的有限种情形必须一一列举，既不能重复，也不能遗漏。重复列举直接引发增解，影响解的准确性；而列举的遗漏可能导致问题解的遗漏。

（2）答案需要满足的条件：分析出来的这些情况，需要满足什么条件才成为问题的答案。把这些条件描述出来。

只要把这两个方面分析好了，问题自然迎刃而解。

穷举通常应用循环结构来实现。在循环体中，根据所求解的具体条件，应用选择结构实施判断筛选，求得所要求的解。

一般来说，在采用穷举法进行问题求解时，可从两个方面来优化考虑。

（1）建立简捷的数学模型。数学模型中变量的数量要尽量少，它们之间相互独立。这样问题解的搜索空间维度就小。反映到程序代码中，循环嵌套的层次就少。例如，在换硬币问题中，采用变量a、b、c、d分别表示1元、5角、1角和5分硬币的枚数，对这4个变量穷举，循环层次为4层。实际上这4个变量彼此间有两个条件在约束，或者枚数等于m，或者总价值为n元。因此，可以只穷举3个变量，另外一个变量通过约束条件求出，从而将循环层次减少为3层。

（2）减小搜索的空间。利用已有的知识，缩小数学模型中各个变量的取值范围，避免不必要的计算。反映到程序代码中，循环体被执行的次数就减少。例如，在穷举时，先考虑1元的枚数a，最多为n枚（即0<=a<=n），再考虑5角的枚数b，若采用总价值不超过n元约束，则其枚数最多为m，这样穷举的循环次数会大大减少。

4.2.5 自创实验

实验准备

复习不同类型的数据在计算机中的保存和读取。

实验目标

选择合适的循环语句，合理设置循环条件，解决实际问题。

实验内容

1. 数据分类。计算机中处理的主要是各种类型的数据，而数值类型的数据最为常见，对数值型数据的处理，可以根据其用途做不同的分类处理，例如大于60分的成绩记为“及格”，高于35℃的温度标记为“高温”，气象意义上连续5天的日平均气温在22℃以上，则说明夏天来临等。请自设5天的数据，编程判断是否已进入夏天。

2. 编程实现：对输入的两个分数进行+、-、*、/四则运算，并输出分数结果。

3. 编程实现：求100到1 000之间有多少个数字之和为5的整数。

4.3 迭代法

迭代法（Iterative Method）也称辗转法，是一种不断用变量的旧值递推新值的过程。迭代算法是用计算机解决问题的一种基本方法，它利用计算机运算速度快、适合做重复性操作的特点，让计算机对一组指令（或一定步骤）进行重复执行，在每次执行这组指令（或这些步骤）时，都从变量的原值推出它的一个新值。迭代法又分为精确迭代法和近似迭代法，比较典型的迭代法如“二分法”和“牛顿迭代法”属于近似迭代法。

迭代是数值分析中通过从一个初始估计出发寻找一系列近似解来解决问题（一般是解方程或者方程组）的过程，为实现这一过程所使用的方法统称为迭代法。

与迭代法相对应的是直接法（或者称为一次解法），即一次性快速解决问题，例如通过开方求解方程$x^2+3=4$。一般情况下，直接解法总是优先考虑的。但当遇到复杂问题时，特别是在未知量很多，方程为非线性时，无法找到直接解法（例如，五次以及更高次的代数方程没有解析解），这时可以通过迭代法寻求方程（组）的近似解。

最常见的迭代法是牛顿迭代法，其他还包括最速下降法、共轭迭代法、变尺度迭代法、最小二乘法、线性规划、非线性规划、单纯型法、惩罚函数法、斜率投影法、遗传算法、模拟退火等。

利用迭代算法解决实际问题需要做好以下工作：

1. 确定迭代变量。在可以用迭代算法解决的问题中，至少存在一个直接或间接地不断由旧值递推出新值的变量，这个变量就是迭代变量。

2. 建立迭代关系式。所谓迭代关系式，指如何从变量的前一个值推出其下一个值的公式（或关系）。迭代关系式的建立是解决迭代问题的关键，通常可以用顺推或倒推的方法来完成。

3. 对迭代过程进行控制。在什么时候结束迭代过程，这是编写迭代程序必须考虑的问题。不能让迭代过程无休止地重复执行下去。迭代过程的控制通常可分为两种情况：一种是所需的迭代次数是个确定的值，可以计算出来；另一种是所需的迭代次数无法确定。对于前一种情况，可以构建一个固定次数的循环来实现对迭代过程的控制；对于后一种情况，需要进一步分析结束迭代过程的条件。

用迭代法解决实际问题所设计的程序则使用循环结构，因此，迭代法是应用循环结构实现其目标的。

4.3.1 迷你实验

实验准备

复习循环语句、循环辅助语句的语法规范。

实验目标

理解迭代法的三要素，了解在迭代次数无法确定的情况下控制迭代过程的方法。

实验内容

1. 运行代码，记录程序运行结果和功能。

问题描述：日本数学家角谷静夫在研究自然数时发现了一个奇怪现象：对于任意一个自然数n，若n为偶数，则将其除以2；若n为奇数，则将其乘以3，然后再加1。如此经过有限次运算后，总可以得到自然数1。人们把角谷静夫的这一发现叫作“角谷猜想”。

编程思路：

第1步：确定迭代变量，定义迭代变量为n。

第2步：建立迭代关系式，按照角谷猜想的内容，可以得到两种情况下的迭代关系式：当n为偶数时，n=n/2；当n为奇数时，n=n*3+1。

第3步：对迭代过程进行控制，即确定在验证中需要计算机重复执行的迭代过程。这个迭代过程需要重复执行多少次，才能使迭代变量n最终变成自然数1，这是无法计算出来的。这就需要确定用来结束迭代过程的条件。由于对任意给定的一个自然数n，只要经过有限次运算后能够得到自然数1，即可认为完成验证工作，所以用来结束迭代过程的条件就可以定义为n==1。

代码 4-3-1

```
#include <stdio.h>
#include <stdlib.h>
int main()
{
    int n; //迭代变量n
    system("title 4-3-1");
    printf("请输入一个自然数：");
    scanf("%d",&n); //迭代变量赋初值
    while(n!=1) //迭代过程控制
    {
        if((n%2==0))
        {
            printf("%d/2=",n);
            n/=2; //偶数迭代关系式
            printf("%d, ",n);
        }
        else
        {
            printf("%d*3+1=",n);
```

```
                n=n*3+1;//奇数迭代关系式
                printf("%d, ",n);
            }
        }
    return 0;
}
```

2. 运行代码，记录程序运行结果和功能。

代码 4-3-2

```
#include <stdio.h>
#include <stdlib.h>
int main()
{
    double x,sum=1,sum1=1;//声明变量，sum1为迭代变量
    int i,n;//n为结束迭代过程的终点
    system("title 4-3-2");
    printf("Please enter x n:");
    scanf("%lf%d", &x,&n);//输入x和n
    for(i=1;i<=n;i++)
    {
        sum1=-sum1/x;//构建迭代关系式
        sum+=sum1;//完成累加
    }
    printf("sum=%lf \n",sum);//输出结果
    return 0;
}
```

3. 运行代码，记录程序运行结果和功能。

代码 4-3-3

```
#include <stdio.h>
#include <stdlib.h>
int main()
{
    int i,j,n;
    double e,fac=1;
    system("title 4-3-3");
    for(e=0,i=1;1/fac>1e-6;i++)//i为外循环控制变量
    {
        e=e+1/fac;
        for(fac=1,j=1;j<=i;j++)//j为内循环控制变量
            fac=fac*j;
    }
    printf("%.20lf\n",e);
    return 0;
}
```

4. 运行代码，记录程序运行结果和功能。

代码 4-3-4

```
#include <stdio.h>
#include <stdlib.h>
int main()
{
    int m,n;
    system("title 4-3-4");
    for(n=1;n<=4;n++)            //n为外循环控制变量
    {   for(m=1;m<=4-n;m++)     //m为内循环控制变量
        printf(" ");
        for(m=1;m<=2*n-1;m++) //与上一个m循环并列
            printf("*");
        printf("\n");
    }
    return 0;
}
```

4.3.2 观察与思考实验

实验准备

复习循环语句、循环辅助语句的语法规范。

实验目标

根据问题需求梳理迭代法的三要素，熟悉在迭代次数无法确定情况下控制迭代过程的方法。

实验内容

1. 阅读程序，观察循环体内调用函数的方法，记录程序运行结果和功能。

代码 4-3-5

```
#include <stdio.h>
#include <stdlib.h>
double f1(int x);//求x!
int main()
{
    int i,j,n;
    double e,fac=1;
    system("title 4-3-5");
    for(e=0,i=1;1/fac>1e-6;i++)//结束迭代过程的条件 1/fac>1e-6
    {
        e=e+1/fac;//迭代变量为e，关系式e=e+1/fac
        fac=f1(i);//调用f1求i!
    }
```

```
    printf("%.20lf\n",e);
    return 0;
}
double f1(int x)//参数x，表示该函数求x!，运算结果的数据类型double
{
    double fac=1;//结果变量赋初值
    int i;//循环控制变量
    for(i=1;i<=x;i++)
        fac=fac*i;
    return fac;//将运算结果返回
}
```

【思考题】

求 x! 还有其他方式吗？

2. 阅读程序，观察分式求和的方法，记录程序运行结果和功能。

代码 4-3-6

```
#include <stdio.h>
#include <stdlib.h>
int main()
{
    float s,x,y,t,k;
    int i;              //i为循环变量
    s=1;                //变量s存放求和的结果
    x=1;                //x是分子
    y=2;                //y是分母
    t=x/y;              //t表示每一项
    for(i=2;i<=20;i++)
    {
        s=s+t;          //累加
        k=x;            //保存当前项分子
        x=y;            //后一项的分子是前一项的分母
        y=k+y;          //后一项的分母是前一项分子分母之和
        t=x/y;          //后一项组合完成
    }
    system("title 4-3-6");
    printf("前20项的和: 1+1/2+2/3+...=%f\n",s);
    return 0;
}
```

【思考题】

如何用 while 实现代码 4-3-6 的功能？

3. 阅读程序，观察字符串的基本操作，记录程序运行结果和功能。

代码 4-3-7

```
#include <stdio.h>
#include <stdlib.h>
int main()
{
    int i,n;
    char name[34][30]={"北京市(京)","天津市(津)","河北省(冀)","山西省(晋)","
    内蒙古自治区(蒙)","辽宁省(辽)","吉林省(吉)","黑龙江省(黑)", "上海市(沪)","江
    苏省(苏)","浙江省(浙)","安徽省(皖)","福建省(闽)","江西省(赣)","山东省(鲁)","
    河南省(豫)","湖北省(鄂)","湖南省(湘)", "广东省(粤)","广西壮族自治区(桂)","海南
    省(琼)","重庆市(渝)","四川省(川、蜀)","贵州省(黔、贵)","云南省(滇、云)","西藏
    自治区(藏)","陕西省(陕、秦)", "甘肃省(甘、陇)","青海省(青)","宁夏回族自治区(宁)",
    "新疆维吾尔自治区(新)","香港特别行政区(港)","澳门特别行政区(澳)","台湾省(台)"};
    system("title 4-3-7");
    for(i=0;i<34;i++)
    {   printf("%d--%s\t",i+1,name[i]);
        if(i%3==0)
            printf("\n");
    }
    printf("输入你喜欢的地方的编号");
    scanf("%d",&n);
    system("cls");
    printf("%s的人民欢迎您！",name[n-1]);
    return 0;
}
```

【思考题】

如何用 while 实现代码 4-3-7 的功能？

4. 阅读程序，观察迭代法的本质，记录程序运行结果和功能。

代码 4-3-8

```
#include <stdio.h>
#include <stdlib.h>
#include <math.h>
double func(double x) //函数
{
    return x*x*x-x-1;
}
double func1(double x) //导函数
{
    return 3*x*x-1;
}
int main()
{
    double x=2.0,x1=1.0;
    int i;
```

```
    system("title 4-3-8");
    for(i=0;i<30&&fabs(x-x1)>=0.0000005;i++)
    {
        x1=x;
        x=x-func(x)/func1(x);
    }
    printf("该值附近的根为：%lf\n",x);
    return 0;
}
```

【思考题】

如何用 while 实现代码 4-3-8 的功能？

4.3.3 应用实验

实验准备

复习循环语句、循环辅助语句的语法规范。

实验目标

根据问题需求梳理迭代法的三要素，运用迭代法解决实际问题。

实验内容

1. 新型冠状病毒感染的肺炎疫情引发全世界关注。据《自然》杂志网站报道，随着确诊病例增加至数千例，全球各地的科学家们正在评估该病毒在人际传播时的容易程度，并试图确定无症状感染者是否会传播这种病毒。

假设，1个社区来了一个新型冠状病毒病人，第1天病人将病毒传染给第2个人，而被传染者第2天又传给了第3个人，同时，原来的病人也在第2天传给了一个健康者，请编程计算14天后这个社区的病患人数。

2. 一球从100米高度自由落下，每次落地后反跳回原来高度的一半，再落下，请编程计算它在第n次落地时累计经过的距离和第n次反弹的高度。

3. 请编程求Sn＝a+aa+aaa+…+aa…a，其中a和n均由键盘输入。

4. 一辆吉普车来到1 000km宽的沙漠边沿。吉普车的耗油量为1L／km，总装油量为500L。显然，吉普车必须用自身油箱中的油在沙漠中设几个临时加油点，否则是通不过沙漠的。假设在沙漠边沿有充足的汽油可供使用，那么吉普车应在哪些地方、建多大的临的加油点，才能以最少的油耗穿过这块沙漠? 编写程序解决上述问题。

4.3.4 归纳

迭代是用循环结构实现的，其中重复的操作是从一个变量的旧值出发计算它的新值。其基本格式描述如下：

```
迭代变量赋初值;
while (迭代终止条件)
{
```

```
        根据迭代表达式，由旧值计算出新值；
        新值取代旧值，为下一次迭代做准备；
    }
```

迭代终止条件是控制迭代过程退出的关键条件。迭代不可能无休止地进行，必须设置迭代终止条件，在适当的时候退出迭代。

迭代终止条件一般有三种假设：

其一，迭代变量已经求得问题的精确值；

其二，迭代变量无法得到精确值，但是某个迭代的值的精度已经满足要求；

其三，指定明确的迭代计算次数。

迭代算法的具体实现，可根据问题的类型选择迭代终止条件。一般情况下，为了防止迭代关系在某个区间上发散（不收敛）使得算法进入死循环，都会把第三个条件作为异常退出条件和其他迭代终止条件配合使用，也就是说，即使无法得到符合条件的解，只要迭代计算次数达到某个限制值，也退出迭代过程。

4.3.5 自创实验

实验准备

复习循环语句、循环辅助语句的语法规范。

实验目标

根据问题的类型选择迭代终止条件，正确使用迭代算法解决实际问题。

实验内容

1. 一对兔子从出生后第三个月开始，每月生一对小兔子。小兔子到第三个月又开始生下一代小兔子。假若兔子只生不死，一月份抱来一对刚出生的小兔子，问一年中每个月各有多少只兔子。编写程序解决上述问题，并阐述迭代算法的特点。

2. 一只小猴子摘了若干桃子，每天吃现有桃的一半多一个，到第10天时就只有一个桃子了，求小猴子所摘桃子的个数。编写程序解决上述问题。

3. 牛顿迭代法又称为切线法，它比一般的迭代法有更高的收敛速度，求形如$ax^3+bx^2+cx+d=0$方程根的算法，系数a、b、c、d的值依次为1、2、3、4，由主函数输入。求x在1附近的一个实根，求出根后由主函数输出。编写程序解决上述问题。

4.4 综合应用

4.4.1 迷你实验

实验准备

三种循环语句while、do…while、for是可以互相嵌套、自由组合的。外层循环体中可以包含一个或多个内层循环结构，但要注意的是，各循环必须完整包含，相互之间不允许有交叉现象，每一层循环体都应该用花括号括起来。

实验目标

理解循环嵌套的具体执行流程。

实验内容

1. 运行代码，记录程序运行结果和功能。

问题描述：小王和小李结伴去网吧，在门口被保安拦住了，保安告诉他们：按照国家规定，未成年人不得进入网吧，也就是说，年龄低于16 周岁的人不得进入网吧。保安询问他们的年龄，他们不想直接告诉保安，小王说："我们俩的年龄之积是年龄之和的6 倍"，小李又补充说："我们可不是双胞胎，年龄差肯定也不超过8 岁"。

代码 4-4-1

```
#include <stdio.h>
int main()
{
    int a,b,c;
    system("title 4-4-1");
    for(a=1;a<100;a++)
        for(b=1;b<100;b++)
        {
            if(a<b)
            if(b-a<=8)
            if((a*b==6*(a+b))&&(a!=b))
            {
                printf("\n2人年龄分别是：%d %d",a,b);
                if(a>=18 && b>=18)
                    printf("可以进入");
                else
                    printf("  不可以进入");
            }
        }
        return 0;
}
```

2. 运行代码，记录程序运行结果和功能。

问题描述：九九乘法表又称九九表，九九歌、九因歌，是中国古代筹算中进行乘法、除法、开方等运算的基本计算规则，沿用到今日，已有两千多年。设置格式，编程输出一份九九乘法表。

代码 4-4-2

```
#include <stdio.h>
int main()
{
    int i,j,m;
```

```
    system("title 4-4-2");
    for(i=1; i<=9; i++)
         printf("%4d",i);
    printf("\n");
    for(i=1;i<=9;i++)            /*控制行*/
    {
        for(j=1; j<=i; j++)
        {
            m=i*j;
            printf("%4d",m);         /*输出每行的其他数*/
        }
        printf("\n");               /*换下一行*/
    }
    return 0;
}
```

4.4.2 观察与思考实验

实验准备

复习循环结构在图形中的应用以及字符型数据和整型数据在循环结构中的应用。

实验目标

熟练掌握循环结构，运用程序设计思想解决实际问题。

实验内容

1. 阅读程序，观察图形输出过程，记录程序运行结果和功能。

代码 4-4-3

```
#include <stdio.h>
int main()
{
    int m,n;
    system("title 4-4-3");
    for(n=1;n<=4;n++)
    {
        for(m=1;m<=4-n;m++)
            printf(" ");
        for(m=1;m<=2*n-1;m++)
            printf("*");
        printf("\n");
    }
    return 0;
}
```

【思考题】

如果想修改成以直角三角形、倒三角形的方式显示，应如何修改以上代码？

2. 阅读程序，观察图形输出过程，记录程序运行结果和功能。

代码 4-4-4

```
#include <stdio.h>
#define T 8
#define BASE 'A'
int main()
{
    int j,i;
    system("title 4-4-4");
    for(i=0;i<T;i++)
    {
        for(j=1;j<T-i;j++)
            printf(" ");
        printf("%c",BASE);
        for(j=0;j<i;j++)
        {
            printf("%c",BASE+j+1);
        }
        printf("\n");
    }
    return 0;
}
```

【思考题】

如果将第 3 行代码修改成 #define BASE 'B'，程序运行结果有何不同？

3. 阅读程序，观察堆栈操作过程，记录程序运行结果。

问题描述：计算机在处理数据时，有一种非常重要的数据结构——栈（stack），又称堆栈，实际上是一种运算受限的线性表，限制仅允许在表的一端进行数据的操作。它最显著的特性是最后一个放入堆栈中的数据总是最先拿出来，即后进先出（LIFO）。以下代码利用堆栈方式实现数字的输出，请阅读程序，观察输出数字的排列方式。

代码 4-4-5

```
#include <stdio.h>
#define line 4
int main()
{
    int m=line*line,i,j;
    system("title 4-4-5");
    for(i=0;i<line;i++)
    {
        printf("%-3d",m-(i+1)*line+1);
        for(j=1;j<line;j++)
            printf(" %-3d",m-(i+1)*line+j+1);
        printf("\n");
    }
```

```
    return 0;
}
```

【思考题】

修改程序第 2 行 line 的值，观察并分析运行结果有什么不同。

4.4.3 应用实验

实验准备

怎样提高多重循环的效率？在多重循环中，如果有可能，应当将循环计数次数多的循环放在最内层，计数次数少的循环放在最外层，以减少CPU 跨越循环层的次数，提高效率；能在一次循环做完的事情，尽量一次做完，不要让程序循环多次，不能在一次循环做完的事情，尽量减少循环次数。

实验目标

多重循环架构的优化。

实验内容

1. 编程实现数据分类功能的改进，输入一行字符，按照不同类型的字符（英文字母、空格、数字和其他字符）进行统计。

2. 编程计算s=1!+2!+⋯+n!。

3. 某便利店每天都要准备一些零钱，以供当天给顾客找零钱时使用，因为各种面值的零钱都需要准备，请编程统计面值为100元的人民币兑换方式有哪几种。

4. 猜数字游戏。2人玩猜数字的游戏，数字的特征是：这是一个四位数，百位和千位上的数字是相同的，个位和十位上是相同的，但与前两位不同；这个数字刚好是一个整数的平方。请编程查找这个数字。

5. **背景资料**：全球首颗支持新一代北斗信号体制的多系统多频高精度芯片用于北斗卫星系统建设，可实现亚米级的定位精度，实现芯片级安全加密。未来，该芯片可被广泛应用于车辆管理、汽车导航、可穿戴设备、航海导航、GIS数据采集、精准农业、智慧物流、无人驾驶、工程勘察等领域。但是芯片控制器如果被安装了电子炸弹或埋伏了木马病毒，就不是软件方法可以防堵的了。简言之，“由中国自主知识产权的控制芯片做的硬盘来存储中国的数据，才能确保国家的安全。”芯片级安全加密迫在眉睫，当代大学生应做好充足的知识储备，将来能够为国家安全作出贡献。

编程实现：对键盘输入的英文名句进行加密。加密方法为：当内容为英文字母时，用26 个字母中其后的第三个字母代替该字母；若为其他字符时，则不变。如果字母是x，y，z，则加密后分别是a，b，c，如a→d，x→a，z→c，A→D等。

4.4.4 归纳

一个循环体内包含另一个完整的循环结构称为循环的嵌套。内嵌的循环中还可以嵌套循环，这就是多层循环。各种语言中关于循环嵌套的概念都是一样的。

C语言中的三种循环（while循环、do…while循环和for循环）可以互相嵌套。

1. while循环包含while循环的嵌套循环。

```
while()
{
    …
    while()
    {
        …
    }
}
```

2. do…while循环包含do…while循环的嵌套循环。

```
do
{
    …
    do
    {
        …
    }while();

}while();
```

3. for循环包含for循环的嵌套循环。

```
for( ; ; )
{
    …
    for( ; ; )
    {
        …
    }
}
```

4. while循环包含do…while循环的嵌套循环。

```
while()
{
    …
    do
    {
        …
    }
    while();
}
```

5. for循环包含while循环的嵌套循环。

```
for( ; ; )
{
    …
    while()
    {
```

```
        ...
    }
    ...
}
```

6. do…while循环包含for循环的嵌套循环。

```
do
{
    ...
    for( ; ; )
    {
        ...
    }

} while();
```

4.4.5 自创实验

实验准备

复习涉及循环问题的基本算法。

实验目标

掌握分支、循环语句的综合应用；掌握利用常用算法解决实际问题。

实验内容

1. 从键盘上输入一个正整数n，编写程序，输出一个n×n的字符图形（字符可以自己设定）。如：输入5，则输出5×5的方形图形。

```
A A A A O
A A A O B
A A O B B
A O B B B
O B B B B
```

2. 公元前3世纪时，古希腊数学家对数字情有独钟。他们在对数的因数分解中发现了一些奇妙的性质，如有的数的真因数之和彼此相等，于是诞生了亲和数；而有的真因数之和居然等于自身，于是又诞生了完全数，6是人们最先认识的完全数，数学家尼可马修斯在他的数论专著《算术入门》一书中，给出了6、28、496、8 128这四个完全数，并且他还将自然数划分为三类：富裕数、不足数和完全数，其意义分别是小于、大于和等于所有真因数之和。以下代码，功能是求1 000以内的所有完全数。改进代码，增加功能：判读输入的数字是富裕数、不足数还是完全数。

代码 4-4-6

```
#include <stdio.h>
int main()
```

```
{
    int a,i,m;
    system("title 4-4-6");
    for(a=1;a<=1000;a++)
    {
        for(m=0,i=1;i<=a/2;i++)
            if((a%i==0)) m+=i;
        if(m==a)
            printf("%4d",a);
    }
    return 0;
}
```

3. 编写程序，求p=1+1/1！+1/2！+…+1/n!，要求最后一项的值小于10^{-4}。

4. 在中国数学发展史上，出现了许多著名的论著，除了《九章算术》之外，还出现了《海岛算经》《孙子算经》（作者不详）《夏侯阳算经》《张丘建算经》和《缀术》等数学专著。这一时期，创造数学新成果的杰出人物是：三国人赵爽、魏晋人刘徽和南朝人祖冲之。

《孙子算经》共三卷。主要叙述了算筹计数的纵横相间制度、筹算乘除法、筹算分数算法和筹算开平方等方法。其中有个问题是这样叙述的："今有雉兔同笼，上有三十五头，下有九十四足，问雉兔各几何？"意思是：有若干只鸡兔同在一个笼子里，从上面数，有35个头，从下面数，有94只脚。问笼中各有几只鸡和兔?

请根据以上叙述，编程求出鸡、兔各多少只。

5. 2020年是不平凡的一年，面对新型冠状病毒带来的重大疫情，全国人民众志成城，团结一心，共同构筑起抗击疫情的坚固长城（见图4-5）。在疫情发展的这段时间，各个街道、村庄的出入口，多了一批站岗的"守门员"，这些社区工作者和志愿者对辖区防疫工作进行网格化管理，提供全方位的抗疫社区服务。而随着社区智能化程度的不断提高，智慧社区的建设涌现出各种不同的解决方案。

图 4-5　抗疫社区志愿者买菜服务

假设你作为一名社区志愿者，利用专业优势，为满足抗疫需要，提供更好的服务，编程开发一个社区自动问答系统，提出微菜场的解决方案。通过恒温无人售菜终端进行全智能自动售菜，阻断密集人群传播途径，提供生活便利。

系统功能说明：

（1）售菜机刷卡验证功能（从文件card.txt中读取已有用户卡号，并验证卡号是否存在，正确则登录成功，否则提示"卡号不存在，刷卡失败"。卡号信息保存在文件中，文件内容如图4-6所示。

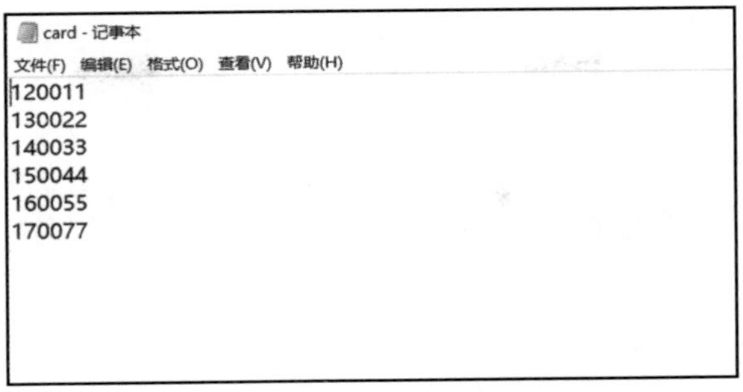

card - 记事本
文件(F) 编辑(E) 格式(O) 查看(V) 帮助(H)

120011
130022
140033
150044
160055
170077

图 4-6　文件中卡号信息

代码 4-4-7

```
#include <stdio.h>
int main()
{
    int knum;//存储用户卡号
    int num;//存储文件中的卡号
    FILE *fp;
    int flag=0;//标记变量
    system("title 4-5-3");
    printf("\n\n");
    printf("\t\t\t**************************\n\n");
    printf("\t\t\t欢迎使用全智能自动售菜机    \n\n");
    printf("\t\t\t**************************\n");
    printf("\t\t\t请输入您的卡号：");
    scanf("%d",&knum);
    fp=fopen("card.txt","r");
    if(fp==NULL)
    {
        printf("can't open file.\n");
        exit(0);

    }
    while(!feof(fp))
    {
        fscanf(fp,"%d",&num);
        if(num==knum)
        {
            printf("刷卡成功，您可以继续购菜！");
            flag=1;
            break;
        }
    }
    if(flag==0)
    {
        printf("卡号不存在，刷卡失败！");
```

```
    }
    return 0;
}
```

（2）售菜机基本功能实现。假设售菜机内目前只提供当季的有机绿叶菜，主要包含：1菠菜、2上海青、3大白菜、4鸡毛菜、5空心菜。请通过菜单选择问答形式，编写代码模拟完整的购菜过程。

代码 4-4-8

```
#include <stdio.h>
int main()
{
    int order;//商品选项
    int qty;//商品数量
    float price;
    float total=0;     //商品总价，还未购买时总价为0
    int choice=1;    //是否继续购买，初始时默认继续购买
    system("title 4-5-4");
    printf("\t\t\t模拟社区全智能售菜一体机\n");
    printf("本机共提供如下5种有机青菜：\n");
    printf("1--菠菜（3.0元）\n");
    printf("2--上海青（2.5元）\n");
    printf("3--大白菜（1.5元）\n");
    printf("4--鸡毛菜（3.5元）\n");
    printf("5--空心菜（2.0元）\n");
    printf("0--退出 \n");
    /*利用循环结构实现多次购买并计算*/
    while(choice!=0)    //choice不等于0时认为是选择继续购买
    {
        printf("请输入您选择的商品序号:\n");
        scanf（"%d",&order）;
        printf("请输入您购买该商品的数量 :\n");
        scanf（"%d",&qty）;
    /*多分支结构确定青菜的单价*/
        switch(order)
        {
            case 1:price=3.0;break;
            case 2:price=2.5;break;
            case 3:price=1.5;break;
            case 4:price=3.5;break;
            case 5:price=2.0;break;
            default:printf("输入数字序号有误\n");price=0;
        }
        total=total+qty*price    //将每次购买的价格计入总价
        printf("按【0】结束购买，请输入6继续购买");
        scanf("%d",&choice);
    }
```

```
    printf("您需要付款：%.2f\n",total);
    return 0;
}
```

请与实际生活结合，将本机继续更新并完善如下功能：

- 实现抗疫社区卡号及人员信息登记和垃圾分类系统。
- 将不同类别的商品购买过程单独列为独立函数模块实现。
- 如何更加方便地拓展更多商品类别模块。

4.5 归纳与提高

利用循环解决实际问题的，有时候使用中断和转向语句可以起到事半功倍的效果。在C语言中，可以使用以下几种方式改变循环的走向：

1. goto语句，例如：

```
int i=0,sum=0;
loop: if(i<10)
{   sum=sum+i;
    i++;
    goto loop;
}
```

但需注意的是goto语句会破坏程序的逻辑结构，应该尽量少用或者不用。

2. break语句，例如：

```
int i,j;
for(i=0;i<=9;i++)
{
    for(j=0;j<=9;j++) break;
        printf("*")
}
```

程序中break语句的作用是跳出j的循环，而i的循环则继续进行，如果需要连i的循环也跳出，那么需要2个break语句，一个break语句跳出j的循环，另一个break语句跳出i的循环。

3. continue语句，例如：

程序一：

```
#include <stdio.h>
int main()
{
    int i=1;
    while(i<3)
    {
        continue;
        i++;
    }
```

```
    printf("%d",i);
    return 0;
}
```

程序二：

```
#include <stdio.h>
int main()
{
    int i;
    for(i=1;i<3;i++)
        continue;
    printf("%d",i);
    return 0;
}
```

程序一和程序二分别是用while 语句和for语句来实现的，同样都是i<3的判断条件，都是i++的累加，都是i=1作为初始条件，但是程序一是死循环，而程序二不是，最后返回值为3。

对于while 语句，continue;是舍弃本次循环后面的语句，直接进行表达式判断。对于for语句，是舍弃本次循环后面的语句，但是起累加作用的表达式3，即i++语句依然要执行，然后执行表达式2，即语句i<3;，判断下次循环是否进行。

4. return语句，跳出当前函数，如果当前函数是main函数，则直接结束程序。

第5章 函数

本章知识导图如图5-1所示。

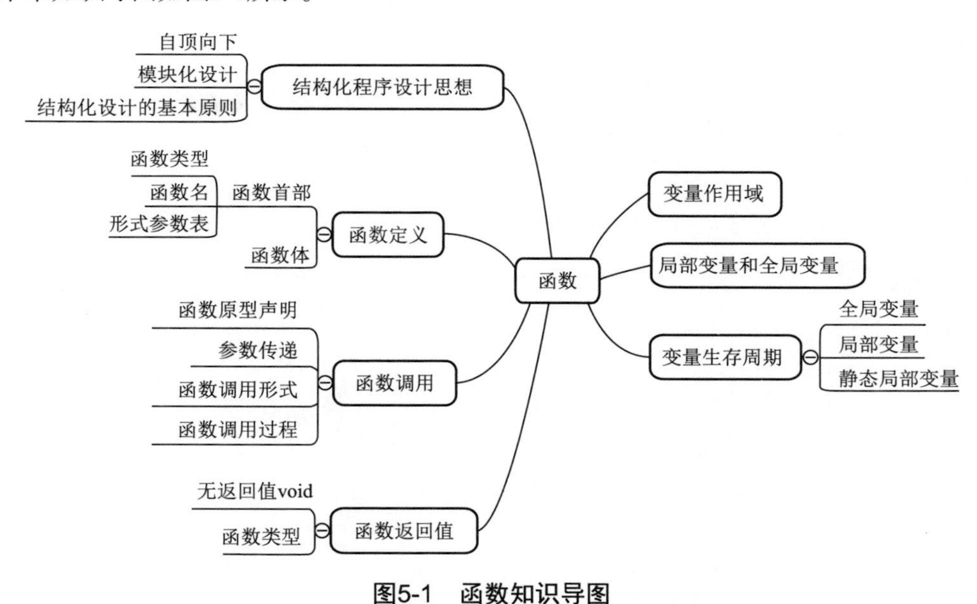

图5-1 函数知识导图

5.1 认识函数

古语云："不谋全局者，不足以谋一域；不谋万世者，不足以谋一时"，这体现了整体决定部分、全局和局部相互关联的思想，"一域"要服从"全局"，"小局"要服从大局；"一域"蔽眼，不见全局，不但会影响大局，就连小局也必然做不好；反之，只有从宏观的、全局的角度看问题，谋全局者，一域一隅才能因势而上，赢得发展。

一个完整的程序就可以看作是一个整体，是为了完成某个特定的任务而设计的一组指令

（语句）集合，随着程序规模的增大，将语句简单地罗列起来，会使程序的复杂程度过高而难以阅读和维护。而如果将功能上相对独立，并可能被反复执行的代码提炼出来，用一个名称来代替，不仅可以减少总的代码量，而且可以使整个程序的结构更具模块化，更易于阅读和维护。在C语言中可以用函数来描述这样的模块，函数的知识点主要包括函数的定义和函数的调用，详细知识结构参考图5-1。函数可以从整体出发，从整体与部分（或要素）之间、整体与环境之间的相互联系、相互制约中，综合地考察对象，立足整体，统筹全局，选取总体上的最优化方案，因而可以使问题得到更高效的解决。

5.1.1 迷你实验

实验准备

C语言提供了一些标准的库函数，例如，输入/输出库函数、数学库函数、字符处理函数、字符串处理函数、动态存储分配库函数等。

如果要使用某一库函数，需要在程序开始位置添加该库函数所需要的头文件，格式是：#include <...>或者 #include "..."。

实验目标

1. 掌握头文件的作用及使用格式。
2. 理解函数在C程序中的重要作用。

实验内容

1. 运行代码，记录程序运行结果和功能。

代码 5-1-1

```
#include <time.h>
#include <stdio.h>
#include <stdlib.h>
int main(void)
{
    time_t now;
    struct tm* curtime;
    system("title 代码5-1-1");
    time(&now);
    curtime=gmtime(&now);
    printf("%s",asctime(curtime));
    system("pause");
    return 0;
}
```

2. 运行代码，记录程序运行结果和功能。

代码 5-1-2

```
#include <stdio.h>
#include "my.h"
```

```
int main(void)
{
    system("color F0");
    int i;
    system("title 代码 5-1-2") ;
    printf("简单动画演示程序\n");
    system("pause");
    for(i=0;i<1;i++)
        display_picture(),display_picture2();        //打印动画效果
    printf("\n\t\t\t      Rockman   洛克人！！\n");
    return 0;
}
```

背景知识：C语言允许自己编写头文件（以扩展名.h保存），运行时和源文件放在同一个目录下即可，引用格式为#include "..."。

5.1.2 观察与思考实验

实验准备

1. 从用户角度划分，函数可以分为标准函数和用户自定义函数，标准函数由系统提供。
2. 按函数形式划分，函数可以分为无参函数和有参函数。

实验目标

理解函数“先定义，后使用”的规则。

实验内容

1. 阅读程序，观察不同函数的位置顺序，记录程序运行结果和功能。

代码 5-1-3

```
#include <stdio.h>
#include <stdlib.h>
void welcome()      //显示欢迎信息
{
    printf("\n\t\t\t*******************************\n");
    printf("\t\t\t*                             *\n");
    printf("\t\t\t*  学习四史，坚守初心         *\n");
    printf("\t\t\t*                             *\n");
    printf("\t\t\t*******************************\n");
}
void mainmenu()      //显示系统主菜单
{
    printf("\n\n\n");
    printf("\t\t\t*******************************\n");
    printf("\t\t\t*   1.----党史                *\n");
```

```
    printf("\t\t\t*    2.----新中国史                *\n");
    printf("\t\t\t*    3.----改革开放史              *\n");
    printf("\t\t\t*    4.----社会主义发展史          *\n");
    printf("\t\t\t*    5.----退出系统                *\n");
    printf("\t\t\t*********************************\n");
}
int main()
{
    system("title代码 5-1-3");
    welcome();
    mainmenu();
    return 0;
}
```

【思考题】

调整函数的顺序，把 main 函数放置在程序的开始位置，分析程序运行结果有什么不同。

2. 问题描述：某件商品，原价89.9元，不同客户优惠比例不同，对VIP客户，七五折销售，对普通客户，则按八五折销售。阅读程序，观察函数返回值的用法，记录程序运行结果和功能。

代码 5-1-4

```
#include <stdio.h>
float func(float a,float sale)
{
    float priceB;
    priceB=a*sale;
    return priceB;
}
int main()
{
    float priceA,saleA,pay;
    system("title代码 5-1-4");
    priceA=89.9;
    saleA=0.85;
    pay=func(priceA,saleA);
    printf("Ordinary: %.1f元\n",pay);
    saleA=0.75;
    pay=func(priceA,saleA);
    printf("VIP: %.1f元",pay);
    return 0;
}
```

【思考题】

如果再增加一种商品，按两种商品的总价进行打折销售，应如何实现？

5.1.3　应用实验

实验准备

复习无参函数的定义和调用方式。

实验目标

学会利用菜单调用C语言的标准库函数。

实验内容

1. 编写程序，实现一个简单数学函数查询器的功能。

常用数学函数的名称及含义可参考表5-1。

表 5-1　常用数学函数

头文件：math.h

函　数　形　式	功　　能	类　　型
abs(int i)	求整数的绝对值	int
fabs(double x)	返回浮点数的绝对值	double
floor(double x)	向下舍入	double
exp(double x)	指数函数	double
log(double x)	对数函数 ln(x)	double
log10(double x)	对数函数 log	double
pow(double x，double y)	指数函数（x 的 y 次方）	double
sqrt(double x)	计算平方根	double
sin(double x)	正弦函数	double
cos(double x)	余弦函数	double
tan(double x)	正切函数	double

2. 编写程序，实现一个简单的签到统计功能。具体要求如下：

（1）输入卡号，完成签到；

（2）判断卡号是否正确，判断卡号是否是本班级同学；

（3）当输入0时，签到结束，计算并输出总的签到人数。

5.1.4　归纳

1. C语言中无参函数定义的基本格式如下：

```
<函数类型> 函数名()
{ 函数体 }
```

2. 宏和函数的区别。C语言中，宏是一种预处理指令，它提供了一种机制，可以用来替换源代码中的字符串。宏的定义有两种形式：

不带参数的宏定义命令行形式如下：

```
#define 宏名替换文本
```

带参数的宏定义命令行的说明形式为：

```
#define 宏名(形参表)替换文本
```

带参数的宏和函数很相似，但有本质上的区别：宏展开仅仅是字符串的替换，不会对表达式进行计算；宏在编译之前就被处理，所以不会再参与编译，也不会占用内存。而函数是一段可以重复使用的代码，每次调用函数，就是执行这块内存中的代码，因而会被编译，并给这段代码分配内存。

5.1.5 自创实验

实验准备

1. 复习标准库函数和自定义函数的不同。
2. 复习函数定义的基本格式。

实验目标

理解解决问题的模块化思想。

实验内容

1. **背景知识**：人体内部的温度称为体温，保持恒定的体温是保证人体新陈代谢和生命活动正常进行的必要条件。正常人的体温是相对恒定的，但不是一个具体的温度点，而是一个温度范围。正常体温的标准是根据大多数人的数值制定的，并非个体的绝对数值，而且也会随着测量方式、性别、年龄、昼夜、运动和情绪的变化等因素而有所波动。临床上的体温是指平均深部温度，一般以口腔、直肠和腋窝的体温为代表，其中直肠体温最接近深部体温，而口腔温度测量最方便，因而也使用得最多。表5-2是一般情况下的人体口腔温度的范围。

表 5-2　口腔温度范围对照表

正常体温 /℃	低烧 /℃	高烧 /℃
36.3~37.2	37.3~38	38.1~40

某小区在门岗对进入的居民实行体温测量，体温正常的才可以进入。编写程序，利用函数实现功能：读入某人测量出的体温，判断体温是否正常（假设37.3 ℃以下正常）；并根据表5-1中的数据，对测量出的不正常体温数据，进一步判断是高烧还是低烧。

2. 密码是用来保护文件的一种方式，一个安全级别高的密码除了要求一定的长度外，还最好包含字母（大写或小写）、数字、其他字符。请自己设定一个密码，检查密码中的字符是否是字母，如果是则继续判断是大写字母还是小写字母，如果是大写字母，则进一步转换成小写字母。请根据以上说明编写程序，利用函数实现密码检测功能。

5.2 自定义函数

5.2.1 迷你实验

实验准备

C语言函数包括函数首部和函数体两部分，函数定义形式如下：

```
函数类型说明符 函数名([类型说明符 形参1,…,类型说明符 形参n])
{函数体}
```

在C语言中，所有函数（包括主函数main）都是并列的。函数的定义可以放在程序中的任意位置，但在一个函数的函数体内不能再定义另一个函数，即不能嵌套定义。

实验目标

1. 学习C编译环境的调试方法。

2. 理解C语言文件中多个函数的调用方式。

实验内容

1. 运行代码，记录程序运行结果和功能。

代码 5-2-1

```
#include <stdio.h>
int multi(int x,int y);                  //对被调用函数的声明
int multi(int x,int y)
{
    int z;
    z=x+y;
    return(z);
}
int main(void)
{
    int a,b,c;
    system("title 代码5-2-1");
    printf("\n景区人流量统计(A区、B区):");
    scanf("%d%d",&a,&b);
    c=multi(a,b);
    if(c<=150)  printf("目前景区人流量 %d 游园舒适\n",c);
    else printf("人员已超载，请改日再来");
    return 0;
}
```

背景知识：旅游景点出于对游客安全的考虑，减少景区拥堵，提升景区观光体验和服务品质，需要对景点人数进行限制。假设某景点有2个游览区，总承载人数不能超过150人，则可以根据2个浏览区的人数，判断景区是否人数超载。

2. 运行代码，从键盘输入任意一个大于1的正整数，记录程序运行结果和功能。

代码 5-2-2

```
#include <math.h>
#include <stdio.h>
void fun (int n)
{
    int k,r ;
    for(k=2;k<=sqrt(n);k++)
    {
        r=n%k;
```

```
        while(!r)
        {
            printf("%d",k);
            n=n/k;
            if(n>1)printf("*");
                r=n%k;
        }
    }
    if(n!=1) printf("%d\n",n);
}
int main(void)
{
    intn;
    system("title 代码 5-2-2");
    printf("input: ");
    scanf("%d",&n);
    printf("%d=",n);
    if(n<0) printf("-");
    n=fabs(n);
    fun(n);
    return 0;
}
```

背景知识：合数指自然数中除了能被1和本身整除外，还能被其他数（0除外）整除的数。每个合数都可以写成几个素数（也称为质数）相乘的形式，这几个素数也称为这个合数的质因数。例如，24可以被分解为2×2×2×3，因而，质因数分解式为：24=2×2×2×3。当n值为素数时分解式就是它本身，例如17=17。

5.2.2 观察与思考实验

实验准备

1. 函数的返回值。

语法：return 表达式;

语义：结束当前函数，并且返回表达式的值作为函数的值。

2. 如果函数无返回值，则需要设置函数类型为void类型。函数返回值的类型如果和函数返回类型不一致，则会进行数据类型转换。

实验目标

理解函数不同类型返回值的意义和用法。

实验内容

1. 阅读程序，观察函数类型void的用法，记录程序运行结果和功能。

代码 5-2-3

```
#include <stdio.h>
void sort(int a,int b)
```

```
{
     if(a>b)
          printf("Maximum is %d",a);
     else
          printf("Maximum is %d",b);
}
int main(void)
{
    int num1,num2;
    system("title 代码5-2-3");
    scanf("%d%d",&num1,&num2);
    sort(num1,num2) ;
    return 0;
}
```

【思考题】

如果需要把最大值返回到main函数中输出，如何修改程序？

2. **背景知识**：在现实生活中，对许多数据都是有位数要求的，如身份证号是18位，我国的邮政编码是6位，手机号码是11位，学号一般是10位等，因此，如果在编程时需要利用这些数据，首先就需要验证数据的合理性。阅读程序，观察利用运算符判断位数的方法，记录程序运行结果和功能。

代码 5-2-4

```
#include <stdio.h>
int f(long n)   //n代表需验证的正整数
{
    int c=0;
    do
    {
        c++;
        n=n/10;
    }
    while(n);
    return c;
}
int main(void)
{
    long n;
    int num;
    system("title代码 5-2-4");
    scanf("%ld",&n);
    num=f(n);
    printf("%ld has %d numbers\n",n,num);
    return 0;
}
```

【思考题】

以上程序，默认输入数据的位数是在合理范围之内的，如果想增加一个功能，判断输入的数据位数是否合理，如何实现？

5.2.3 应用实验

实验准备

复习函数定义、返回值、函数声明。

实验目标

理解根据问题的性质设定不同函数的原则。

实验内容

1. 我国气象学上，高温是指日最高气温达到或超过35℃以上的天气。表5-3是某市7月份每天的最高温和最低温数据，请统计这个城市7月份的高温天数及具体的高温日期；假设以最高气温和最低气温的平均值作为每天的平均温度，统计7月份的平均气温。

表 5-3 某市 7 月份气温数据

日期	最高气温（单位℃）	最低气温（单位℃）	日期	最高气温（单位℃）	最低气温（单位℃）
7 月 1 日	27	22	7 月 17 日	30	26
7 月 2 日	27	23	7 月 18 日	31	26
7 月 3 日	26	23	7 月 19 日	33	26
7 月 4 日	26	22	7 月 20 日	34	27
7 月 5 日	26	23	7 月 21 日	35	28
7 月 6 日	27	20	7 月 22 日	35	28
7 月 7 日	28	20	7 月 23 日	35	29
7 月 8 日	31	24	7 月 24 日	37	29
7 月 9 日	24	22	7 月 25 日	37	29
7 月 10 日	27	24	7 月 26 日	36	29
7 月 11 日	29	24	7 月 27 日	34	29
7 月 12 日	28	22	7 月 28 日	36	28
7 月 13 日	23	21	7 月 29 日	36	29
7 月 14 日	29	22	7 月 30 日	37	29
7 月 15 日	29	23	7 月 31 日	34	27
7 月 16 日	27	24			

2. 所谓与7有关的数是指个位数为7、十位数为7或者能被7整除的正整数。编程完成以下功能：从键盘输入一个正整数n(n<100)，输出所有小于或等于n的与7有关的数，并计算输出这些

数的平方和。

5.2.4　归纳

在程序的函数设计中，所要遵循的首要设计原则就是“函数功能单一”。也就是说，一个函数应该只完成一件事情。函数功能应该越简单越好，尽量避免设计多用途、面面俱到、多功能集于一身的复杂函数。因为如果功能太复杂，在没有详细文档说明的情况下很难读懂这个函数，因此应该努力简化这个函数的功能与代码，通过适当拆分这个函数的功能，使用一些辅助函数，给它们取一个描述性的名字等方法，让函数更易理解。

5.2.5　自创实验

实验准备

复习自定义函数的参数和返回值的使用方法。

实验目标

学会根据问题的划分合理设置函数。

实验内容

1. 问题背景：二进制。

二进制是计算技术中广泛采用的一种数制。二进制数据是用0和1两个数码来表示的数。它的基数为2，进位规则是“逢二进一”，借位规则是“借一当二”。

计算机运算基础采用二进制，其他常用的数制还有十进制、八进制、十六进制等。进制之间可以进行转换。

例如，十进制整数转换为二进制通常采用的方法是“除2取余，逆序排列”。具体做法是：用2整除十进制整数，可以得到一个商和余数；再用2去除商，又会得到一个商和余数，如此进行，直到商小于1时为止，然后把先得到的余数作为二进制数的低位有效位，后得到的余数作为二进制数的高位有效位，依次排列起来。

请据此编写进制转换函数，完成任意十进制数转换成对应二进制数的功能，并调用函数验证其结果的正确性。

2. 电影《永不消失的电波》讲述了中共党员李侠在敌占区为革命事业奉献出生命的故事。李侠的人物原型是上海中共地下党员李白，他和钱壮飞等革命烈士都是万万千千密码战线的优秀代表，他们的一生就像一根火柴，一直潜伏在黑夜里，在黎明拂晓即将到来时，他们选择将自己燃烧，将更多的人推向光明。

密码工作是党和国家的一项特殊重要事业，直接关系国家政治安全、经济安全、国防安全和信息安全，在党领导我国革命、建设、改革的各个历史时期，都发挥了不可替代的重要作用。密码的功能之一是加密保护，是指采用特定变换的方法，将原来可读的信息变成不能识别的符号序列。简单地说，加密保护就是将明文变成密文。

加密方法很多，有一种简单的加密方法是：输入任意一个数，然后把此数的各位数字累加，将累加之和作为这个数的密码。编程验证此加密方法。加密后的数字如果直接保存到文件中，而不是在屏幕上输出，无疑更会提高它的安全性，请修改上述完成的程序，使加密后的数字密码保存到文件中。

3. 编程判断两个整数m和n是否互质（即是否有公共的因子）（m，n都不等于1）。判断方法是：用2到t（t取m和n中较小的那个数）之间的数分别去除m和n，若m和n能同时被某个数除尽，则m和n不互质；否则它们互质。例如，若输入187和85，则应输出No（表示它们不互质，它们有公因子17）；若输入89和187，则应输出Yes（表示它们互质）。

5.3 函数参数与变量存储

5.3.1 迷你实验

实验准备

1. 函数的参数分为实际参数和形式参数两类，简称实参和形参。

（1）形参：未出现该函数调用时，并不占用内存的存储单元，调用时才分配内存单元，调用结束后，形参所占的内存单元即被释放；

（2）实参：可以是常数、变量或其他构造类型的数据及表达式，各实参之间用逗号分隔。无论是否调用该函数，实参一直占据内存单元。

2. 实参的个数、类型和顺序，应该与被调用函数中形参的个数、类型和顺序一致，才能正确地进行数据传递。

实验目标

1. 理解函数参数的概念。
2. 掌握函数形参、实参的数据传递规则。

实验内容

1. 运行代码，记录程序运行结果和功能。

代码 5-3-1

```
#include <stdio.h>
#include <math.h>
int durtime(int year1,int year2)
{
    int t;
    t=year2-year1;
    return(t);
}
int main()
{
    int year1,year2,s;
    system("title代码5-3-1);
    printf("请输入今年的年份：");
```

```
    scanf("%d",&year1);
    printf("请输入你预计毕业的年份: ");
    scanf("%d",&year2);
    s=durtime(year1,year2);
    if(s<0||s>4) printf("\n输入错误");
    else   printf("距离毕业还有%d 年,请珍惜大学的美好时光",s);
    return 0;
}
```

2. 运行代码，记录程序运行结果和功能。

代码 5-3-2

```
#include <stdio.h>
void fun(int n)
{
    int i,j;
    for(i=1;i<=n;i++)
    {
        for(j=1;j<=i;j++)
            printf("%3d",1);
        for(j=2;j<=n+1-i;j++)
            printf("%3d",j);
        printf("\n");
    }
}
int main()
{
    int n;
    system("title 代码 5-3-2");
    printf("\n请输入行数:");
    scanf("%d",&n);
    fun(n);
    return 0;
}
```

5.3.2 观察与思考实验

实验准备

1. 传值调用。函数调用时为形参分配新的内存地址，实参内存和形参内存都是独立的，同时存在于系统中，参数的值相同内存地址却不同。

2. 传地址调用。地址传递是把实参的地址传递给形参，在函数调用时形参不再分配新的内存，而直接使用实参传递过来的地址，在函数结束后，形参不再释放内存，这样在形参中对数据所做的修改就被传递到实参中，达到数据共享。

实验目标

理解函数参数的本质。

实验内容

1. 阅读程序，观察search函数的查找算法是如何实现的，记录程序运行结果和功能。

代码 5-3-3

```
#include <stdio.h>
int search(int a[],int m)
{
    int i;
    for(i=0;i<=9;i++)
        if(a[i]==m) return(i);
    return(-1);
}
int main()
{
    int a[10],m,i,no;
    system("title代码 5-3-3");
    printf("Input 10 numbers:\n");
    for(i=0;i<10;i++)
        scanf("%d",&a[i]);
    printf("Input m:\n");
    scanf("%d",&m);
    no=(search(a,m)) ;
    if(no>=0)
        printf("\n OK FOUND!  是第%2d个\n",no+1);
    else printf("\n Sorry Not Found!\n");
    return 0;
}
```

【思考题】

如果要在一个字符串中查找是否有某个字符，应如何修改？

2. 阅读程序，观察taxes函数中多重分支的应用，记录程序运行结果和功能。

代码 5-3-4

```
#include <stdio.h>
float taxes(int profit)
{
    float bonus1,bonus2,bonus4,bonus6,bonus10,bonus;
    bonus1=10*0.1;
    bonus2=bonus1+10*0.075;
    bonus4=bonus2+20*0.05;
    bonus6=bonus4+20*0.03;
    bonus10=bonus6+40*0.015;
    if(profit<=10)
```

```
        bonus=profit*0.1;
    else if(profit<=20)
        bonus=bonus1+(profit-10)*0.075;
    else if(profit<=40)
        bonus=bonus2+(profit-20)*0.05;
    else if(profit<=60)
        bonus=bonus4+(profit-40)*0.03;
    else if(profit<=100)
        bonus=bonus6+(profit-60)*0.015;
    else
        bonus=bonus10+(profit-100)*0.01;
    return bonus;
}
int main(void)
{
    int x;
    float bonus;
    system("title代码5-3-4");
    printf("Input profit(单位万元): ");
    scanf("%d",&x);
    bonus=taxes(x);
    printf("bonus=%.0f 元",10000*bonus);
    return 0;
}
```

背景知识：企业发放的奖金根据利润进行提成，不同范围内的利润与奖金提成的规则如下：小于等于10万元的利润可提成10%；在10至20万元之间的利润可提成7.5%；在20至40万元之间的利润可提成5%；在40至60万元之间的利润可提成3%；在60至100万元之间的利润可提成1.5%；高于100万元的利润可提成1%。如果知道某月的利润值，可以计算出应发放的奖金总额。

【思考题】

taxes 函数中多重分支的顺序是否可以调整？如果按照利润从大到小的顺序判断，代码应如何修改？

5.3.3 应用实验

实验准备

复习函数参数的定义和设置。

实验目标

掌握函数的调用过程。

实验内容

1. 在数学上有个尼科彻斯定理，内容是：任何一个整数的立方都可以写成一串连续奇数的和。例如：5^3=29+27+25+23+21；而有的整数还可以写成多种形式，例如，6^3=41+39+37+35+33+31=63=57+55+53+51=109+107。编写程序，验证这个定理。

2. 假设有m个数据，现从键盘输入一个数据，查找这个数据是否是这m个数中的数据。

3. 最大公约数是指两个或多个整数共有约数中最大的一个，求最大公约数有多种方法，例如质因数分解法、短除法、辗转相除法、更相减损法。与最大公约数相对应的是最小公倍数，几个自然数公有的倍数，叫做这几个数的公倍数，其中最小的一个公倍数，叫作这几个数的最小公倍数。两个自然数的最大公约数与它们的最小公倍数的乘积等于这两个数的乘积。编程实现：任意输入2个数，计算并输出它们的最大公约数和最小公倍数。

5.3.4 归纳

数据的传递是单向的，是实参向形参的传递，而形参无法将自身值反传给实参，原因是形参获得的存储单元是受时间限制的孤立单元。形参所占用的内存单元随着函数结束释放形参内存，而实参内存却没有变。改变形参的值对实参没有任何效果。

5.3.5 自创实验

实验准备

复习数据的值、地址的概念及应用。

实验目标

灵活使用参数，实现数据的传递。

实验内容

1. 从数字看变化。作为“国民经济发展的动脉”，中国铁路由小到大、由弱变强，从内燃机车到电力机车，再到高铁动车，实现跨越式发展的中国铁路无疑是中国发展史上伟大成就的一个具体缩影。数据说话，事实印证，1949年，彼时我国铁路营业里程只有2.18万公里，历经70年矢志发展，中国铁路营业里程2018年已经增长到13.1万公里以上，实现了由“追赶者”到“引领者”的角色转换，“复兴号”成为中国铁路技术水平的集中体现，也成为一张走向世界的中国名片。2015年～2019年中国铁路营业里程数如表5-4所示。

表 5-4　铁路营运里程数

年　份	2019 年	2018 年	2017 年	2016 年	2015 年
营业里程 / 万公里	13.98	13.17	12.70	12.40	12.10

请根据表5-4中的数据编程计算每年的增长率是多少？增长最多的是哪一年？

2. 在经济学中有个“木桶理论”，意思是，一只木桶的装水容量不是取决于这只木桶中最长的那块板，而是取决于最短的那块板。同样道理，一个地方要发展好，一个国家要发展好，不仅取决于发达地区，更取决于欠发达地区。只有补足短板、协调发展，才有能力如期打赢脱贫攻坚战。

假设我国现行脱贫标准是在综合考虑物价水平和其他因素的基础上，逐年更新并按现价计算的标准，按每年6%的增长率调整测算得出。据统计，2014年我国农民年人均纯收入按不变价计算为2 800元，以此为基准，编程计算2020年全国脱贫标准是多少（精确到元）？

某地“幸福村”，以种植优质红枣闻名，为了帮助收入较低的农户脱贫致富，准备扩大红枣的种植面积，假设种植红枣每亩地可以收入8 666元，某农户2018年种植1.5亩，家里有6口人，现准备扩大种植面积，若每年增加1亩地的红枣种植面积，问按此计算2020年他家的人均收入会达到多少？是否可以实现脱贫的目标？

5.4　函数调用

5.4.1　迷你实验

实验准备

1. 函数调用的一般形式为：

```
函数名(实参表列);
```

如果是调用无参函数，则实参表列可以没有，但括号不能省略。

2. 函数调用时需注意：

（1）调用函数时，函数名必须与所调用的函数名完全一致；

（2）实参个数必须与形参个数一致；

（3）每个实参类型必须与形参类型一致，如果类型不匹配，C编译程序则会进行自动数据类型转换。

实验目标

理解函数调用的基本过程。

实验内容

1. 运行代码，记录程序运行结果和功能。

代码 5-4-1

```
#include <stdio.h>
float fun(float a,float b)
{
    return(a/b);
}
int main(void)
{
    float x,y,z,f=0 ;
    system("title 代码5-4-1");
    scanf("%f%f%f",&x,&y,&z);
    f=fun(x+y,x-y);
    printf("\nf=%.2f  ",f);
    f+=fun(z+y,z-y);
    printf("f=%f",f);
    return 0;
}
```

背景知识：利用公式求函数值是常用的方法之一，根据公式可以定义适当的函数，简化操作，例如利用公式 F (x,y,z)=(x+y)/(x−y) +(z+y)/(z−y)计算函数值。

2. 现有一个快递点有一批准备发往3个城市的邮件，3个城市邮政编码的前2位分别是：城市A：20，城市B：10，城市C：51，邮递员需根据邮政编码进行分类。运行以下代码，记录程序运行结果和功能。

代码 5-4-2

```
#include <stdio.h>
int get(int code)
{
    int n;
    n=code/10000;
    return n;
}
int main()
{
    int postcode,code;
    system("title 代码5-4-2");
    printf("input: ");
    scanf("%d",&postcode);
    if(postcode>=100000 && postcode<=999999)
    {
        code=get(postcode);
        if(code==20) printf("\nCity A");
        else if(code==10) printf("\nCity B");
        else if (code==51) printf("\nCity C");
        else printf("\n other");
    }
    else printf("\ninput error");
    return 0;
}
```

背景知识：根据我国邮政网络的特点和全国的交通地理状况，我国的邮政编码采用四级六位制的编排方式，即以行政区划分为基础，采用六位数字，分四级编号到投递局。其中前两位的组合表示省、市、自治区；前三位的组合表示邮区；前四位的组合表示县、市局；最后两位数则表示投递局。六位数字相连，即是一组完整的邮政编码。它包括信件在整个分拣处理过程中所需要的信息。

5.4.2 观察与思考实验

实验准备

函数调用允许嵌套。A函数调用B函数，B函数又调用C函数，相当于A 函数嵌套调用了C函数。main函数可以调用其他函数，而不能被其他函数以任何形式调用。

实验目标

理解函数调用和函数定义的区别与联系。

实验内容

1. 阅读程序，观察avg函数的功能，记录程序运行结果和功能。

代码 5-4-3

```
#include <stdio.h>
float avg(float number)
{
    static float sum=0;
    sum+=number;
    return sum;
}
int main(void)
{
    float num,total,pj;
    int i=0;
    system("title代码5-4-3");
    printf("input data(0==end): ");
    scanf("%f",&num);
    while(num!=0)
    {
        total=avg(num);
        i++;
        pj=total/i;
        printf("input score: ");
        scanf("%f",&num);
    }
    printf("result: %f",pj);
    return 0;
}
```

【思考题】

上述代码是以0作为输入结束标志的，如果实际数据中有0，应该如何设置数据输入的结束标志？

2. 阅读程序，观察函数之间的调用关系，记录程序运行结果和功能。

代码 5-4-4

```
#include <stdio.h>
int f2(int b)
{
    b=b*b;
    return b;
}
void f1(int b)
{
    b=b++,b+f2(b);
    printf(" %d\n ",b);
}
```

```
int main(void)
{
    system("title代码5-4-4");
    int a=1;
    f1(a);
}
```

【思考题】

return 语句的作用是什么？观察函数类型和 return 语句的关联作用。

3. 阅读程序，观察变量a的定义位置，记录程序运行结果和功能。

代码 5-4-5

```
#include <stdio.h>
int a=3,b=5;    //a,b为全局变量
int max(int a,int b)
{
    int c;    //c为局部变量
    c=a>b?a:b;
    return c;
}
int main(void)
{
    int a=8;
    system("title 代码5-4-5");
    printf("%d",max(a,b));
    return 0;
}
```

【思考题】

全局变量的 a 和 max 函数中的 a 有什么不同？

5.4.3 应用实验

实验准备

1. 变量的作用域是指变量的有效范围，在该范围里变量是可用的。

2. C语言中，变量的说明方式不同，其作用域也不同，通常分为局部变量和全局变量两类。

在一个函数内部定义的变量是内部变量，它只在本函数范围内有效，内部变量也称局部变量。在所有函数（包括main函数）之外定义的变量称为全局变量，它不属于任何函数，而是属于一个源程序文件，其作用域是从定义的位置开始到本源程序文件结束，并且默认初值为0。

3. 如果在其作用域内的函数或分程序中定义了同名局部变量，则在局部变量的作用域内，同名全局变量暂时不起作用。

实验目标

1. 掌握变量的作用域和存储类型。

2. 掌握全局变量和局部变量的使用。

实验内容

1. 编程实现功能：设定n和k的值，计算s=1k+2k+3k+…+nk的值。例如，假设n=3，k=2，则s=2+22+222。

2. 编程实现功能：求f(0)+f(1)+f(2)+…+f(10)的值，其中f(x)=x*x+1。

3. 从键盘输入一个包括字符和数字的字符串，输出其中的数字字符。例如，如果输入hello123world789，则输出123789。

4. 欧拉常数e的求解。欧拉数e是一个数学常数，以瑞士数学家欧拉命名，是一个无限不循环小数。它的表示方法有多种，如下式即为一种表示方式。请根据此公式编程验证e的值。

$$e=1+\frac{1}{1!}+\frac{1}{2!}+\cdots+\frac{1}{n!}+\cdots$$

5.4.4 归纳

1. C语言的函数声明又称函数原型，作用是在C语言编译的时候，对函数进行有效的类型检查，一旦发现错误，如参数个数不正确、类型不同、返回值类型不匹配等则会报错。

2. 函数声明的一般形式：

```
类型名 函数名(参数类型I,参数类型II,...);
```

或者：

```
类型名 函数名(参数类型I  参数I,参数类型II 参数II,...);
```

3. 函数声明中参数名可以不与函数定义的参数名相同；如果函数定义放在调用函数前，也可以省略函数声明；调用函数指针时，必须先声明函数，后进行调用，否则无法获得代码的执行地址。

5.4.5 自创实验

实验准备

背景知识：学点统计学。

统计学是研究随机现象中确定的统计规律的学科，主要体现在收集、整理、分析与解释统计数据，并对其所反映的问题的性质、程度和原因做出一定结论。其计量资料的统计描述主要有：

均值：标志资料总量与单位总数的比值，计算简单，但易受极值影响；

中位数：由小到大排列居中间位置的标志值，不易受极值影响，稳定性高；

众数：标志资料中出现次数最多的数值，不易受极值影响，但可靠性较差；

极差：标志资料中最大值与最小值之差，计算方便，但不能反映数据分布状况；

方差：标志资料中各标志值与均值差值平方的均值，能够反映数据分布状况，但易受计量单位与均值影响。计算公式：

$$s^2=\frac{(x_1-M)^2+(x_2-M)^2+(x_3-M)^2+\cdots+(x_n-M)^2}{n}$$

其中M为均值。

标准差：即方差的平方根。

实验目标

理解数据处理的常用方法及步骤。

实验内容

1. 编程实现功能：利用随机函数生成一组数据（个数自定），利用函数计算这组数据的算术平均值、标准值和方差并输出。

2. **背景知识**：为了预防传染病的流行，除了要注意个人卫生之外，在公共场所还需要注意佩戴口罩，避开人群，电梯、门把手等注意不要被接触感染，出行方式的选择等。其中避开人群，主要是指要保持合理的距离，目前人之间的安全距离设定为不小于2米。

现有一个体育馆要组织一场活动，体育馆长105米，宽68米，假设把人所在的位置按10：1的缩放比例定位到坐标轴上，编程判断任意2人之间的距离是否是安全距离。

3. 输入一句话，单词之间以一个空格分隔，统计单词数并输出（注：不能空格开头）。

4. **背景知识**：方差分析。

方差分析是统计学方法之一，是通过划分误差来源来分析变量之间关系的一种方法，在方差分析中，将要考察的对象的某种特征称为试验指标，影响试验指标的条件称为因素。因素可分为两类，一类是人们可以控制的（如原材料、设备、学历、专业等因素）；另一类是人们无法控制的（如员工素质与机遇等因素）。每个因素又有若干个状态可供选择，因素可供选择的每个状态称为该因素的水平。如果在一项试验中只有一个因素在改变，则称为单因素试验。例如，消费者协会为了对几个行业的服务质量进行评价，分别对四个行业抽取了不同企业在2017年接收到的投诉次数，如表5-5所示。

表 5-5　消费者对四个行业的投诉次数

序号	零售	旅游	航空	工业
1	44	51	21	58
2	53	56	34	44
3	34	45	40	77
4	57	68	31	51
5	40	39	49	65
6	49	29		
7	77			

现在协会需要从中分析判断出这四个行业之间的服务质量是否有显著差异，即判断行业对投诉次数是否有显著影响。根据方差分析，上述判断最终被归结为检验这四个行业被投诉次数的均值是否相等，若相等，则说明行业对投诉次数没有影响，反之，则意味着它们之间存在显著差异。具体计算步骤如下：

第一步：计算总体均值。计算各行业样本观察值的公式为：

$$\overline{x}_i = \frac{\sum_{i=1}^{n_i} x_{i,j}}{n_i}$$

其中，$x_{i,j}$表示在第i个行业中的企业j的被投诉次数，n_i表示行业i的样本数。

第二步：计算全部观察值的均值。公式为：

$$\bar{x}=\frac{\sum_{i=1}^{k} n_i\bar{x}_i}{n} \quad (k=4)$$

其中，k表示水平数，n表示全部样本数，$\bar{x}_i$表示行业i的均值。

第三步：计算方差。计算组内方差（MSE）和组间方差（MSA）。公式分别为：

$$\mathrm{MSE}=\frac{\sum_{i=1}^{k}\sum_{j=1}^{n_i}(x_{i,j}-\bar{x}_i)^2}{n-k}$$

$$\mathrm{MSA}=\frac{\sum_{i=1}^{k}n_i(\bar{x}_i-\bar{x})^2}{k-1}$$

其中，$\bar{x}$表示全部观察值的均值，k表示水平数。

第四步：计算检验统计量F，公式为：

$$F=\frac{\mathrm{MSA}}{\mathrm{MSE}}$$

将统计量的值与给定显著水平α的临界值F_α进行比较（查表取α=0.005，则临界值为5.73），得出结论。

5.5 递归

5.5.1 迷你实验

实验准备

C语言允许函数递归调用，函数的递归调用是指一个函数在它的函数体内，直接或间接地调用它自身。

在递归调用中，主调函数又是被调函数，执行递归函数将反复调用其自身。每调用一次就进入新的一层。递归调用分为直接递归和间接递归，直接递归是在函数中调用了本身，间接递归是函数调用了其他的函数，其他函数又调用了自己本身。

实验目标

理解递归的调用过程。

实验内容

1. 运行代码，记录程序运行结果和功能。

代码 5-5-1

```
#include <stdio.h>
void printletter()
{
    static int c=90;
    if(c>=65)
    {
        putchar(c);
```

```
        c--;
        printletter();
    }
}
int main(void)
{
    system("title代码5-5-1");
    printletter();
    return 0;
}
```

2. 运行代码，记录程序运行结果和功能。

代码 5-5-2

```
#include <stdio.h>
long f(int i)
{
    if(i==0) return 0;
    else if(i==1) return 1;
    return f(i-1)+f(i-2);
}
int main(void)
{
    long k;
    system("title 代码5-5-2");
    k=f(8);
    printf("k=%ld\n",k);
    return 0;
}
```

5.5.2 观察与思考实验

实验准备

一个问题如果可以采用递归方法来解决，必须符合3个条件：

1. 可以把要解的问题转换为一个新的问题，而这个新的问题的解法仍与原来的问题解法相同，只是所处理的对象有规律地递增或者递减。

2. 可以应用这个转换过程来解决问题（使用其他的办法比较麻烦或很难解决，而使用递归的方法可以很好地解决问题）。

3. 必须要有一个明确的结束递归的条件（一定要能够在适当的地方结束递归调用，不然可能导致系统崩溃）。

实验目标

理解使用递归的优点和缺点。

实验内容

1. 阅读程序，观察fun函数的执行过程，记录程序运行结果和功能。

代码 5-5-3

```
#include <stdio.h>
int fun(int n)
{
    int s;
    if(n==1||n==2) s=2;
    else s=n-fun(n-1);
    return s;
}
int main(void)
{
    system("title 代码5-5-3");
    printf("%d\n",fun(8));
    return 0;
}
```

【思考题】

分析递归函数和非递归函数的执行过程有什么不同。

2. 阅读程序，观察rev函数的执行过程，记录程序运行结果和功能。

代码 5-5-4

```
#include <stdio.h>
void rev()
{
    char c;
    c=getchar();
    if(c=='$') printf("%c",c);
    else
    {
        rev();
        printf("%c",c);
    }
}
int main(void)
{
    system("title 代码5-5-4");
    rev();
    return 0;
}
```

【思考题】

rev 函数的执行结束条件是什么？

5.5.3 应用实验

实验准备

递归说明：

1. 当函数自己调用自己时，系统将自动把函数中当前的变量和形参暂时保留起来，在新一轮的调用过程中，系统为新调用的函数所用到的变量和形参开辟另外的存储单元（内存空间）。每次调用函数所使用的变量存储在不同的内存空间。

2. 递归调用的层次越多，同名变量占用的存储单元也就越多。一定要记住，每次函数调用，系统都会为该函数的变量开辟新的内存空间。

3. 当本次调用的函数运行结束时，系统将释放本次调用时所占用的内存空间。程序的流程返回到上一层的调用点，同时取得当初进入该层时函数中的变量和形参所占用的内存空间的数据。

4. 所有递归问题都可以用非递归的方法来解决，但对于一些比较复杂的递归问题用非递归的方法往往会使程序变得十分复杂难以读懂，而函数的递归调用在解决这类问题时能使程序简洁明了，有较好的可读性。由于递归调用过程中，系统要为每一层调用中的变量开辟内存空间，要记住每一层调用后的返回点，要增加许多额外的开销，因此函数的递归调用通常会降低程序的运行效率。

实验目标

理解递归的实现过程。

实验内容

1. 用递归算法求某数 a的平方根。求平方根的公式如下：

$$x_1 = \frac{1}{2}\left(x_0 + \frac{a}{x_0}\right)$$

2. C语言中，数字和字符串是两种不同的数据类型，字符串是按照国际标准ASCII码表进行编码的，而数字不论有多大，都是按照其大小直接编码成二进制，所以相同的数字，按照字符方式和数字方式编码后的结果是不一样的。在数学计算时需要存储为数字方式，而在有些场合，如身份证、邮政编码、门牌号、学号等，则一般考虑使用字符串方式处理，这样比较容易控制字符串的长度，提高数据的准确度。C语言提供一些函数可以完成两种类型的数据的相互转换。除此之外，也可以通过编程实现。编写程序，采用递归方法实现功能：将一个任意位数的整数n转换成字符串。

5.5.4 归纳

一个函数在它的函数体内调用它自身称为递归调用，执行递归函数将反复调用其自身，每执行一次进入新的一层。递归函数的优点是定义简单、逻辑清晰。理论上，所有的递归函数都可以写成循环的方式，但循环的逻辑不如递归清晰。在计算机中，函数调用是通过栈（stack）这种数据结构实现的，每当进入一个函数调用，栈就会加一层栈帧，每当函数返回，栈就会减一层栈帧。由于栈的大小不是无限的，所以，递归调用的次数过多，会导致栈溢出。而为防止递归函数无休止地执行，必须在函数内有终止条件。

设计递归算法主要有两步，第一步是确定递归公式，第二步是确定边界条件。

5.5.5 自创实验

实验准备

复习规范使用函数的方法。

实验目标

综合应用模块化思想解决问题。

实验内容

1. 编程实现走楼梯的算法。假设有一个共有N级的楼梯，某人每步可以走1级，也可以走2级，也可以走3级，某人从底层开始走完全部楼梯的走法有多少种。

2. 在实际工作中，经常会遇到统计文件内容的需求，如统计单词数目、统计数字数目、统计标点符号数目等。在C语言中，可以通过遍历文件中的每个字符，并判断字符类型来实现统计的功能。编程实现统计文件中数字个数的功能。

3. 在学校的日常管理工作中，经常需要对学生的成绩进行统计，假设已有n个学生m门课程的成绩，编写代码，完成以下功能：（1）计算每个学生的平均分；（2）计算每门课程的平均分；（3）找出最高的分数所对应的学生和课程。

4. 从数据看变化。新中国成立70年来，我国始终坚持社会主义生产目的，在发展生产的同时不断改善民生，积极扩大就业，努力增加居民收入，逐步提高社会保障，人民生活从温饱不足到实现总体小康。党的十八大以来，农村居民人均可支配收入和城镇居民收入都在快速增长，而且城乡居民收入差距一直在不断缩小。表5-6是从2015年到2019年城镇居民和农村居民消费水平对比数据。

表 5-6 城镇居民和农村居民消费水平数据

年　份	2019 年	2018 年	2017 年	2016 年	2015 年
城镇居民消费水平 / 元	35 716	33 308	30 959	28 600	26 413
农村居民消费水平 / 元	15 023	13 689	11 940	10 493	9 365

请根据表5-6中数据，编程验证上述结论，分别计算城镇居民和农村居民从2015年到2019年每年的消费水平增长率，并比较哪个增速更快。注：增长率=增量/原总量×100%。

5. 背景知识：恩格尔系数。

恩格尔系数是衡量一个家庭或一个国家富裕程度的主要标准之一。19世纪德国统计学家恩格尔根据统计资料，对消费结构的变化得出一个规律：一个家庭收入越少，家庭收入中用来购买食物的支出所占的比例就越大，随着家庭收入的增加，家庭收入中（或总支出中）用来购买食物的支出比例则会下降。因此，恩格尔系数越大，一个国家或家庭生活越贫困，反之，恩格尔系数越小，生活越富裕。

恩格尔系数的计算公式：食物支出金额/总支出金额×100%。

联合国根据恩格尔系数的大小，对世界各国的生活水平有一个划分标准，即一个国家平均家庭恩格尔系数大于60%为贫穷；50%～60%为温饱；40%～50%为小康；30%～40%属于相对富裕；20%～30%为富足；20%以下为极其富裕。

表5-7是某市的连续9年的消费数据统计，请计算该城市中城镇居民和农村居民历年的生活水平居于什么层次？2001年~2009年城镇和农村居民的年消费平均支出各是多少？

表 5-7 某市消费数据

年 份	城镇居民		农村居民	
	月均消费支出 / 元	月均食品类支出 / 元	年消费支出 / 元	年食品类支出 / 元
2001	528.52	201.12	1 968.93	999.94
2002	569.45	218.68	2 122.49	1 022.65
2003	604.28	245.54	2 301.93	1 132.39
2004	649.28	265.94	2 667.27	1 334.83
2005	686.21	265.96	3 342.61	1 573.14
2006	765.17	296.94	3 580.2	1 589.64
2007	883.33	363.86	4 218.58	1 864.98
2008	952.75	406.69	4 755.08	2 062.85
2009	1 059.19	425.81	4 900.75	2 067.53

5.6 归纳与提高

在设计较复杂的程序时，一般采用自顶向下的方法，将问题划分为几个部分，各个部分再进行细化，直到分解为能够较好地解决问题为止。模块化设计，就是程序的编写过程中，首先用主程序、子程序、子过程等框架把软件的主要结构和流程描述出来，并定义和调试好各个框架之间的输入、输出和链接关系，然后逐步求精得到一系列以功能块为单位的算法描述，再以功能块为单位进行程序设计，实现其求解算法。模块化的目的是降低程序复杂度，使程序设计、调试和维护等操作简单化。

C语言中的函数不仅可以实现程序的模块化，使得程序设计更加简单和直观，而且可以提高程序的易读性和可维护性。通过把程序中经常用到的一些计算或操作编写成通用函数，可以供随时调用。

一般说来，模块化设计应该遵循以下几个主要原则：

1. 模块独立。模块的独立性原则表现在模块完成独立的功能，与其他模块的联系应该尽可能简单，各个模块具有相对的独立性。

2. 模块的规模要适当。模块的规模不能太大，也不能太小。如果模块的功能太强，可读性就会降低，若模块的功能太弱，就会有很多的接口。

3. 分解模块时要注意层次。在进行多层次任务分解时，要注意对问题进行抽象化。在分解初期，可以只考虑大的模块，在中期，再逐步进行细化，分解成较小的模块进行设计。

模块化编程可采用以下步骤进行：

（1）分析问题，明确需要解决的任务；

（2）对任务进行逐步分解和细化，分成若干个子任务，每个子任务只完成部分完整功能，并且可以通过函数来实现；

（3）确定模块（函数）之间的调用关系；

（4）优化模块之间的调用关系；

（5）在主函数中进行调用实现。

第6章 批量数据处理

本章知识导图如图6-1所示。

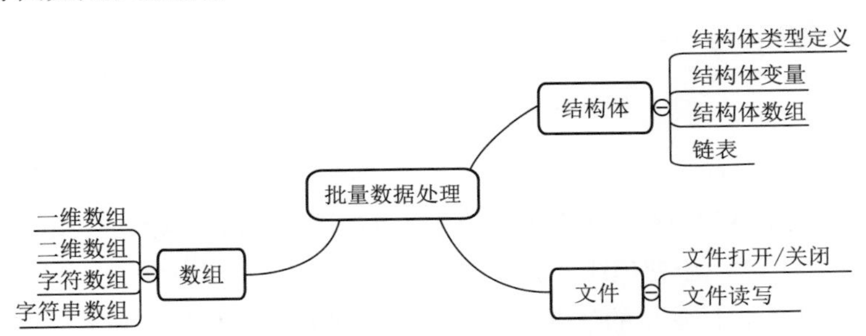

图6-1 批量数据处理知识导图

程序中数据的处理离不开变量，变量的特性是：存入的数据可以无限次读取，但是新的数据存入变量，原来的数据即被替换。实际应用中往往需要保留原数据，例如会计流水账，需要记录每时每刻发生的进、出账信息；人类在发展过程中也需要记录历史。有人说："忘记过去就意味着背叛，遗忘历史就意味着背叛"，意即如果忘记了过去艰苦的革命岁月，不珍惜得之不易的革命成果，就很容易贪图享受、腐化堕落，开历史的倒车，将革命成果付之东流。这句话同样适用于历史上的灾难。如果忘记了历史上的灾难及其造成的严重后果，势必不会重视清理、治理灾难遗留下来的创伤和后患，不会研究和防范导致灾难发生的各种因素，因而难以免重犯旧错、重蹈覆辙，使那些导致灾难的因素死灰复燃，使灾难重新发生。牢记历史重要，记录历史数据同样重要。为了让程序模拟流水账处理，可以引入数组，数组通过数组元素记录每时每刻的数据；数组可以解决按无规律数据划分多个处理环节的问题；数组可以解决字符串的增加、删除、修改等问题；数组可以解决批量小数据处理问题。通过本章实验学习历史数据的保存，历史数据分析，找出数据的规律，利用结构体数组存储本地红色旅游线路，规划红色之旅。

中华民族有着优秀的传统文化，文化是一个国家、一个民族的灵魂，传统文化需要传承，历史需要保存，以史为鉴，同时还需要创新，创新是发展的重要力量。在前面几章的学习中，处理的大多是单值数据，一个变量在一个时刻只能保存一个数据，当有新的数据需要保存在同一个变量中时，原有数据被覆盖，无法处理多数据问题。现实生活中的许多问题都是单变量难以解决的，例如超市需要对商品进行库存管理，要统计每个商品的库存数据，找出库存量最大/最小的某个（某些）商品，调整销售策略；学校要对整个年级的学生成绩进行排名；电商平台要显示某类商品的销售排行榜，商品信息的录入存档等。显然对于这些批量的数据，再使用单值变量是不合理的。C语言提供了另一种存储和获取数据的方法——构造类型数据结构。构造类型数据结构有两个特点，首先，它的数值能够被分解为独立的数据元素，每个数据元素都是单值或者其他数据结构；第二，它可以提供一种定位这个数据结构中独立数据元素的访问方式。批量数据处理的数据结构有数组、结构体、文件，其中，数组是最简单常用的构造类型数据。

6.1 数组定义与应用

6.1.1 迷你实验

实验准备

认识数组的定义及存储。

1. 一维数组是最基本的数据存储方式。在存储时，将一组具有相同类型的数据按顺序存储在连续的内存单元中。常用于处理线性表，如队列。

2. 二维数组是实际中最常见的数据结构，用于处理类似二维表或矩阵的数据结构。在存储时，按行的顺序首尾相接存储在连续的内存单元中。

3. 在C语言中没有字符串类型的数据，一个字符串用一维字符数组处理，以'\0'作为字符串的结束标记；一组字符串用二维字符串数组处理。

实验目标

掌握一维数组、二维数组、字符串的定义及存储。

实验内容

1. 运行代码，记录程序运行结果和功能。

代码 6-1-1

```
#include <stdio.h>
#include <stdlib.h>
int main()
{
    int i,sum=0;
    int a[10];  /* 声明一个整型数组a*/
    system("title 代码6-1-1");
```

```
    for(i=0;i<10;i++)
    {
        scanf("%d",&a[i]);
        sum=sum+a[i];
    }
    printf("sum=%d\n",sum);
    return 0;
}
```

2. 运行代码，记录程序运行结果和功能。

代码 6-1-2

```
#include <stdio.h>
#include <stdlib.h>
int main()
{
    int i,sum=0;
    int a[10];
    system("title 代码6-1-2");
    for(i=9;i>=0;i--)
    {
        scanf("%d",&a[i]);
        sum=sum+a[i];
    }
    printf("sum=%d\n",sum);
    return 0;
}
```

说明:

（1）数组声明方括号中的常量表达式表示数组元素的个数，即数组的长度。数组的长度是固定的。

（2）数组名表示数组的首地址，是一个地址常量，不能给数组名赋值，不能通过数组名一次引用整个数组。

（3）在C语言中逐个使用“数组名[下标]”的方式来表示数组的元素，数组下标最小值为0，下标最大值为数组长度的值减1。

（4）使用数组元素时，数组下标不能超出下标的最大值，即不能下标溢出。大部分编译系统不检查数组下标是否溢出。

3. 运行代码，记录程序运行结果和功能。

代码 6-1-3

```
#include <stdio.h>
#include <stdlib.h>
#include <string.h>
```

```
int main()
{
    char str[80]={"道路自信理论自信制度自信文化自信"};
    //字符串初始化
    int i;
    system("title 代码6-1-3");
    for(i=0;i<strlen(str);i++)
    //strlen(str)函数计算字符串str的有效字符个数，包含在头文件string.h中
    {
        printf("%c",str[i]);
    }
    return 0;
}
```

4. 运行代码，记录程序运行结果和功能。

代码 6-1-4

```
#include <stdio.h>
#include <stdlib.h>
#include <string.h>
int main()
{
    char str[80]="道路自信理论自信制度自信文化自信";
    system("title 代码6-1-4");
    puts(str);//puts函数输出字符串直到'\0'结束
    return 0;
}
```

说明:

C 语言规定使用字符型数组来存储和处理字符串，但一个字符串必须以空字符 '\0' 作为其结束标志。字符串常量用双引号括起来。

定义数组时可对数组元素赋初值。例如:

```
int a[10]={ 0,1,2,3,4,5,6,7,8,9 };
```

经过上面的定义和初始化之后，相当于 a[0]=0，a[1]=1，a[2]=2，a[3]=3，a[4]=4，a[5]=5，a[6]=6，a[7]=7，a[8]=8，a[9]=9。

注意:

① 可以只给部分元素赋初值。即当 { } 中值的个数少于元素个数时，只给前面部分元素赋值，后面没有值的元素若为数值型则系统自动赋 0，字符型则赋 '\0'。若数组没有初始化，不同编译系统的处理方式不同，标准 C 规定是随机的。

② 如给全部元素赋值，则在数组说明中可以不给出数组元素的个数。例如:

```
int a[]={ 0,1,2,3,4,5,6,7,8,9 };
char country[ ]= "China";
```

以字符串常量方式初始化时，可以省略花括号 {}。

5. 运行代码，记录程序运行结果和功能。

代码 6-1-5

```
#include <stdio.h>
#include <stdlib.h>
int main()
{
    int num[4][4]={0,1,2,3,4,5,6,7,8,9,10,11,12,13,14,15};
    int i,j;
    system("title 代码6-1-5");
    for(i=0;i<4;i++)
    {
        for(j=0;j<=4;j++)
            printf("%-3d",num[i][j]);
        printf("\n");
    }
    return 0;
}
```

6. 运行代码，记录程序运行结果和功能。

代码 6-1-6

```
#include <stdio.h>
#include <stdlib.h>
int main()
{
    int num[4][4]={0,1,2,3,4,5,6,7,8,9,10,11,12,13,14,15};
    int i,j;
    system("title 代码6-1-6");
    for(i=0;i<4;i++)
    {
        for(j=0;j<i;j++)
            printf("%3c",' ');
        for(j=i;j<4;j++)
            printf("%3d",num[i][j]);
        printf("\n");
    }
    return 0;
}
```

说明：

（1）通常把二维数组的第一个下标称为行下标，第二个下标称为列下标，每个下标的最小值为 0，最大值为定义时的常量减 1。数组的长度（即数组的元素个数）为其行下标和列下标之积。行下标和列下标标识唯一的数组元素。若有数组定义 int a[3][4];，则 a[0]、a[1]、a[2] 不能作为数组元素使用。

（2）二维数组在内存中按行连续存储，图 6-2 所示的 3 行 4 列的二维数组在内存中的存储顺序如图 6-3 所示。

例 int a[3][4];
a[0][0] a[0][1] a[0][2] a[0][3]
a[1][0] a[1][1] a[1][2] a[1][3]
a[2][0] a[2][1] a[2][2] a[2][3]

图6-2 二维数组

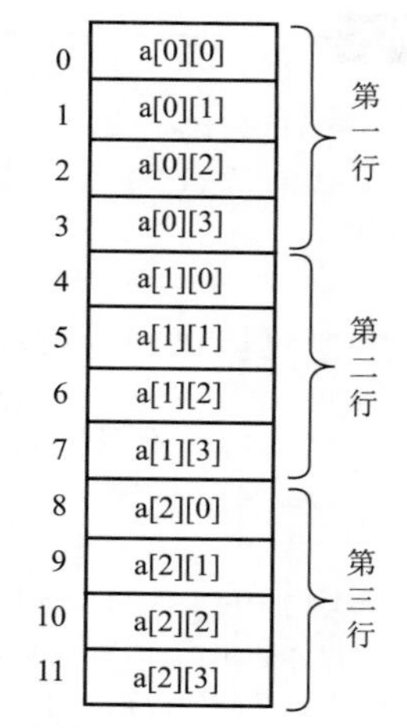

图6-3 二维数组的存储

（3）二维数组初始化时按内存的顺序赋初始值，也可以分段初始化，例如按行分段赋值可写为：

```
int num[4][4]={{0,1,2,3},{4,5,6,7},{8,9,10,11},{12,13,14,15}};
```

也可以省略第一维的大小，如：

```
int num[ ][4]={{0,1,2,3},{4,5,6,7},{8,9,10,11},{12,13,14,15}};
```

注意，只能缺省行数，不能缺省列数。

7. 运行代码，记录程序运行结果和功能。

代码 6-1-7

```
#include <stdio.h>
#include <stdlib.h>
#include <windows.h>
void color()
{
    int textcolor;
    textcolor=rand()%15+1;//产生1~15间的随机颜色值，避免黑色字体
    SetConsoleTextAttribute(GetStdHandle(STD_OUTPUT_HANDLE),textcolor);
    //设置控制台的字体颜色
}
int main()
{
    char str[4][80]={"道路自信","理论自信","制度自信","文化自信"};
    int i;
    system("title 代码6-1-7");
    srand((unsigned int)time(NULL));
    for(i=0;i<4;i++)
```

```
    {
        color();//调用设置字体颜色的函数
        printf("\t\t%s\n",str[i]);
    }
    return 0;
}
```

说明：

一个字符串用一个一维数组存储，4 个字符串则用一个 4 行的二维字符数组存储，一行存储一个字符串，每行的长度是最长字符串的长度加 1，二维数组的每行以'\0'结束，表示每行字符串的结束。

6.1.2　观察与思考实验

实验准备

在处理批量数据时，常需要进行统计分析，例如求批量数据的最大最小值、平均值，对数组进行排序（即按下标的顺序将数组元素进行从大到小或从小到大排列），这就需要掌握数组的常用算法。常用算法有求最值、查找、排序、插入、删除等。

实验目标

掌握数组的常用算法。

实验内容

1.阅读程序，观察数组下标的变化，记录程序运行结果和功能。

代码 6-1-8

```
#include <stdio.h>
#include <stdlib.h>
#define N 10
int main()
{
    int i;
    float a[N];
    system("title 代码6-1-8");
    for(i=0;i<N;i++)
        scanf("%f",&a[i]);
    for(i=N-1;i>=0;i--)
        a[i]=a[i]/a[0];
    for(i=0;i<N;i++)
        printf("%.2f  ",a[i]);
}
```

[输入数据] 10 9 8 7 6 5 4 3 2 1

【思考题】

若将代码 for(i=N-1;i>=0;i--) 修改为 for(i=0;i<N;i++)，将第二个 for 循环的功能用函数实现，

代码如下，代码修改后的程序运行结果和功能是什么？

代码 6-1-9

```
#include <stdio.h>
#include <stdlib.h>
void dividea(float a[],int size)
{
    int i;
    for((i=0;i<size;++)
        a[i]=a[i]/a[0];
}
int main()
{
    int i;
    float a[10];
    system("title 代码6-1-9");
    for(i=0;i<10;i++)
        scanf("%f",&a[i]);
    dividea(a,10);
    for(i=0;i<10;i++)
        printf("%.2f ",a[i]);
}
```

[输入数据] 10 9 8 7 6 5 4 3 2 1

说明:

（1）数组名表示数组的首地址。用数组名作函数实参，就是将数组的首地址传递给函数，在函数中直接从该地址对内存进行操作。但是函数参数传递的时候只是将数组的首地址传给函数的形参，数组的长度并没有得到传递，因此还需要一个参数来传递数组的长度。

（2）第 1 个形参形式上是数组，但本质上是一个地址，即指针，因此函数定义还可以写成如下形式:

```
void dividea(float *a,int size)
{
    int i;
    for(i=size-1;i>=0;i--)
        a[i]=a[i]/a[0];
}
```

形参如果是数组的形式，也不必定义长度，函数调用时不会检查这个形参的长度。

（3）在函数中获得原数组的地址，则在函数中对该地址的内存进行的任何操作都直接反映在原数组上，因此数组不需要返回值，原数组值是即时随函数对数组操作而变化的。

2.阅读程序，观察字符串比较函数的实现，记录程序运行结果和功能。

代码 6-1-10

```
#include <stdio.h>
```

```
#include <string.h>
#include <stdlib.h>
int stingcompare(char s1[],char s2[])
{
    int i;
    for(i=0;s1[i]==s2[i];i++)   /*在两个串中比较对应位置上的字符*/
        if(s1[i]=='\0'||s2[i]=='\0')
            break;
    if(s1[i]==s2[i])
        return 0;       /*返回0*/
    else
        return s1[i]-s2[i];   /*返回两字符ASCII码值之差*/
}
int main()
{
    char str1[81],str2[81];
    int flag;
    system("title 代码6-1-10");
    printf("Input the first string:\n");
    gets(str1);     /*输入字符串1*/
    printf("Input the second string:\n");
    gets(str2);     /*输入字符串2*/
    flag=stingcompare(str1,str2);
    if(flag==0)
        printf("str1==str2.\n");
    else if(flag>0)
        printf("str1>str2.\n");
    else
        printf("str1<str2.\n");
    return 0;
}
```

[输入数据1]

Cost

Cost

[输入数据2]

Cost

cost

[输入数据3]

ecost

cost

【思考题】

（1）字符串的比较是根据什么进行的？

（2）gets 函数和 scanf("%s",str1) 两种字符串输入方式有何区别？

3.阅读程序，观察交换排序的实现，记录程序运行结果和功能。

代码 6-1-11

```
#include <stdio.h>
#include <stdlib.h>
void sort(int a[],int n)
{
    int i,j,k,temp;
    for(i=0;i<n-1;i++)
    {
        for(j=i+1;j<n;j++)
            if(a[i]>a[j])
            {
                temp=a[i];     /*交换a[i]与a[j]中的值*/
                a[i]=a[j];
                a[j]=temp;
            }
            printf("\nloop %d:",i+1);
            for(k=0;k<10;k++)
                printf("%4d",a[k]);
    }
}
int main()
{
    int num[10],i;
    system("title 代码6-1-11");
    printf("Input 10 number:\n");
    for(i=0;i<10;i++)
    scanf("%d",&num[i]);
    sort(num,10);
    printf("\nOutput 10 number:\n");
    for(i=0;i<10;i++)
        printf("%4d",num[i]);
    return 0;
}
```

[输入数据]38 45 89 14 65 37 82 21 9 52

【思考题】

本程序中使用的交换排序是如何实现的？ n 个数据，if(a[i]>a[j]) 执行了几次？

4. 阅读程序，观察下面代码是否能实现折半查找，记录程序运行结果。

程序功能是在一个按单调不减次序排列的数组中查找某个数。若存在，则输出该数及它的下标位置；若不存在，输出表示找不到该数的信息。

代码 6-1-12

```
#include <stdio.h>
#include <stdlib.h>
```

```
int search(int a[],int n,int x)
{
    int  low,high,m,i,x;
    low=0;
    high=n-1;
    while(low<=high)
    {
        m=(low+high)/2 ;
        if(x==a[m])
            break;
        else if(x<a[m])
            high=m+1;
        else
            low=m-1;
    }
    if(low<=high)
        return m;
}
int main()
{
    int  a[10]={2,5,6,8,11,15,18,22,60,88} ;
    int  i,x,m;
    system("title 代码6-1-12");
    printf("Please enter the number:");
    scanf("%d",&x)
    m=search(a[10],n,x);
    if(m!=-1)
        printf("  %d  is found , the  position is %d",x,m);
    else
        printf("%d is not found\n",x);
    return 0;
}
```

【思考题】

修改程序，使之实现折半查找的功能，并运行程序。

5.阅读程序，观察如何实现插入排序，在空白处补充代码，记录程序运行结果。

下面的程序是利用插入排序法对输入的N个整数按从小到大的顺序排序。排序的基本思想是：将数组元素分为已排序和未排序部分；从第二个元素起，与前面已排好序的元素进行比较（第一次将a[1]与a[0]比较）；若当前为i元素，则与前面已排好序的i-1个元素进行比较，若比j元素大，则插在j元素的后面。填写完整代码，运行程序，观察运行结果。

代码 6-1-13

```
#include <stdio.h>
#include <stdlib.h>
#define  N    10
int main()
```

```
{
    int  i,j,temp,a[N];
    system("title 代码6-1-13");
    printf("Enter %d numbers:",N);
    for(i=0;i<N;i++)
        scanf("%d",&a[i]);
    for(i=1;i<N;i++)
    {
        temp=____(1)______;                /* 保留要插入的元素*/
        for(j=i-1;____(2)____&&j>=0;j--)
            a[j+1]=a[j];         /* 找要插入的位置，同时将大于a[i]的元素往后移*/
        j++;
        a[j]=____(3)____;
    }
    for(i=0;i<N;i++)
        printf("%6d",a[i]);
    return 0;
}
```

[输入数据] 38 45 89 14 65 37 82 21 9 52

【思考题】

程序中第 2 个 for 循环可以写成 for(i=0; i<N; i++) 吗？为什么？

6.阅读程序，观察数组值的变化，记录程序运行结果和功能。

代码 6-1-14

```
#include <stdio.h>
#include <stdlib.h>
#define N 10
int main()
{
    int i,k,x,temp;
    int a[N]={2,5,6,8,11,18,18,22,60,88};
    int n=N;
    system("title 代码6-1-14");
    printf("Enter x:");
    scanf("%d",&x);
    for(i=0;i<n;i++)
        if(a[i]==x)
        {
            for(k=i;k<n-1;k++)
                a[k]=a[k+1];
            i--;   n--;
        }
    printf("After deleted:\n");
    for(i=0;i<n;i++)
        printf("%d ",a[i]);
    return 0;
}
```

[输入数据] 18

【思考题】

程序中 i-- 和 n-- 的功能是什么？

7. 阅读程序，观察二维数组在函数中的数据传递方式，补充函数代码，记录程序运行结果。

本程序求出二维数组四周边元素之和，作为函数值返回。二维数组的值在主函数中赋予。请补充两行注释间的代码，使得程序实现功能。

代码 6-1-15

```
#define M 4
#define N 5
#include <stdio.h>
int fun(int a[M][N])
{
/**********Program**********/

/**********  End  **********/
}
int main()
{
    nt a[M][N]={{1,3,5,7,9},{2,4,6,8,10},{2,3,4,5,6},{4,5,6,7,8}};
    int y;
    system("title 代码6-1-15");
    y=fun(a);
    printf("s=%d\n",y);
    return 0;
}
```

【思考题】

函数调用时 y=fun(a) 传递的参数是数组名，函数定义时 int fun(int a[M][N]) 可以省略数组名后面的 M 和 N 吗？只省略 M 可以吗？只省略 N 呢？

8.阅读程序，观察程序中英文单词的提取方法，在程序空白处补充代码，记录程序运行结果。

程序功能是输入一行字符，从中读出所有单词，并将所有单词的首字符组成字符串后输出（设单词以空格分隔）。请补充横线处的代码，使之能实现所需功能。

代码 6-1-16

```
#include <stdio.h>
#include <string.h>
int main()
{
    char str[81],s[20],c;
    int i,j,word=0;
    system("title 代码6-1-16");
```

```
    printf("Enter the string\n");
    gets(str);
    i=j=0;
    while((c=str[i])!='\0')
    {
        if(c==' ')  /*空格表示单词结束*/
        ____(1)____/*把后面单词的第一个字母赋给新字符串*/
        else if(c!=' '&& word==0)
        {
            word=1;
            ____(2)____/*把第一个单词的第一个字母赋给新字符串*/
        }
        i++;
    }
    ____(3)____  /*新字符串加结尾符*/
    printf("The new string is:%s\n",s);
    return 0;
}
```

【思考题】

while 循环的条件 (c=str[i])!= '\0' 中 c=str[i] 为什么要加括号？该条件的作用是什么？

6.1.3 应用实验

实验准备

复习数组知识。

一维数组主要应用于向量等线性数据的处理，通常用一个循环对数组元素进行操作。常用的算法是求最值、查找、插入、删除、排序等。

二维数组用于处理类似二维表结构的非线性数据，通过两个循环对数组元素进行操作。

字符串数组在C语言中通过二维字符数组实现。

实验目标

掌握各类数组的应用。

实验内容

1. **背景资料**：目前我国农村重点文化工程正在积极实施中，农民是农村文化建设的主体，农村公共文化体系逐渐成型，各地均逐年加大对农村文化建设资金的投入。图6-4是2018年部分省市及全国平均农村文化建设资金的投入金额①。

需求描述：输入图表中的数据，统计以下信息：

（1）输出投入最高和最低的省市。

（2）从大到小输出各省市的投入数据。

① 许涛. 中国乡村振兴与农村教育调查：来自“千村调查”的发现[M]. 上海：上海财经大学出版社，2020.

（3）低于全国平均数据的省市需要进一步加大投入，输出这些省市。

（4）增加上海的数据（上海：4.04），仍然按从大到小的顺序输出。

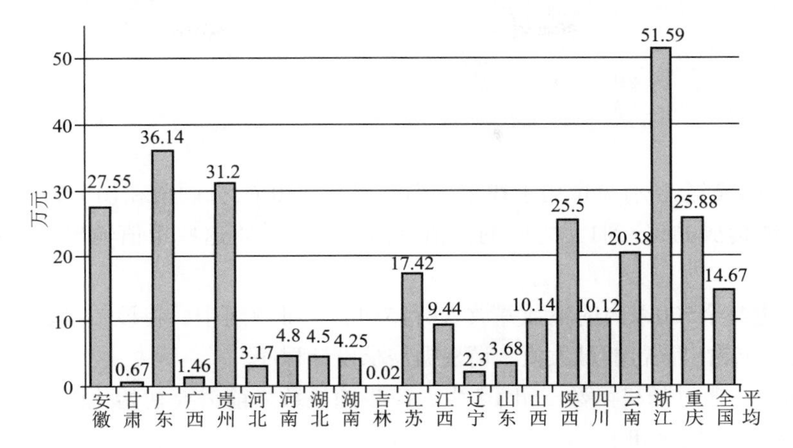

图6-4　部分省市农村文化建设资金投入金额

（5）按省市名称（拼音）顺序列表输出各省市数据。

（6）根据输入的省市名称，查看数据集中是否存在该省市的信息。假设已有N个省市的数据集，省市名称已根据字母顺序排列，即是有序的。

请根据注释补充代码，实现程序功能。

代码 6-1-17

```
#include<stdio.h>
#include<string.h>
#define N 5
int main()
{
    char str[30],name[N][30]={"Guizhou","HaiNan","Jiangxi","Liaoning",
    "Shanghai"};
    int i,low=0,high=N-1,m;
    system("title 代码6-1-17");
    printf("Enter the name:\n ");
    for(i=0; i<N; i++)
        strupr(____(1)____);      /*将省市名称转换为大写*/
    printf("Enter the searched name:\n ");
    gets(str);    /*输入要查找的名称*/
    strupr(str);  /*转换为大写*/
    m=(low+high)/2;
    while(____(2)____&&low<=high) /*折半查找*/
    {
        if(strcmp(name[m],str)>0)/*比较两个字符串的大小*/
            high=m-1;
        else if(strcmp(name[m],str)<0)
            low=m+1;
        m=____(3)____;
```

```
    }
    if(____(4)____)
        printf("no found");
    else
        printf("Found");
    return 0;
}
```

2. 超市售货员都会备有分币用于找零。小王现在有30个2分硬币和10个5分硬币，如果只用这些硬币，不能构成的1分到1元之间的币值有多少种？并将这些币值输出。请根据需求设计程序。

3. 随机产生20个500以内的整数并放入4行5列的二维数组中，将该二维数组以矩阵的方式输出，并在每行末输出该行的最大值。请根据需求设计程序。

提示：随机数通过随机函数rand()产生，产生随机数之前需要初始化随机数发生器，否则得到的是伪随机数。代码如下：

```
srand((unsigned)time(NULL));    /*随机数发生器初始化*/
for(i=0; i<N;i++)        /*rand()函数产生0～32 727之间的整数*/
    num[i]=rand()%a+b;   /*产生[b,a+b-1]区间的随机数*/
```

4.身份证识别。

背景资料：

中国居民身份证号由17位数字和1位校验码组成。其中，前6位为所在地编号，第7~14位为出生年月日，第15~17位为登记流水号，其中第17位偶数为女性，奇数为男性。

校验码生成规则如下：

（1）将前面的身份证号码17位数分别乘以不同的系数；

（2）从第1位到第17位的系数分别为：7、9、10、5、8、4、2、1、6、3、7、9、10、5、8、4、2；

（3）将这17位数字和系数相乘的结果相加；

（4）用加出来的和除以11，根据余数确定校验值，余数只可能有0、1、2、3、4、5、6、7、8、9、10这11个数字。

（5）其分别对应的最后一位身份证的号码为1、0、X、9、8、7、6、5、4、3、2。

（6）通过上面得知如果余数是2，就会在身份证的第18位数字上出现罗马数字的X。如果余数是10，身份证的最后一位号码就是2。

需求描述：

电商平台要求实名验证，由客户通过键盘输入身份证号，如果身份证号不足18位则要求客户重新输入，如果所输入的18位身份证号的校验位不正确，则提示该身份证号不存在，并将其信息提交相关部门；根据性别判断身份证号的真伪，如果不符合身份证规则则报错。请根据需求设计程序。

5.IPV4地址为四组十进制正整数，以点分隔，四组数字为0~255之间的整数，不能含非数字符号。IPV4的分类规则简单描述如下：

首段数字为1～126是A类地址，128～191是B类地址，192～223是C类地址，除此之外归为其他类地址。

需求描述：重复输入IP地址字符串，判断其类别，输错进行提示，如“数字越界”“非法字符”等。

6.1.4 归纳

数组是一组相同类型数据的集合，按下标的顺序在内存中存储。按下标的个数，分别有一维数组、二维数组、三维数组……，数组元素通过数组的下标来确定，并且只能逐个引用数组元素，不能一次性引用整个数组。

数组的基本操作有：

1. 数组的输入/输出：用循环控制数组的下标，逐个输入/输出数组的元素。

2. 数组的最值：求一组数据的最大/最小值，一般将数组的第一个元素初始化为最大/最小值，如：

```
int i,max,a[10];
max=a[0];
for(i=1;i<10;i++)
    if(a[i]>max])
        max=a[i];
```

3. 数组元素的查找：

（1）按下标的顺序查找。

（2）折半查找：在排序的基础上，先查找有序区间的中部，若相等则找到，否则缩小一半的查找区间，继续查找。

折半查找的实现：

设数组的第一个元素下标为low，最后一个元素下标为high；设要查找的数在中点，即下标为mid=（low+high）/2，当 a[mid]==x，则为要找的元素，否则，判断

若x>a[mid]，则要找的元素在下半部，令 low=mid+1 (mid位置已判断过)，再求新的中点mid，再比较；

若x<a[mid]，则要找的元素在上半部，令high=mid–1 (mid位置已判断过)，再求新的中点mid，再比较；

若low>high，则所有元素都已经判断过，没有找到。

4. 对一组数据的操作很多情况下是在有序的基础上进行，如上面的折半查找。排序至少需要两重循环，例如选择排序，内循环是从没有排序的数据中查找其中最大（小）的值，放在指定的位置上，外循环则控制这种在没有排序的数据中查找最大（小）值的操作至少需要进行几趟，若有N个数据，则外循环至少有N–1次（数据在数组中存储是从下标为0的元素开始的）。

5. 若要删除某个数组元素，首先查找要删除的元素，找到后，将其后面的全部元素顺序往前移一个位置，覆盖掉原来的元素，就可以将该元素删除。若要在数组中插入一个数据，则插入位置的元素相应往后移动，此时要注意数组的长度应该足够大，否则会出现数组下标溢出的问题。

6. 二维数组的声明要确定其行列的值。对二维数组的输入／输出要使用二重循环。

7. C语言中，字符串是用一维字符数组来处理的，当作为字符串处理时，系统自动加上字符串结束标记'\0'。字符串数组用二维的字符数组来处理。C语言提供了字符串处理的相关函

数，包含在头文件string.h中。

（1）字符串连接函数strcat，如表6-1所示。

表 6-1　strcat 函数格式、说明、功能及返回值

格式	strcat(str1,str2)
说明	str1 是字符数组名，必须足够大；str2 可以是字符数组或字符串常量
功能	把 str2 连到 str1 后面，连接前，两串均以 '\0' 结束，连接后，str1 的 '\0' 取消，新串最后加 '\0'
返回值	返回字符数组 str1 的首地址

（2）字符串复制函数strcpy。在C语言中，不能用赋值运算将一个字符串的值赋值给另一个变量，只能用字符串复制函数strcpy将一个字符数组中的字符串传送到另一个字符数组中。strcpy函数的格式、说明、功能及返回值如表6-2所示。

表 6-2　strcpy 函数的格式、说明、功能及返回值

格式	strcpy(str1,str2)；strncpy(str1,str2,n)
说明	str1 是字符数组名，必须足够大；str2 可以是字符数组或字符串常量；不能使用赋值语句为一个字符数组赋值
功能	strcpy 将 str2 复制到 str1 中去，复制时 '\0' 一同复制；strncpy 是将 str2 中的前 n 个字符复制到 str1 中，在 str1 后再加上 '\0'
返回值	返回字符数组 str1 的首地址

（3）字符串比较函数strcmp。在C语言中，字符串比较不能用“==”，必须用字符串比较函数strcmp，其格式、说明、功能及返回值如表6-3所示。

表 6-3　strcmp 函数的格式、说明、功能及返回值

格式	strcmp(str1,str2)
说明	str1 和 str2 为字符数组名或字符串常量
功能	比较两个字符串的大小
返回值	返回 int 型整数

比较规则：对两串从左向右逐个字符比较（按ASCII码值大小），直到遇到不同字符或'\0'为止。若字符串1<字符串2，返回负整数；若字符串1>字符串2，返回正整数；若字符串1== 字符串2，返回零。

（4）字符串长度函数strlen，其格式、说明、功能及返回值如表6-4所示。

表 6-4　strlen 函数的格式、说明、功能及返回值

格式	strlen(str)
说明	str 为字符数组名或字符串常量
功能	计算字符串长度（有效字符的个数）
返回值	返回字符串实际长度，不包括 '\0'

6.1.5　自创实验

实验准备

复习各类数组的操作及常用算法。

实验目标

应用数组解决批量数据处理问题。

实验内容

1.背景资料：

精准扶贫的重要思想是在2013年11月提出的。习近平总书记到湖南湘西考察时首次作出了"实事求是、因地制宜、分类指导、精准扶贫 "的重要指示。2015年，习近平总书记在贵州调研期间，提出扶贫开发"贵在精准，重在精准，成败之举在于精准"。按现行农村贫困标准，2013年~2019年贫困人口从9 899万人减到551万人，累计减贫9 348万人，7年累计减贫幅度达到94.4%，农村贫困发生率也从2012年末的10.2%下降到2019年末的0.6%。2013年~2019年，832个贫困县农民人均可支配收入由6 079元增加到11 567元。精准扶贫取得了显著的成果。

一般来说，精准扶贫主要是就贫困居民而言的，谁贫困就扶持谁。精确识别，这是精准扶贫的前提。通过有效、合规的程序，把谁是贫困居民识别出来，进行贫困状况调查和建档立卡工作。

输入每户居民的户主姓名及家庭年人均纯收入，年人均纯收入2 800元以下的属于贫困人口，建档立卡，每年给予相应现金补助，并发展相应的增收项目。

需求描述：

（1）显示提示信息后输入村民的信息：姓名、家庭人均纯收入（浮点数，非负数），姓名为0时表示输入结束，农户不超过100户。

（2）计算并输出该村的平均家庭人均收入、贫困率（家庭人均纯收入<=2 800 元）、全村最富裕及最贫困户的姓名、贫困户中最接近脱贫的姓名及收入。收入相同时，先输入的农户信息优先。

（3）将贫困户按收入升序排序，允许并列排名。

（4）输入姓名，输出其是否为贫困户，"是"则输出其收入排名。

请根据需求设计程序。

2. 假设严格规定C语言的注释以"/*"开始，以"*/"结束，输入一个C语言源程序，以"#"结束（"#"不放入源程序中），将其中的所有注释分行输出。

3. 通常的矩阵加法被定义在两个相同大小的矩阵中。两个m × n矩阵A和B的和，标记为A+B，一样是个m × n矩阵，其内的各元素为其相对应元素相加后的值，如图6-5所示。

$$\begin{bmatrix}1 & 3\\1 & 0\\1 & 2\end{bmatrix}+\begin{bmatrix}0 & 0\\7 & 5\\2 & 1\end{bmatrix}=\begin{bmatrix}1+0 & 3+0\\1+7 & 0+5\\1+2 & 2+1\end{bmatrix}=\begin{bmatrix}1 & 3\\8 & 5\\3 & 3\end{bmatrix}$$

图6-5　矩阵加法

编写程序，两个矩阵数据由键盘输入，完成矩阵相加并输出运算后的结果矩阵。

6.2 结构体类型与数据表

结构体是用于处理不同类型但是相关的一组数据的集合，是一种可以包含不同数据类型的结构。它是一种可以量身定制的数据类型，它与数组主要有两点不同：结构体可以在一个结构中声明不同的数据类型，而数组中的数据必须是同一类型；相同结构的结构体变量可以相互赋值，而数组之间则不能通过数组名相互赋值。

6.2.1 迷你实验

实验准备

结构体类型的定义形式如下：

```
struct 结构体名
{
    成员项表列;
};
```

结构体的元素称为成员或域，通过成员运算符引用结构体变量的某个成员。

类型定义符typedef用于给类型定义一个别名。typedef定义的一般形式为：

```
typedef 原类型名 新类型名
```

用typedef定义数组、指针、结构等类型将带来很大的方便，不仅使程序书写简单而且使意义更为明确，新类型名一般用大写表示，以便于区别。

相同类型名称的结构体变量可以互相赋值，也可以作为函数的返回值，返回所有的结构体成员。

实验目标

掌握结构体的基本概念及应用，结构体指针的使用及动态分配内存函数。

实验内容

1. 运行代码，记录程序运行结果和功能。

代码 6-2-1

```
#include <stdio.h>
#include <stdlib.h>
struct st
{
    char name[20];
    double score;
};
int main()
{
    struct st ex;
    system("title 代码6-2-1");
```

```
    printf ("ex size : % d\n",sizeof(ex));
    return 0;
}
```

2. 运行代码，记录程序运行结果和功能。

代码 6-2-2

```
#include <stdio.h>
#include <stdlib.h>
typedef struct student
{
    int num;          /*学号，正整数*/
    float score;    /*成绩，范围0至100之间*/
}STUDENT;
STUDENT cmdAdd()
{
    STUDENT x={-1,-1};
    int i;
    printf("请输入学号和成绩：");
    do{
        scanf("%d %f",&x.num,&x.score);
        if(x.num<=0)
            printf("学号 %d 无效（必须为正数）\n",x.num);
        if(x.score<0||x.score>100)
            printf("成绩 %g 无效（必须在0至100之间）\n",x.score);
    }while(x.num<=0||x.score<0||x.score>100);
    return x;
}
int main()
{
    STUDENT stu;
    system("title 代码6-2-2");
    stu=cmdAdd();
    printf("num:%d, score:%.1f\n",stu.num,stu.score);
    return 0;
}
```

[输入数据1]101 85.5

[输入数据2]-102 85.5

[输入数据3]102-50

3. 运行代码，记录程序运行结果和功能。

代码 6-2-3

```
#include <stdio.h>
#include <string.h>
struct person
```

```
{   int num;
    char name[10];
    char sex;
    float score;
};
void fun(struct person t)    /*结构体变量作形参*/
{   t.num=102;
    strcpy(t.name,"Zhang");
    t.sex='F';
    t.score=90;
}
int main()
{
    struct person s={101,"Wu",'M',85};
    system("title 代码6-2-3");
    printf("(1)S: %d %s %c %f\n",s.num,s.name,s.sex,s.score);
    fun(s);
    printf("(2)S: %d %s %c %f\n",s.num,s.name,s.sex,s.score);
    return 0;
}
```

4. 运行代码，记录程序运行结果和功能。

代码 6-2-4

```
#include <stdio.h>
#include <string.h>
struct person
{   int num;
    char name[10];
    char sex;
    float score;
};
struct person fun(struct person t)    /*结构体变量作形参*/
{   t.num=102;
    strcpy(t.name,"Zhang");
    t.sex='F';
    t.score=90;
    return t;
}
int main()
{
    struct person s={101,"Wu",'M',85};
    system("title 代码6-2-4");
    printf("(1)S: %d %s %c %.2f\n",s.num,s.name,s.sex,s.score);
    s=fun(s);
    printf("(2)S: %d %s %c %.2f\n",s.num,s.name,s.sex,s.score);
    return 0;
}
```

5. 运行代码，记录程序运行结果和功能。

代码 6-2-5

```
#include <stdio.h>
#include <string.h>
struct person
{   int num;
    char name[10];
    char sex;
    float score;
};
void fun(struct person *t)    /*结构体指针变量作形参*/
{   t->num=102;
    strcpy(t->name,"Zhang");
    t->sex='F';
    t->score=90;
}
int main()
{
    struct person s={101,"Wu",'M',85};
    system("title 代码6-2-5");
    printf("(1)S: %d %s %c %.2f\n",s.num,s.name,s.sex,s.score);
    fun(&s);
    printf("(2)S: %d %s %c %.2f\n",s.num,s.name,s.sex,s.score);
    return 0;
}
```

6. 运行代码，记录程序运行结果和功能。

代码 6-2-6

```
#include <stdio.h>
#include <stdlib.h>
int main()
{
    char *p,*q;
    system("title 代码6-2-6");
    p=(char*) malloc(sizeof(char)*20);
    q=p;
    scanf("%s%s",p,q );
    printf("%s%s\n",p,q);
    return 0;
}
```

[输入数据]abc def

说明：

（1）scanf 函数输入字符串时，以空格作为分隔符。

（2）动态分配内存函数 malloc 的函数原型为：

```
void *malloc(unsigned int size);
```

函数功能是开辟 size 个字节的内存单元，返回指向空类型的指针，不成功则返回 NULL。代码 6-2-6 中将函数结果进行强制类型转换，用于存放指定类型的数据。

6.2.2 观察与思考实验

实验准备

在数据库中，数据表是由表名、表的字段和表记录构成的二维表。在C语言中，数据表可以用二维数组、结构体数组及链表来实现。在实际应用中，表中各个字段的数据类型基本是不相同的，更适合用结构体数组或链表实现。

结构体变量初始化是按结构体类型定义时的成员顺序进行的。给结构体数组赋初值时，由于数组中的每个元素都是一个结构体，一般将其成员的值依次放在一对花括号中，以便区分每个元素。

结构体指针指向结构体类型的数据，结构体指针的基类型必须与所指向的结构体类型的名称一致，如定义结构体类型：

```
struct node
{
    char name[20];
    int num;
};
```

使用已定义的结构体类型定义指针变量：

```
struct node *next ;
```

C语言还允许类型的递归定义，如在定义的结构体类型中使用正在定义的类型，如：

```
struct node
{
    char name[20];
    int num;
    struct node *next;
};
```

使用结构体指针引用链表节点数据要通过指向运算符“->”。

实验目标

掌握结构体数组的概念及应用，了解链表的建立及应用。

实验内容

1. 阅读程序，观察结构体数组在计算10名学生平均成绩中的应用，补充适当的表达式或语句，记录程序运行结果。

代码 6-2-7

```
#include <stdio.h>
struct student
```

```
{
    int num; /*学号*/
    char name[10]; /*姓名*/
    int score; /*成绩*/
};
int main()
{
    int i;
    double sum=0;
    struct student stus[10];
    system("title 代码6-2-8");
    for(i=0;i<10;i++)/* 输入10个学生的记录，并计算平均分*/
    {/*提示输入第i个同学的信息*/
        printf("Input the No %d student's number, name and score: \n",
                i+1);
        scanf("%d%s%d ", &stus[i].num, ___(1)___, &stus[i].score);
        sum+=___(2)___;
    }
    printf("average score is %f",sum/10);
    return 0;
}
```

【思考题】

程序中输入姓名的时候是否需要地址符？如果是一个同学有三门课成绩，应如何定义结构体类型？

2. 阅读程序，观察结构体数组的初始化，记录程序运行结果和功能。

代码 6-2-8

```
#include <stdio.h>
#include <stdlib.h>
struct STU
{
    char num[10];
    float score[3];
};
int main()
{
    struct STU s[3]={{"20021" ,90,95,85},
                     {"20022",95,80,75},
                     {"20023",100,95,90}};
    int i,j;
    float sum;
    system("title 代码6-2-7");
    for(i=0;i<3;i++)
    {
        sum=0 ;
        for(j=0;j<3;j++)
```

```
            sum=sum+s[i].score[j];
        printf("%d:% 6.2f\n" ,i+1,sum/3);
    }
    return 0;
}
```

【思考题】

若想输出 100 分，应引用数组的哪个元素？如何表示？

3. 阅读程序，观察函数length的定义和调用，补充代码，记录程序运行结果。以下程序判定二维平面中的三个点能否构成三角形。运行示例如图6-6所示。

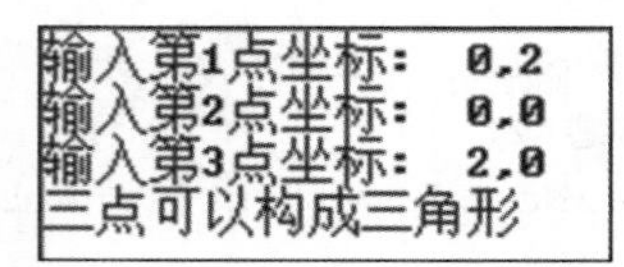

图6- 6 运行示例

代码 6-2-9

```
#include <stdio.h>
#include <____(1)____>
struct point
{
    float x;    //横坐标
    float y;    //纵坐标
};
float length(struct point a,struct point b )
{   //求两点间距离
    float len;
    len=sqrt((a.x-b.x)*(a.x-b.x)+(a.y-b.y)*(a.y-b.y));
    return ____(2)____;
}
int main(void)
{
    ____(3)____ p[4];
    int i;
    system("title 代码6-2-9");
    float len1,len2,len3;
    for(i=1;i<4;i++)
    {
        printf("输入第%d点坐标：  ",i);
        scanf("%f,%f",____(4)____);
    }
    len1=length(p[1],p[2]);
    len2=length(p[2],p[3]);
    len3=length(p[3],p[1]);
```

```
    if(len1+len2<=len3||len2+len3<=len1||len1+len3<=len2)
        printf("三点不能构成三角形\n");
    else
        printf("三点可以构成三角形\n");
    return 0;
}
```

[输入数据]

0,2

0,0

2,0

【思考题】

若想把整个数组传送到函数中，函数参数应如何定义？

4. 阅读程序，观察结构体数组的初始化，记录程序运行结果。程序的功能为：学生姓名(name)和年龄(age)存于结构体数组person中，用函数fun找出年龄最小的学生。请纠正程序中存在的错误，使程序实现其功能。

代码 6-2-10

```
#include <stdio.h>
struct stud
{   char name[20];
    int age;
};
fun(struct stud person[],int n)
{
    int min,i;
    min=0;
    for(i=0;i<n;i++)
        if(person[i]<person[min] )
            min=i;
    return person;
}
int main()
{
    struct stud a[]={{"Zhao",21},{"Qian",20},{"Sun",19},{"LI",22}};
    int n=4;
    struct stud minpers;
    system("title 代码6-2-10");
    minpers=fun(a,n);
    printf("%s 是年龄小者,年龄是: %d\n",minpers.name,minpers.age);
    return 0;
}
```

【思考题】

在函数定义首部 fun(struct stud person[],int n) 中 person[ ] 的下标为什么可以省略？

5. 阅读程序，观察应用结构体数组进行数据处理的方式，补充代码，记录程序运行结果。程序中函数average功能为：计算n名学生3门课成绩的平均分并输出，同时对姓名拼音按字典顺序进行排序，输出排序后的结果。请填写适当的符号或语句，使程序实现其功能。

代码 6-2-11

```
#include <stdio.h>
#include <stdlib.h>
#include <string.h>
#define m 3 /*课程数*/
#define N 100 /*学生数*/
struct stud
{   int no;
    char name[16];
    float mark[m];
    float ave;
};
void average(struct stud st[],int n)
{
    int i,j;
    float sum;
    for(i=0;i<n;i++)
    {
        /*********
        //请填充代码
        *********/
    }
}
void printstu(struct stud st[],int n)
{
    int i,j;
    printf("\t\t成绩单            \n ");
    printf("学号\t姓名\t成绩1\t成绩2\t成绩3\t平均分\n");
    for(i=0;i<n;i++)
    {
        printf("%d\t%s", st[i].no,st[i].name);
        for(j=0;j<m;j++)
            printf("\t%.1f", st[i].mark[j]);
        printf("\t%.1f\n", st[i].ave);
    }
}
void sort(struct stud s[],int n)//对姓名进行排序
{
    int i,j;
    struct stud t;
    for(i=0;i<n-1;i++)
    {
        for(j=0;j<n-1-i;j++) //冒泡排序
            if(strcmp(s[j].name,s[j+1].name)>0)
            {
                /*********
```

```
                //请填充代码
                *********/
            }
        }
}
int main()
{
    struct stud  preson[N];
    int i,j,n;
    system("title 代码6-2-11");
    printf("输入学生数\n");
    scanf("%d",&n);
    for(i=0;i<n;i++)
    {
        printf("输入学生的学号\n");
        scanf("%d",&preson[i].no);
        printf("输入学生的姓名\n");
        getchar();
        gets(preson[i].name);
        printf("%d 同学%d门课程的成绩\n",preson[i].no,m);
        for(j=0;j<m;j++)
        scanf("%f",&preson[i].mark[j]);
    }
    average(preson,n);
    printstu(preson,n);
    sort(preson,n);
    printstu(preson,n);
    return 0;
}
```

[输入数据]

101 Wangwu 61 70 85

103 Liuli83 80 86.5

104Yanglei 94.5 88 92

102 Zhangsan 72.5 76 68

107 Hefeng 57 65 71

【思考题】

排序时，结构体数组元素的交换如何实现？

6. 阅读程序，观察链表头指针head和指针p的变化，记录程序运行结果和功能。

代码 6-2-12

```
#include <stdio.h>
#include <ctype.h>
#include <stdlib.h>
struct node
{
    char ch;
    struct node *next ;
```

```
};
int main (void)
{
    int c;
    struct node *head=NULL, *p;
    system("title 代码6-2-12");
    printf("input a string : ");
    while(isspace(c=getchar())); /*跳过前导空格符*/
    for(;c!='\n';c=getchar())
    {
        p=(struct node *)malloc(sizeof(struct node *)) ; /*开辟新结点*/
        p->ch=c ; /*将字符放入新结点*/
        p->next=head;  /*将新结点加在链表的头结点之前*/
        head=p;  /*头指针指向新加入的结点，作为链表的头结点*/
    }
    for(p=head;p!=NULL;p=p->next) /*链表遍历*/
        printf("%c",p->ch);
    printf("\n") ;
    return 0;
}
```

[输入数据]abcdefghijk

【思考题】

链表的头尾如何确定？如何删掉链表中间的一个结点？

6.2.3 应用实验

实验准备

复习结构体知识。

实验目标

掌握结构体的在实际中的应用。

实验内容

1. 火柴棒游戏，如图6-7所示，数字字符、加减乘除、等号均可用不同根数的火柴棒摆出样式，例如，数字字符 '0' 需要用6根火柴棒，等号字符 '=' 需要用2根火柴棒等。程序输入一个简单的数学式，统计该式子需要多少根火柴棒。请补充语句，使程序实现功能。

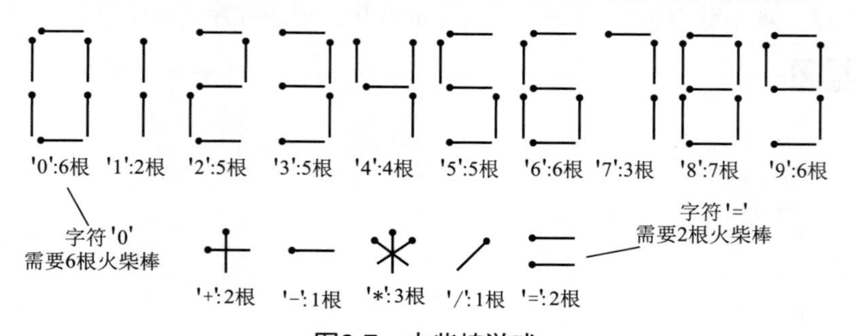

图6-7　火柴棒游戏

运行示例如图6-8所示。

输入式子：2+7=9 需要18根火柴棒	输入式子：134+56-8 需要38根火柴棒

图6-8　火柴棒运行示例

代码 6-2-13

```
#include <stdio.h>
struct segchar
{
    char ch;  //字符
    int num;  //该字符需要的火柴棒数
}p[15] = {{'0',6},{'1',2},{'2',5},{'3',5},{'4',4},{'5',5},{'6',6},
   {'7',3},{'8',7},{'9',6},{'+',2},{'-',1},{'*',3},{'/',1},{'=',2}};
int needs(char ch)
{   //取得字符所需的火柴棒数，不是'0'至'9'和+-*/=返回0
    int i;
    for(i=0;i<15;i++)
        if (____(1)____)
            return p[i].num;
    return ____(2)____;
}
int main(void)
{
    char ch;
    int total=0;
    system("title 代码6-2-13");
    printf("输入式子：");
    while (1)
    {
        ch=getchar();
            if(ch=='\n')
                ____(3)____;
            total+= ____(4)____;
    }
    printf("需要 %d 根火柴棒\n",total);
    return 0;
}
```

[输入数据1] 2 + 7 = 9

[输入数据2] 134 + 56 – 80

2. 编写一个程序实现如下功能：定义一个平面上的点的结构数据类型，实现下列功能：

（1）为点输入坐标值。

（2）求两个点的中点坐标。

（3）求两点间距离。

3. 编写程序，实现以下功能：

（1）输入一批学生的学号及成绩，再按成绩降序排序，并输出每个学生的成绩排名（允许并列排名）。

（2）显示提示后连续输入多组学生的信息：学号（正整数）、成绩（浮点数，百分制），学号为负数时表示输入结束，学生数不超过100。

（3）计算并输出学生的平均成绩、合格（≥60分）率、优秀（≥85分）率。

（4）按成绩降序排序，成绩相同的按学号升序排列，对所有学生按成绩排名，允许并列排名。

4. 输入一系列英文单词，单词之间以空格间隔，输入“quit”时表示输入结束。统计输入过哪些单词（同一字母的大小写认为是不同字符）及各单词出现的次数，最后输出单词和出现次数对照表。请根据以下程序框架，编写程序，实现功能。

算法分析：定义一个结构体变量来存放单词及其出现次数，假设最多有100个不同单词。

程序框架如下：

```
struct WORD
{   char word[15];
    int count;
};
#define M 100
int main()
{
    定义结构体数组 list[M];
    char str[15];
    int n=0;
    while(1)
    {
        输入单词;
        检查strcmp(str,"quit")==0)  break;
        检查list中是否有str;
        if(list中已有str)
            相应的单词的个数加1;
        else
        {   将str 放入数组list中;
            n=n+1;
        }
    }
    输出单词及其出现次数对照表;
}
```

6.2.4 归纳

1. 结构体类型声明。

（1）关键字struct是用来声明结构体类型的关键字，不能省略。结构体名须满足标识符定义的规则，“struct+结构体名”才是完整的结构体类型名，才可以用来声明变量。每一个数据项又称为结构体的一个成员或域。

（2）成员表列不可为空，至少要有一个成员。成员要声明类型，其类型可以是任意类型，可以是简单类型（如int、float、char），也可以是构造类型（如数组结构体类型）。

（3）大括号{}不表示复合语句，其后要有分号，表示结构体类型定义结束。

（4）同一结构体的成员不能重名；而不同结构体的成员可以重名，结构体成员和其他变量可以重名，结构体类型与其成员或其他变量可以重名。

（5）一般把结构体类型声明放到代码的最前面，这样其使用范围可以是整个程序文件；也可以放在头文件里，只要把头文件包含进来即可使用该类型。若在函数内部声明结构体类型，则该函数之外无法引用此结构体类型。

2. 结构体变量的引用

若已定义了一个结构体变量和基类型为同一结构体类型的指针变量，并使该指针指向同类型的变量，则有3种形式来引用结构体变量中的成员。3种形式如下：

```
结构体变量名.成员名
指针变量名 -> 成员名
(* 指针变量名).成员名
```

对内嵌结构体变量成员的引用，必须逐层使用成员名定位，对于多层嵌套的结构体，也是按照从最外层到最内层的顺序逐层引用，每层之间用点号隔开。对结构体数组，只能用成员运算符引用数组元素的某个成员。

3. 相同类型的结构体变量之间可以互相整体赋值。对结构体数组的操作要通过数组元素引用元素的成员，对结构体数组进行排序时，只需要比较结构体的某个成员，直接交换结构体变量的值即可。

4. 结构体变量作为函数实参，传递的是变量的值，是值传递，在函数中的任何变化都不影响实参的值。结构体变量的地址作函数实参，传递的是变量的地址，是地址传递，实参和形参共用同一个内存，在函数中的变化直接反应在实参上。函数的类型如果是结构体类型，则返回的是一个结构体变量，包含其中所有的成员。

5. 链表是比较复杂的数据类型，通过结点之间的指针成员建立链接，每个结点的数据类型是结构体类型，至少有一个成员是结构体指针，用于存放下一个结点的地址，指向下一个结点。链表需要有头指针指向链表的第一个结点，通过头指针可以遍历链表的所有结点，直到最后一个结点。最后一个结点的指针指向NULL，表示链表结束。

6.2.5　自创实验

实验准备

复习结构体数组相关知识，理解实际应用中复杂数据的处理。

实验目标

应用结构体数组解决批量数据处理问题。

实验内容

背景资料：

在“互联网+”深入发展的背景下，电子商务成为中国扶贫攻坚战中的有力武器。通过完善贫困地区互联网基础设施和支持平台建设，整合各界资源，电商扶贫助推了中国农村地区全面发展。截至2020年6月底，全国具备条件的乡镇和建制村100%通硬化路，贫困村通光纤比例从2017年的不足70%提升到98%，有96.6%的乡镇设立了快递服务网点，832个国家级贫困县全部建立了电子商务服务中心，实现贫困地区县、乡、村三级农村电商管理与物流配送网络全覆盖。

近年来，随着中国“互联网+”深入发展，电商扶贫取得了丰硕成果。商务部数据显示，2019年全国贫困县网络零售额达2 392亿元，同比增长33%，带动贫困地区500万农民就业增收。

2020年初，突如其来的新冠肺炎疫情，打破了人们原有的生活和工作节奏，也打乱了蔬菜从田间到餐桌的步伐。受疫情影响，多个省份的农产品主产区均出现了不同程度的滞销现象。电商扶贫很好地帮助农民缓解了农产品滞销风险。

小王看到了农村发展的好前景，新年过后，不再外出打工，开始了“在家淘宝”的生活，网上销售自家产的农产品。随着销售量的增加，小王需要建立一个客户信息管理系统，对客户信息进行管理。

需求描述：

（1）输入客户信息：用户名、电话、地址（细分省、市、区/县）、订单号、成交量。

（2）信息查询：

①输入订单号（19位数字，输错重新输入），查询相关的客户信息。

②输入省份，查询该省份所有的客户信息。

（3）客户信息的增加。若信息已存在，询问是否需要修改，若需要，则修改相应的信息。

（4）客户信息的浏览。

请根据需求设计程序。

6.3 数据文件

程序运行时的数据是存储在内存中的，关机就归为无。而文件才是可以长久保存的数据集合，存储在硬盘或U盘上，可以脱离源程序再次打开、修改、删除。C语言的文件是流式文件，分为文本文件与二进制文件两种，都可以顺序读取或者写入。

6.3.1 迷你实验

实验准备

文件指针是基于系统文件结构体FILE定义的指针，该系统结构体被定义在stdio.h头文件中，用来存放文件的相关重要信息，如FILE *fp;，其中“FILE”作为系统定义的结构体必须大写。文件的所有操作都是通过文件指针来进行的，如可以对文件进行打开/关闭、读/写、定位等操作。文件的读写都是通过函数进行的。

1. 文件打开函数fopen。fopen函数用来打开一个文件，其调用的一般形式为：

```
文件指针名=fopen(文件名,使用文件方式);
```

2. 文件关闭函数fclose。fclose函数正常完成关闭文件操作时，函数返回值为0。如果返回值为非0，则表示有错误发生。

3. 文件定位函数。

（1）rewind函数，其调用形式为：

```
rewind(文件指针);
```

它的功能是把文件内部的位置指针移到文件首。

（2）fseek函数，其调用形式为：

```
fseek(文件指针,位移量,起始点);
```

其中：位移量为整数，位移量>0，向后（文件末尾）移动，位移量<0，向前（文件开始）移动。起始点有三种：文件开始位置（值为0，SEEK_SET）、文件当前位置（值为1，SEEK_CUR）和文件末尾（值为2，SEEK_END）。

4. 文件读写函数（见表6-5）。

表 6-5　常用文件读写函数

函数名	形式	功能描述
字符读写	fputc(ch,fp)	把字符 ch（允许是字符常量或字符变量）的值写入由指针 fp 指向的文件中去。如果函数调用失败将返回常量值 EOF（即 –1）
	ch=fgetc(fp)	从文件指针 fp 当前指向的文件中读出一个字符并送入字符变量 ch 的存储单元中
字符串读写	fputs(str,fp)	把字符 str（允许是字符串常量或字符串变量）所标识的字符串（不包括结束符 '\0 '）写入由指针 fp 指向的文件中去。调用本函数将有值返回，若调用成功返回零值，否则返回 –1（即常量值 EOF）
	fgets(str,n,fp)	从文件指针 fp 当前指向的文件中读出 n–1 个字符存入字符数组 str 中，并在 str 数组的第 n 个元素中填入结束符 ' \0 '，函数返回字符串的存储首地址 str
文本格式读写	fprintf(FILE *stream,const char *format,…)	将表列数据按格式说明字符串 format 指定的格式和个数写入到文件指针 stream 指向的文件中
	fscanf(FILE *fp,char *format,…)	从文件指针 fp 当前指向的文件中按格式说明字符串 format 指定的格式和数据个数读数据读入表列中
二进制文件读写	fwrite(po,size,n,fp)	将首地址为 po 的连续 n*size 个字节的内容（即 n 个 size 字节大小的数据块）写入由指针 fp 指向的二进制文件中去
	fread(po,size,n,fp)	从指针 fp 当前指向的二进制文件中连续读出 n*size 个字节的内容，（即连续读出 n 个 size 字节的数据块），并存入首地址为 po 的内存区域中

实验目标

掌握文件的打开、关闭、读/写、定位等基本操作。

实验内容

1. 运行代码，记录程序运行结果和功能。

代码 6-3-1

```
#include <stdio.h>
int main()
{
    char ch[1000];
    char t,m;
    int i=0,count=0,flag=0;
    system("title 代码6-3-1");
    fgets(ch,1000,stdin);
    fputs(ch,stdout);
    for(i=0;ch[i]!='\0';i++)
    {
        if(ch[i]==' ')
            flag=0;
        else if(flag==0)
        {
            flag=1;
            count++;
        }
    }
    printf("%d\n",count);
    return 0;
}
```

[输入数据] The past four decades has not only witnessed Shenzhen grow from a small fishing town into an affluent metropolis but recorded how the city fostered its creativity.

说明:

（1）fgets 函数的功能是从文件中读若干个字符，函数的调用形式为:

```
fgets(字符串,长度,文件指针);
```

注意: 若还未到读完若干字符已遇到换行符 '\n' 或文件结束符 EOF，则读操作自动结束，并将读到的换行符 '\n' 转换为结束符 '\0' 一起写入字符串中。

（2）stdin 是标准输入缓冲文件指针，对应的是键盘，stdout 是标准输出缓冲文件指针，对应显示器。

2. 运行代码，记录程序运行结果和功能。

代码 6-3-2

```
#include <stdio.h>
int main()
{
    FILE*fout;
    char ch;
    system("title 代码6-3-2");
    fout=fopen('abc.txt','w');
    ch=fgetc(stdin);
```

```
    while(ch!='#')
    {
        fputc(ch,fout);
        ch=fgetc(stdin);
    }
    return 0;
}
```

[输入数据] The past four decades has not only witnessed Shenzhen grow from a small fishing town into an affluent metropolis but recorded how the city fostered its creativity.#

3. 运行代码，记录程序运行结果和功能。

代码 6-3-3

```
#include<stdio.h>
int main()
{
    FILE*fout;
    char ch;
    system("title 代码6-3-3");
    fout=fopen("abc.txt","w");
    ch=fgetc(stdin);
    while(ch!='#')
    {
        fputc(ch,fout);
        ch=fgetc(stdin);
    }
    return 0;
}
```

[输入数据] The past four decades has not only witnessed Shenzhen grow from a small fishing town into an affluent metropolis but recorded how the city fostered its creativity.#

4. 运行代码，记录程序运行结果和功能。

代码 6-3-4

```
#include <stdio.h>
int main()
{
    FILE *fp;
    char *s1="China",*s2="Beijing";
    system("title 代码6-3-4");
    fp=fopen("abc.dat","w+");
    fprintf(fp,"%s",s2);
    rewind(fp);
    fprintf(fp,"%s",s1);
    fclose(fp);
    return 0;
}
```

说明:

rewind 函数的作用是使位置指针重新返回文件的开头，函数没有返回值。rewind 函数的调用形式为:

```
rewind(文件类型指针);
```

5. 运行代码，记录程序运行结果和功能。

代码 6-3-5

```
#include <stdio.h>
int main()
{
    FILE *fp;
    char *s1="China",*s2="Beijing";
    system("title 代码6-3-5");
    fp=fopen("abc.dat","wb+");
    fwrite(s2,7,1,fp);
    rewind(fp);   /*文件位置指针回到文件开头*/
    fwrite(s1,5,1,fp);
    fclose(fp);
    return 0;
}
```

6.3.2 观察与思考实验

实验准备

文件是数据的集合，文件的读写与内存的数据类型必须相匹配。批量数据一般都是以文件的形式保存的。

实验目标

掌握数组、结构体等批量数据与文件的结合。

实验内容

1. 阅读程序，观察fprintf和fscanf的应用，记录程序运行结果和功能。

代码 6-3-6

```
#include<stdio.h>
#include<stdlib.h>
main()
{
    FILE *fp;
    int i,k=0,n=0;
    system("title 代码6-3-6");
    fp=fopen("d1.dat","w");
    for(i=1;i<10;i++)
        fprintf(fp,"%d",i);
    fclose(fp);
```

```
    fp=fopen("d1.dat","r");
    fscanf(fp,"%d%d",&k,&n);
    printf("k=%d n=%d\n",k,n);
    fclose(fp);
    return 0;
}
```

【思考题】

如何输出文件的最后两个数据？

2. 阅读程序，观察while循环的功能，补充代码，记录程序运行结果。

程序的功能是统计文本文件中的字符个数。

代码 6-3-7

```
#include<stdio.h>
#include<stdlib.h>
int main()
{
    FILE *fp;
    int num=0;
    system("title 代码6-3-7");
    if((fp=fopen("fname.dat",____(1)____))==NULL)
    {
        printf("Open error \n");
        exit(0);
    }
    while(____(2)____)
    {
        ____(3)____;
        num++;
    }
    printf("num=%d\n",--num);
    fclose(fp);
    return 0;
}
```

[文件数据]fname.dat文件：The past four decades has not only witnessed Shenzhen grow from a small fishing town into an affluent metropolis but recorded how the city fostered its creativity.

【思考题】

统计文件中字符的个数还有什么方法？

3. 阅读程序，观察fscanf函数的格式，记录程序运行结果和功能。

数据文件st1.txt内容如图6-9所示，存储学生的姓名、编号及两门课程成绩。

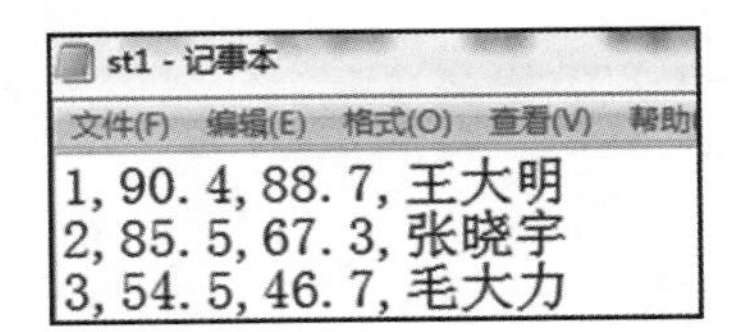

图6-9　数据文件的内容

代码 6-3-8

```
#include <stdio.h>
#include <stdlib.h>
float Chinese,Mathematics;
char name[50];
int read_file(int num)
{
    int s_number,find=0;
    FILE *fp;
    if((fp=fopen("st1.txt","r"))==NULL)
    {
        printf("file cannot open \n");
        exit(0);
    //exit结束程序，0为正常退出，其他数字为异常，包含在stdlib.h文件中
    }
    while(!feof(fp))
    {
        fscanf(fp,"%d,%f,%f,%s",&s_number,&Chinese,&Mathematics,name);
        if(num==s_number)
        {
            find=1;break;
        }
    }
    fclose(fp);
    return find;
}
float profits()·
{
    return Chinese+Mathematics;
}
void table_title()
{
    printf("\n\t\t  Student achievement scale \n");
    printf("\t\t=============================================\n");
    printf("\t\t---------------------------------------------");
    printf("\n\t\t|   name   | Chinese |  Mathematics |  Total score |");
    printf("\n\t\t|-------- ----|--- ----|-- --------|------ ------|\n");
}
int main()
{
    int mu,result;
    system("title 代码6-3-8");
    printf("Input find No.?");
    scanf("%d",&mu);
    if(read_file(mu))
    {
```

```
        table_title();
        printf("\t\t|%15s|%10.2f|%14.2f|%14.2f|",name,Chinese,
        Mathematics,profits());         printf("\n\t\t---------------\n");
    }
    else
        printf("\n\t\trecord no  %d  is not exist!",mu);
    return 0;
}
```

[输入数据]1

【思考题】

若 fsacnf 函数中的格式符“%d,%f,%f,%s”之间不用逗号分隔可以吗?

4. 阅读程序，根据程序功能，观察并补充代码，记录程序运行结果。

程序通过定义学生结构体变量，存储学生的学号、姓名和3门课的成绩。所有学生数据均以二进制方式输出到student.dat文件中。函数fun的功能是从指定文件中找出指定学号的学生数据，读入此学生数据，该学生的成绩进行修改，使每门课的成绩加3分，修改后重写文件中该学生的数据，即用该学生的新数据覆盖原数据，其他学生数据不变；若找不到，则什么都不做。

代码 6-3-9

```
#include <stdio.h>
#include <stdlib.h>
#define  N  5
typedef struct  student {
    int  sno;
    char  name[10];
    float  score[3];
}STU;
void fun(char *filename,int sno)
{
    FILE *fp;
    STU temp;
    int i;
    fp=fopen(filename,"rb+");
    while(!feof(_____(1)_____))
    {
        fread(&temp,sizeof(STU),1,fp);
        if(temp.sno_____(2)_____sno)
            break;
    }
    if(!feof(fp))
    {
        for(i=0;i<3;i++)
            temp.score[i]+=3;
        fseek(_____(3)_____, -(int)sizeof(STU),SEEK_CUR);
        fwrite(&temp,sizeof(STU),1,fp);
    }
```

```
    fclose(fp);
}
int main()
{
    STU t[N]={{10101,"LiLei", 91, 92, 78}, {10102,"ZhangKai", 75, 68, 88},
              {10103,"SiFei", 86, 67, 78}, {10104,"FangYuan", 90, 85, 78},
              {10105,"WangYi", 80, 95, 88}}, ss[N];
    int i,j;
    FILE *fp;
    system("title 代码6-3-9");
    fp=fopen("student.dat","wb");
    fwrite(t,sizeof(STU),N,fp);
    fclose(fp);
    printf("\nThe original data :\n");
    fp=fopen("student.dat","rb");
    fread(ss,sizeof(STU),N,fp);
    fclose(fp);
    for(j=0;j<N;j++)
    {
        printf("\nNo: %d  Name: %-8s    Scores: ",ss[j].sno,ss[j].name);
        for(i=0;i<3;i++)
            printf("%6.2f ",ss[j].score[i]);
        printf("\n");
    }
    fun("student.dat",10103);
    fp=fopen("student.dat","rb");
    fread(ss,sizeof(STU),N,fp);
    fclose(fp);
    printf("\nThe data after modifing :\n");
    for(j=0;j<N;j++)
    {
        printf("\nNo: %d  Name: %-8s   Scores: ",ss[j].sno,ss[j].name);
        for(i=0;i<3;i++)
            printf("%6.2f ",ss[j].score[i]);
        printf("\n");
    }
    return 0;
}
```

【思考题】

fread函数的4个参数的意义是什么？如果要删除文件中的一个或若干数据，用什么方法实现？

5. 阅读程序，根据程序功能，观察并补充代码，记录程序运行结果。

输入本校教职工数据（包括每个职工的工号、姓名和工资），然后根据工资从高到低（即单调不增次序）对这些数据实现排序，排好序的数据送入磁盘文件d:\test.dat中保存，同时在屏幕上显示排序后的内容。

代码 6-3-10

```
#include <stdio.h>
#include <stdlib.h>
#define N 5
struct worker
{  int num;  /*工号*/
   char name[30];   /*姓名*/
   float pay;    /*工资*/
};
int main()
{
   struct worker w[N],temp;
   int i,j,k;
   system("title 代码6-3-10");
   ______(1)________;
   printf("Input data \n");
   for(i=0;i<N;i++)
   scanf("%d%s%f",&w[i].num,w[i].name,&w[i].pay);
   for(i=0;i<N-1;i++) /*选择排序*/
   {   k=i;
       for(j=i+1;j<N;j++ )
           if(______(2)______)
               k= ______(3)______;
           temp=w[i];
           w[i]=w[k];
           w[k]=temp;
   }
   printf("Create and display a file:\n");
   fp=fopen (______(4)______);
   for(i=0;i<N;i++)
   {
       fwrite (______(5)______);
       printf("%d %s %f",w[i].num,w[i].name,w[i].pay);
       printf("\n");
   }
   fclose(fp);
   return 0;
}
```

【思考题】

一般在文件打开时要判断文件指针 fp 是否为 NULL，为什么？ fwrite 函数每个参数有什么意义？

6.3.3 应用实验

实验准备

复习本节迷你实验、观察与思考实验中的编程方法。

实验目标

掌握文件的基本应用。

实验内容

1. 程序功能：假设有多个学生被邀请来给教学质量打分，分数划分为1～10这10个等级，输入整数0结束，计算平均得分，并将每个人打分的结果用相应个数的*号组成统计图的形式表示存放在文件jg.txt中。

输入示例如下：

请输入教学质量打分:

第1个学生打分：9

第2个学生打分：6

第3个学生打分：7

第4个学生打分：8

第5个学生打分：5

第6个学生打分：0

则生成的jg.txt文件结果如下：

第1个学生打分：*********

第2个学生打分：******

第3个学生打分：*******

第4个学生打分：********

第5个学生打分：*****

平均得分：7.000000

请根据注释补充代码，实现程序功能。

代码 6-3-11

```
#include <stdio.h>
#include <stdlib.h>
int main()
{
    FILE *fp;
    int i,j,count=0;
    system("title 代码6-3-11");
    float score[101]={0},sum=0.0;
    printf("请输入教学质量打分:\n");
    for(i=1;___(1)___; i++)
    {
        printf("第%d个学生打分：",i);
        scanf("%f",_____(2)_____);
        if(score[i]<=0)
            break;
        else if(score[i]>10)
        {
            printf("输入错误，请重新输入");
```

```
            /******[请补充代码段]******/
            [请补充代码段]
            /******[请补充代码段]******/
        };
        sum=sum+score[i];
    }
    count=____(3)____;
    fp = fopen( "jg.txt", "w" );
    for(i=1;i<=count;i++)
    {
        fprintf(fp,"第%d个学生打分：",i);
        for(j=1;j<=score[i];j++)
        {
            fprintf(fp,"*");
        }
        fprintf(fp,"\n");
    }
    fprintf(fp,"平均得分：%f",sum/count);
    ____(4)____
    return 0;
}
```

2. CSV（Comma-Separated Values，CSV）文件也称字符分隔值文件，一般使用逗号分隔，其文件以纯文本形式存储表格数据（数字和文本）。CSV文件以行为单位，无空行，半角逗号分隔每行的数据，其数据格式简单，具有很强的开放性，是一种通用的文件格式，在商业及科学上广泛应用，最广泛的应用是在程序之间转移表格数据。

某电影院共有4个放映厅，放映场次信息如下：

放映厅	电影名称	放映时间	座位数量	已售票数
A	钢铁侠3	18:30	150	0
B	致青春	19:30	150	0
C	姜戈	20:00	150	0
D	生化危机4	20:20	100	0
D	钢铁侠3	14:30	150	0
C	致青春	15:30	150	0
B	姜戈	16:00	150	0
A	生化危机4	16:20	100	0

编写程序，将影片信息保存到文件filmdata.csv中。

3. 有学生的学号信息文件students.csv，为CSV格式，每行一个学生信息。编写一个随机点名小程序，假设学生的学号范围是10131446 ~ 10131504以及10131714 ~ 10131801；运行该程序按Q退出，按其他键则继续点名。

4. 随着手机芯片性能的快速提升，手机的性价比越来越高，手机的更新换代间隔越来越短。有的人还同时拥有两部手机，因此在换手机的时候，可能需要同时处理两个文件。假设文件addr.txt记录了某些人的姓名、手机和地址；文件tel.txt记录了顺序不同的上述人的姓名与最新的电话号码。希望通过对比两个文件，将同一人的姓名、地址和最新电话号码记录到第三个文件addrtel.txt中。

这两个文件中，姓名字段占14个字符，电话号码的长度不超过14个字符，家庭住址不超过30个字符，并以回车结束。文件结束的最后一行只有回车符，也可以说是长度为0的串。在两个文件中，由于存放的是同一批人的资料，则文件的记录数是相等的，但存放顺序不同。

根据以上描述编写程序，实现电话簿合并的功能。

6.3.4 归纳

1. 文件指针与文件内部指针。

文件指针：文件指针是指向整个文件的，须在程序中用FILE定义说明，用来存放文件的相关重要信息。

文件内部的位置指针：在文件内部有一个位置指针，用来指向文件的当前读写字节。在文件打开时，该指针总是指向文件的第一个字节。每次使用读写函数后，该位置指针将向后移动相应的字节。

文件指针和文件内部的位置指针不同。文件内部的位置指针用以指示文件内部的当前读写位置，每读写一次，该指针均向后移动，它不需要在程序中定义说明，而是由系统自动设置的。而文件指针只要不重新赋值，文件指针的值是不变的，指向之前打开的文件，除非用fclose（文件指针）函数将文件关闭。

2. 文件的操作一般通过打开文件、读或写文件、关闭文件三个步骤完成。若文件是用fopen函数打开进行读写操作的，则应该在程序结束前使用fclose函数关闭文件，一个是可以释放文件指针，更重要的是当写文件时，系统在调用fclose函数的时候将缓存区中的内容立刻刷新到磁盘文件里，避免缓冲区的数据没有写入文件。

3. 按文件的存储形式，C文件主要分为文本文件和二进制文件，对应的读写函数不同，文件的打开方式也不同，文件打开方式如表6-6所示。

表6-6　文件的打开方式

文件类型		含　义	备　注
文本文件	“w”	文件只允许写，不允许读	新文件
	“r”	文件只允许读，不允许写	老文件
	“a”	只允许在文件尾部写	老文件
	“w+”	文件既允许读也允许写，但必须先写后读	新文件
	“r+”	文件既允许读也允许写	老文件
	“a+”	文件允许读也允许在尾部写	老文件
二进制文件	“wb”	文件只允许写，不允许读	新文件
	“rb”	文件只允许读，不允许写	老文件
	“ab”	只允许在文件尾部写	老文件
	“wb+”	文件既允许读也允许写，但必须先写后读	新文件
	“rb+”	文件既允许读也允许写	老文件
	“ab+”	文件允许读也允许在尾部写	老文件

4.文件检测和出错处理。

（1）文件结束检测函数feof，函数调用格式：

```
feof(文件指针);
```

功能：判断文件是否处于文件结束位置，如文件结束，则返回值为1，否则为0。

（2）读写文件出错检测函数ferror，函数调用格式：

```
ferror(文件指针);
```

功能：检查文件在用各种输入/输出函数进行读写时是否出错。如返回值为0表示未出错，否则表示有错。

（3）文件出错标志和文件结束标志置0函数clearerr，函数调用格式：

```
clearerr(文件指针);
```

功能：清除出错标志和文件结束标志，置为0值。

6.3.5　自创实验

实验准备

在实际应用中处理的数据很多情况下是二维数据表的复杂数据，每个记录中包含各种不同类型的元素，在程序中往往用结构体数组进行处理，处理后的数据以文件的形式保存。在实际应用中，要考虑数据的有效性和合理性。用正确的方式读写数据是数据处理的基础。

实验目标

应用各种数据结构处理批量数据问题。

实验内容

背景资料：

习近平总书记指出，认真学习“四史”，同新时代进行伟大斗争、建设伟大工程、推进伟大事业、实现伟大梦想的丰富实践密切相关。2020年暑期，上海理工大学学生校长助理在上海市开展系列暑期社会实践活动，参观红色经典、回顾革命点滴。中国共产党第一次全国代表大会会址纪念馆位于上海市黄陂南路374号，纪念馆的主要任务是对中共一大会址进行保护管理。自建馆以来，纪念馆先后被中共中央宣传部公布为全国爱国主义教育示范基地，被中共中央纪律检查委员会公布为全国廉政教育基地，被国家国防教育办公室公布为国家国防教育基地。红色之旅就从中共一大会址开始。

需求说明：

请设计一款红色旅游线路管理系统，系统可以按照时间顺序安排行程，也可以按地理位置安排行程；时间顺序的行程是一大会址、二大会址、中山故居、周公馆等；按地理位置的行程可以是上海—嘉兴—常熟—四明—苏州—南通等，推荐景点可与时间相关，例如7月是南湖红船，每个景点中的场馆统一编号，输入编号，显示该场馆简介，各场馆按位置排列，也可按关键字排列；还可以自主选择行程的各景点。

阅读资料：

长三角红色文化旅游推荐线路：

上海—常熟—句容—镇江—南京：推荐景点为上海“一大会址”、常熟市沙家浜红色旅游区、镇江句容茅山新四军纪念地、南京梅园新村纪念馆、雨花台烈士陵园、侵华日军南京大屠杀遇难同胞纪念馆、渡江胜利纪念馆等。

嘉兴旅游线路：南湖红船—南湖革命纪念馆—浙江红船干部学院—嘉兴地方党史陈列馆—乌镇互联网大会永久会址—王会悟纪念馆。

上海徐汇旅游线路：龙华革命纪念地—宋庆龄故居—张澜旧居—钱学森图书馆—国歌诞生地—黄兴故居—钱壮飞旧居—中共地下党秘密电台旧址。

6.4 数据处理综合案例

1. 办卡充值活动。

背景资料：受疫情影响，餐饮行业受到了较大冲击。某餐饮店为了招揽顾客，进行办卡充值酬宾活动。充值优惠规则：每充1000送300，每充500送100，多充多送。

需求描述：

（1）办卡：输入顾客信息（用户名不超过20位，11位手机号，8位储值卡密码），并输入有效储值金额；

（2）根据顾客充值金额计算顾客充值后卡中的可用金额；

（3）将顾客信息及储值卡金额保存到文件中；

（4）消费：顾客消费后，扣除卡内的消费金额，并将余额重新写入文件。

请根据需求编写程序。

2. 银行开卡处理。

背景资料：

借记卡：又称“扣账卡”，需要先存款、再使用，是一种具有转账结算、存取现金、购物消费等功能的信用工具，还具备转账、买卖基金、炒股、缴费等多种功能，账户内的金额按活期存款计息。

储蓄卡：是银行为储户提供金融服务而发行的一种金融交易卡，主要功能是在联网ATM机和银行柜台存款、取款，也可在POS上消费。

需求描述：

在银行业务中有一项为开卡，首先询问客户所开卡的种类（借记卡、储蓄卡），接着提示客户输入相关信息（姓名、身份证号、手机号、存款金额、存款期、存款种类），银行工作人员根据存款种类（定期、活期）计算年利率，由随机函数生成卡号，生成的卡号与银行已经开设的卡号比对，确保卡号唯一。银行所有客户卡号文件为bc.txt，并将上述信息（卡号、姓名、身份证号、手机号、存款金额、存款期、存款种类、利率）和当天日期（通过日期函数生成）存入数据文件（b1.txt）中，并输出上述信息请客户确认，客户确认后开卡工作结束。

请根据需求设计程序。

3. 银行存款日记账。

背景资料：

银行存款日记账是重要的会计账簿之一，实际上它与现金日记账的填写方式是类似的。日记账在编写的时候，要保证清晰、明确、完整、一目了然，也就是说要简洁无重复，这是十分重要的。规范的日记账有助于财务报表和账簿的编写，有助于公司财务的管理。会计在编写各类明细账、总账以及财务报表时均是以日记账为依据的。

银行存款日记账按规定是由出纳填制的。根据有关银行存、付款凭证，以经济业务的发生顺序，逐日逐笔地记录，反映银行存款的增减变化及其结果。一般步骤是，会计人员根据审核无误的原始凭证填制银行存款付出（收入）单，出纳人员根据付出单付款，并根据付款业务顺序逐笔登记银行存款日记账，完毕后，应在该单上加盖银行付讫或收讫章，一联由出纳保管，一联交由会计进行账务处理。

需求描述：

银行工作人员每天接待多位客户，客户办理业务不同，银行工作人员根据业务填写不同的日记账，存款日记账是接收客户存款业务时记录的，存款业务办理流程：询问客户卡号和身份证号，根据卡号打开以卡号为文件名的文本文件（卡号为1234其文件名为：1234.txt），读取文件信息数值（核对身份证），询问客户存款金额、存款种类（定期、活期），将客户当前余额（卡内金额+存款金额）输出请客户确认，客户确认后进入存款日记账记录环节，自动填写当天日期（通过日期函数生成）、摘要（客户卡号）、种类（现金、支票）、借方金额（存款金额）、余额（上一笔余额+存款金额），保存存款日记账至数据文件（aa.txt）中，至此一笔业务完成，当天最后一笔存款业务结束时，打印存款日记账文件数据。

请根据需求设计程序。

4. 电商平台数据处理。

背景资料：

小王通过电商平台销售自家产品。随着客户量增加，小王开始销售其他农户生产的商品，随着商品品种的增加，需要一个商品信息管理系统，方便对商品的库存及销售进行管理。商品信息包括品名、编号、进货量、库存量、单价。

需求描述：

程序以命令行交互方式运行，主要有以下功能：

（1）提示符功能，提示符为“ST1>”。

命令格式为“命令符＋参数＋回车”，命令符为字母，不分大小写，根据命令要求，可以有多个或没有参数，参数间使用空格分隔开。

（2）帮助功能，命令符H，显示关于命令的使用说明。

（3）退出功能，命令符Q，退出程序。

（4）打印功能，命令符P。

（5）录入功能，命令符A。

（6）修改功能，命令符R。

（7）排序功能，命令符为S。

➢ 根据商品名称排序。

➢ 根据库存量排序。

（8）分析功能，命令符为T：定期找出销量较小的2件商品进行打折促销，3件7折、2件8折、1件9折，商品信息保存到文件中。

根据以上需求描述进行界面菜单设计，编写程序，实现以上功能。

6.5 归纳与提高

1. 数组是程序设计中最常用的数据结构，是一个由若干同类型变量组成的集合，引用这些变量时可用同一名字。数组由连续的存储单元组成，最低地址对应于数组的第一个元素，最高地址对应于最后一个元素。数组可以是一维的、二维的或多维的。

2. 数组类型说明由类型说明符、数组名、数组长度（数组元素个数）三部分组成。对数值数组不能用赋值语句整体赋值、输入或输出，而必须用循环语句逐个对数组元素进行操作。

3. 二维数组的声明要确定其行列的值。对二维数组的输入/输出要使用二重循环。

4. C语言中，字符串是用一维字符数组来处理的，当作为字符串处理时，系统自动加上字符串结束标记'\0'。字符串数组用二维的字符数组来处理。

5. 结构体用来处理一组相关的不同类型的数据，如学生的信息：学号、姓名、年龄、成绩等。结构体类型是用户自己定制的数据类型，一个结构体类型一般对应一个具体的应用。必须先定义结构体类型，再用该类型定义结构体变量。结构变量的使用必须通过引用成员实现，使用“.”符号。

结构体数组的每一个数组元素都是一个结构体类型数据，均包含结构体类型数据的所有成员。结构体数组元素的引用需要考虑数组与成员两方面，一般形式为：数组名[下标].成员。

结构体变量作函数参数时同简单变量作函数参数时一样，是单向值传递方式，形参数据改变不影响实参。结构体数组作函数参数同数组名作函数参数一样，是地址传递方式，形参结构体变量中各成员值的改变，影响实参结构体变量的值。

6. C语言中默认的文件打开类型为文本文件。

二进制文件比文本文件节省空间，而文本文件更容易看清数据的内容，更便于在各个不同应用程序之间传递数据。

在对文件进行操作时，注意文件指针不能指向NULL，否则fopen函数和fclose函数都将出现问题；若已对文件进行遍历，则文件内部的位置指针指向文件末尾，如果要重新遍历文件，需要调用rewind函数，将文件内部指针重新指向文件的第一个数据。

若在没有关闭文件的情况下，既要读文件中的数据，又要在文件中写入数据，则应在打开文件时设置文件打开方式为读写方式，即“r+”或“rb+”。

观察如下两个代码，运行程序。代码6-5-1运行后，打开test.txt文件可以看到，原来的数据已经全部删除，只剩下程序中两个fprintf函数写入的文本。因为“w+”打开方式是新建一个文件，可以写入也可以读出，若文件已存在，则新建一个同名的文件，相当于清空原来的数据。代码6-5-2运行后，打开test.txt文件，原来的数据没有删除，在文件末尾新增了两个fprintf函数写入的数据。

代码 6-5-1

```
#include <stdio.h>
#include <stdlib.h>
int main()
{
    FILE *fp;
    char *s1="China",*s2="Beijing";
    system("title 代码6-5-1");
    fp=fopen("test.txt","w+");
    fseek(fp,0,SEEK_END); /*定位到文件末尾*/
    fprintf(fp,"%s\n",s2);  /*写入文件*/
    fprintf(fp,"%s",s1);
    fclose(fp);
    return 0;
}
```

代码 6-5-2

```
#include <stdio.h>
#include <stdlib.h>
int main()
{
    FILE *fp;
    char *s1="China",*s2="Beijing";
    system("title 代码6-5-2");
    fp=fopen("test.txt","r+");
    fseek(fp,0,SEEK_END); /*定位到文件末尾*/
```

```
    fprintf(fp,"%s\n",s2);    /*写入文件*/
    fprintf(fp,"%s",s1);
    fclose(fp);
    return 0;
}
```

第7章

程序开发

本章知识导图如图7-1所示。

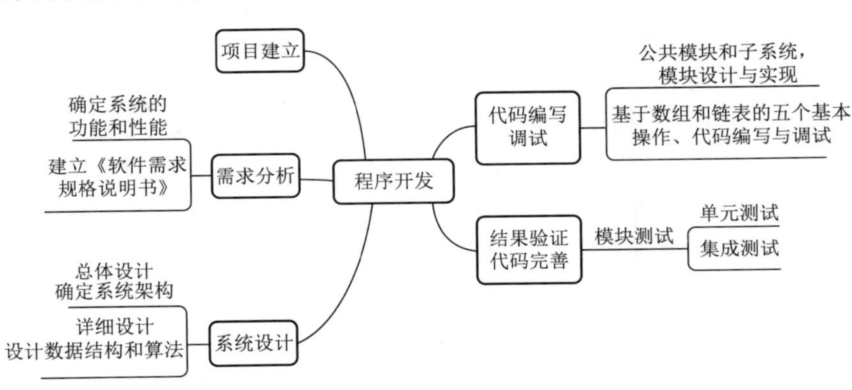

图7-1　程序开发知识导图

到目前为止，C语言的基本知识已经介绍了很多。本章将指导大家练习设计并实现一个综合应用系统。

任何计算机系统都包含硬件（Hard）和软件（Software）两大部分。软件的个体含义指计算机中的程序及其文档。软件的整体含义指在特定计算机系统中所有上述个体含义下的软件的总称，即计算机系统中硬件除外的所有部分。而软件的学科含义是指在研究、开发、维护以及使用个体含义和整体含义下的软件所涉及的理论、方法、技术所构成的学科。

计算机软件发展的三个阶段为程序设计、程序系统、软件工程。1968年，软件工程这一新的工程学科诞生。

目前，使用最广泛的软件工程方法学分别是传统方法学和面向对象方法学。C语言是结构化程序设计语言，因此我们在这里介绍传统方法学的设计思想。传统方法学也称为生命周期方法学，它采用结构化技术来完成软件开发的各项任务。传统方法学是从软件需求规格说明书出发，根据需求分析阶段确定的功能设计软件系统的整体结构、划分功能模块、确定每个模块的实现算法以及编写具体的代码，最后形成软件的具体设计方案，如图7-2所示。

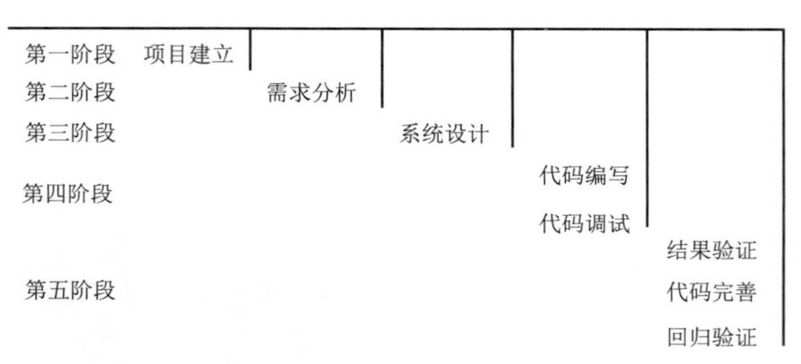

图7-2　软件设计的五个阶段

第一阶段项目建立是指对要建立的项目进行定义，编写相关文档，项目最初始阶段要进行的计划设计等。项目建立过程中首先要确定“要解决的问题是什么”，用户要求解决的工程的目标和规模；其次是要进行可行性研究，“对于每一个阶段所确定的问题有行得通的解决办法”，包括经济、技术、法律可行性方面的探讨。

第二阶段需求分析是指确定项目设计的目的，明确项目要完成的结果、预期目标等。单纯的软件系统是不能解决问题的，它只有和现实世界之间形成有效互动才能实现问题的解决。

需求分析中要确定系统必须具有的功能和性能，系统要求的运行环境，并且预测系统发展的前景。这个阶段的一项重要任务，是用正式文档准确地记录目标系统的需求，这份文档通常称为《软件需求规格说明书》。

第三阶段系统设计包含总体设计和详细设计。总体设计的主要任务是确定系统的架构，即给出软件的体系结构。详细设计的任务则是把解决问题的方法具体化，即设计数据结构和算法。

计算机科学中的数据结构是指计算机存储、组织数据的方式，它研究的是数据的逻辑结构和数据的物理结构以及逻辑结构与物理结构之间的相互关系。数据不仅仅是包含数据元素中的数值部分，还包含数据元素之间存在的各种错综复杂、千变万化的关系，“结构”就是指数据元素之间的关系，结构分为逻辑结构和物理结构。

数据的逻辑结构反映数据元素之间的逻辑关系，逻辑结构包括集合、线性结构、树形结构、图形结构。数据的物理结构指数据的逻辑结构在计算机存储空间的存放形式，常用的存储结构有顺序存储、链式存储、索引存储和哈希存储等。

算法是为求解一系列问题给出的一系列清晰的指令的集合，它往往是依赖于某种数据结构来实现的。算法设计的实质就是对实际问题要处理的具有某种逻辑关系的数据选择一种恰当的存储结构，并在选定的存储结构上设计一个稳定高效的算法。

这一阶段的任务仍不是编写程序，但我们也可以直接用程序来描述数据结构和算法。

第四阶段代码编写与调试是指对每一个函数的内部代码进行设计，这通常依赖于软件开发所使用的编程语言提供的机制。这个阶段的关键任务是基于第三阶段所设计的数据结构和算法写出正确、易理解、易维护、易测试、易调试、易复用的程序模块。测试是在认为程序能工作的情况下，为发现其问题而进行的一整套确定的系统化的实验，编码时应对所完成的功能模块进行单元测试，以保证模块能被正确地调用。

第五阶段代码完善及结果验证是指程序调试完毕后，应抽样验证工程是否运行正常，异常情况处理是否合理等。进一步对代码进行完善，以提高其健壮性。按照规格说明书的要求，由用户对目标系统进行验收。

以上即为软件设计的五个阶段，这也是我们在学习一门程序设计语言时会重点学习的知识，下面通过一些实验练习，学习并掌握这些知识。

7.1 需求分析

7.1.1 迷你实验

实验准备

2020年，新冠肺炎疫情爆发，某学校拟建立一个小型的人员健康信息管理系统。

如果请你用C语言实现这个人员健康信息管理系统程序，分析该程序需要包括哪些基本功能。

实验目标

用文字描述这个小型人员健康信息管理系统的程序项目需求。

实验内容

完成人员健康信息管理系统的功能需求描述。可参考以下给出的需求描述思考还有哪些功能可以补充。

需求1：要求系统提供普通教师用户、普通学生用户、管理员用户三种不同用户角色的权限管理，不同角色用户登录系统后拥有不同的权限。

需求2：管理员用户拥有“添加用户”“删除用户”“查询用户健康信息”“统计用户健康信息”“用户健康信息备份”“用户密码初始化”“修改登录密码”等功能。人机界面美观大方。

需求3：普通教师用户和普通学生用户拥有“填写每日健康信息”“修改登录密码”等权限。人机界面美观大方。

需求4：程序稳定性强，可以长期运行而不出现问题。

[部分功能扩展要求]

需求5*：用户登录输入密码时增加验证码输入和密码加密功能。

需求6*：管理员用户每日备份用户健康信息时，系统根据备份日期自动为备份文件命名。

需求7*：管理员用户查询用户健康信息时，提供模糊查询功能。

7.1.2 观察与思考实验

实验准备

请自行从网上搜索一份《软件需求规格说明书》范例。

实验目标

掌握《软件需求规格说明书》的书写规范。

实验内容

认真阅读你搜索到的《软件需求规格说明书》范例，完成一篇《用C语言实现一个小型的人员健康信息管理系统程序的软件需求规格说明书》。

7.1.3 应用实验

实验准备

观察常见的万年历应用程序，分析若用C语言实现一个带备忘录功能的万年历程序，需要完成哪些基本功能。

实验目标

从分析应用程序功能到能够完成软件项目需求说明书。

实验内容

用文字描述出带备忘录功能的万年历程序的项目需求，完成一篇《用C语言实现带备忘录功能的万年历程序软件需求规格说明书》。

7.1.4 归纳

在进行某项目设计时，首先应该根据问题的描述进一步进行需求分析，确定系统的目的。若对某些功能需求不清楚，可以通过调研、访谈与实地考察的方式进一步明确项目需求，并以文档的形式写出需求分析报告，参阅相关标准写出《软件需求规格说明书》。

练习对以下系统进行需求分析，写出《软件需求规格说明书》：

1. 学生成绩管理系统（包括系统管理员、教务处管理员、教师、学生四种用户）。
2. 图书管理系统（包括系统管理员、图书管理员、教职员工、学生四种用户）。
3. 校园进出管理系统（包括系统管理员、人事管理员、教职员工、学生四种用户）。
4. 疫情期间实验室和办公室管理系统（包括系统管理员、人事管理员、教职员工三种用户）。
5. 校园卡务管理系统（包括系统管理员、卡务管理员、教职员工、学生四种用户）。
6. 教学楼教室预约系统（包括系统管理员、教务处管理员、教师、学生四种用户）。

7.2 系统设计

系统设计包含总体设计和详细设计。总体设计主要包括：设计并选取合理的解决方案、功能分解、软件结构设计、数据库设计、制定测试计划及项目完成计划和编写文档。详细设计主要包括：面向结构化程序设计的数据结构设计、面向对象程序设计的数据结构设计、人机界面设计、算法设计和程序时间空间复杂度的定量度量。

7.2.1 迷你实验

实验准备

根据人员健康信息管理系统程序项目需求，思考该程序的系统设计。

实验目标

尝试画出人员健康信息管理系统程序项目的系统设计总体框图。思考进一步确定程序中涉及的数据及数据结构，确定系统的界面设计，确定主要的功能模块和模块间的接口，制订任务计划书，为7.3中的实验做准备。

实验内容

实验7.1.1中写出了人员健康信息管理系统程序的需求分析，根据该需求分析，可参考以下给出的人员健康信息管理系统程序的系统设计总体框图（见图7-3～图7-6），思考有哪些部分可以完善和补充。

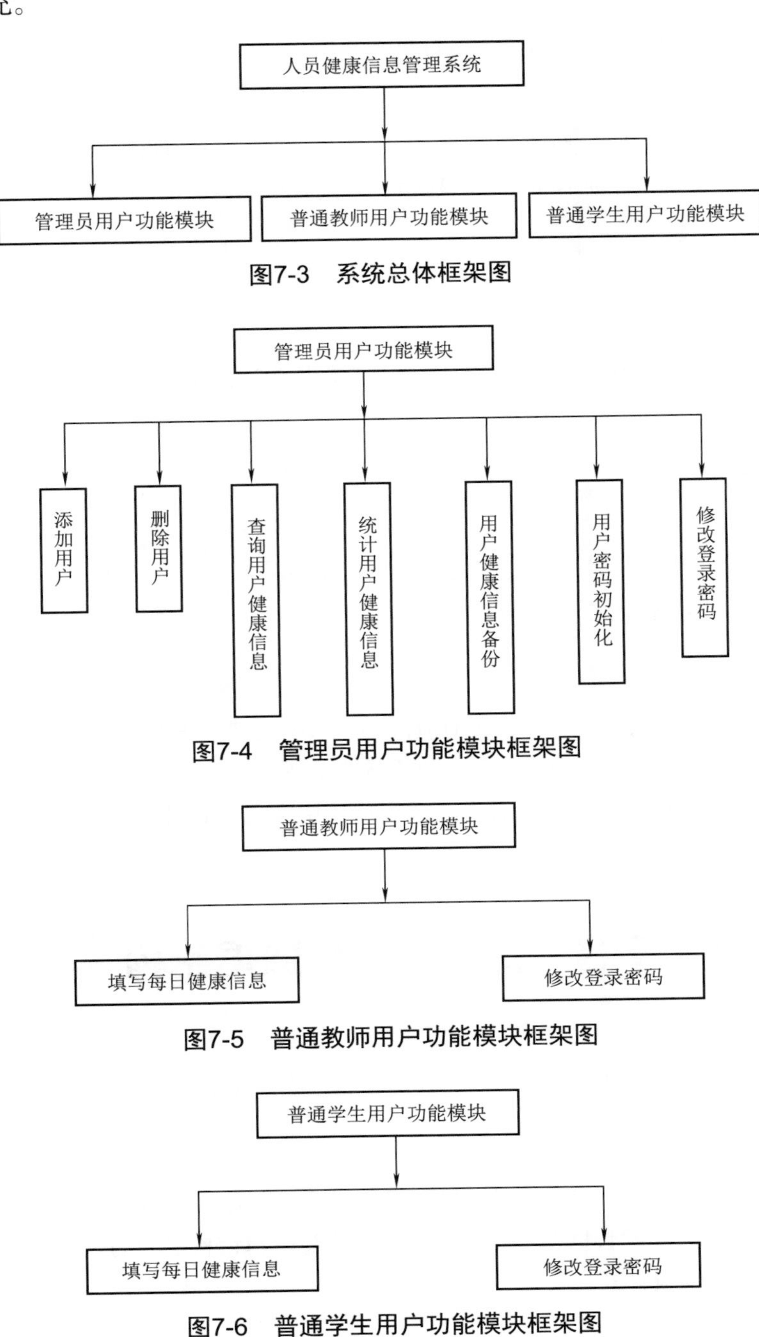

图7-3　系统总体框架图

图7-4　管理员用户功能模块框架图

图7-5　普通教师用户功能模块框架图

图7-6　普通学生用户功能模块框架图

7.2.2 观察与思考实验

实验准备

人员健康信息管理系统程序项目的系统设计总体框图看起来并不难，请同学们自行从网上搜索更多的程序设计项目实例，阅读和思考这些实例。

实验目标

学习网上找到的程序设计项目总体设计框图。

实验内容

尽可能寻找并阅读不同类型的程序设计系统框图，不仅是管理信息系统类的程序，还有棋类游戏、数学模型计算等各种不同类型的程序，阅读后写下自己的心得体会。

7.2.3 应用实验

实验准备

根据带备忘录功能的万年历程序项目需求，进行该程序的系统设计。

实验目标

画出带备忘录功能的万年历程序项目的系统设计总体框图。

实验内容

在实验7.1.3中写出了带备忘录功能的万年历程序的需求分析，根据该需求分析，画出带备忘录功能的万年历程序系统设计总体框图。

7.2.4 归纳

根据7.1.4的需求分析，画出6个系统对应的程序系统设计总体框图。

7.1.4节中给出的6个问题都属于管理信息系统类的程序（这类系统更契合C语言程序设计课程中学到的知识），C语言程序设计开发在实际应用中会遇到各种不同类型的问题，需要同学们在今后的学习中慢慢体会和积累。

7.3 算法设计与数据结构

7.3.1 迷你实验

实验准备

思考：如果请你用C语言实现人员健康信息管理系统程序，分析该程序中的数据应该用什么形式表示？采用什么样的数据存储结构？物理结构与逻辑结构之间的关系是怎样的？查找、排序、加密等算法如何设计？

实验目标

通过一些有关结构、指针的基本实验，逐步熟练掌握结构、指针的基本用法，为后续完成人员健康信息管理系统程序中的数据结构设计和算法设计打好基础。熟练掌握结构体声明，结构体的成员声明，定义结构体变量，结构体变量的初始化、赋值和使用，指针的概念、定义和基本使用方法，指针和数组的关系等内容。学习并掌握typedef结构类型定义，结构体的成员名与普通变量名同名时的区别及用法，结构体变量做自定义函数参数的用法。

实验内容

1. 运行代码，观察运行结果，分析并写出程序运行功能。

```
#include <stdio.h>
struct date
{
    int year;
    int month;
    int day;
};
struct student
{
    char stunum[11];                        //学号
    char name[20];                          //姓名
    struct date birthday;                   //生日
    char sex;                               //性别
    char id[19];                            //身份证号
    char address[100];                      //家庭住址
    char telNumber[12];                     //手机号码
    char major[50];                         //专业名称
};

int main()
{
    struct student s1={"1813016123","张红",
    {1999,10,1},'M',"310101199910017986","上海市杨浦区",
    "13795013322","光电信息与工程"};
    struct student s2;
    s2=s1;
    system("title 教程案例7-1");
    printf("学    号:%s\n",s2.stunum);
    printf("姓    名:%s\n",s2.name);
    printf("出生日期:%d-%d-%d\n",s2.birthday.year,
           s2.birthday.month, s2.birthday.day);
    printf("性    别:%s\n",s2.sex=='M'?"男":"女");
    printf("身份证号:%s\n",s2.id);
    printf("家庭住址:%s\n",s2.address);
    printf("电话号码:%s\n",s2.telNumber);
    printf("专业名称:%s\n",s2.major);

    return 0;
}
```

程序运行结果如图7-7所示。

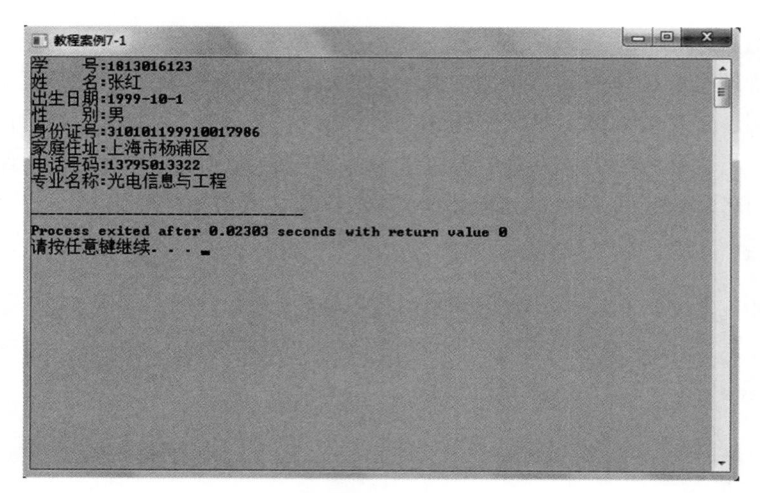

图7-7　教程案例7-1

2. 调试运行下列程序，若有错，请改正程序中的错误，并上机调试，使它能得到正确结果。

（1）功能说明：通过函数调用来交换变量a和b的值，用三个函数实现。

```
/*1*/     #include <stdio.h>
/*2*/     int main(){
/*3*/         int a=1,b=2;
/*4*/         int *pa=&a,*pb=&b;
/*5*/         void swap1(int x,int y);
/*6*/         void swap2(int *px,int *py);
/*7*/         void swap3(int *px,int *py);
/*8*/         swap1(a,b);
/*9*/         printf("After calling swap1:a=%d b=%d\n",a,b);
/*10*/        a=1;
/*11*/        b=2;
/*11*/        swap2(pa,pb);
/*12*/        printf("After calling swap2:a=%d b=%d\n",a,b);
/*13*/        a=1;
/*14*/        b=2;
/*15*/        swap3(pa,pb);
/*16*/        printf("After calling swap3:a=%d b=%d\n",a,b);
/*17*/        return 0;}
/*18*/    void swap1(int x,int y) {
/*19*/        int t;
/*20*/        t=x;
/*21*/        x=y;
/*22*/        y=t;}
/*23*/    void swap2(int *px,int *py) {
/*24*/        int t;
/*25*/        t=*px;
```

```
/*26*/        px=py;
/*27*/        *py=t;}
/*28*/    void swap3(int *px,int *py) {
/*29*/        int *pt;
/*30*/        pt=px;
/*31*/        *px=*py;
/*32*/        py=pt;
/*33*/    }
```

（2）功能说明：输入10个整数作为数组元素，分别使用数组方法和指针方法计算并输出它们的和。

```
/*1*/     #include <stdio.h>
/*2*/     int main()
/*3*/     {
/*4*/         int i,a[10],*p;
/*5*/         long sum=0;
/*6*/         printf("Enter 10 integers:");
/*7*/         for(i=0;i<10;i++)
/*8*/             scanf("%d",&a[i]);
/*9*/         for(i=0;i<10;i++)
/*10*/            sum=sum+a[i];
/*11*/        printf("calculated by array,sum=%ld\n",sum);
/*12*/        sum=0;
/*13*/        for(p=a;p<=a+9;p++)
/*14*/            sum=sum+p;
/*15*/        printf("calculated by pointer,sum=%ld\n",sum);
/*16*/        return 0;
/*17*/    }
```

3. 程序填空。依据题目要求，分析已给出的语句，将缺少的代码填写于横线上。不要增行或删行，不能改动程序的结构。

（1）以下程序的功能：将无符号八进制数构成的字符串转换为十进制整数。例如，输入的字符串为“556”，则输出十进制整数“366”。请填空。

```
#include <stdio.h>
int main()
{   char *p,s[6];
    int n;
    p=s;
    gets(p);
    n=*p-'0';
    while(____(1)____!='\0')n=n*8+*p-'0';
    printf("%d\n",n);
    return 0;
}
```

（2）以下程序的功能：从键盘输入一行字符，存入一个字符数组中，然后输出该字符串。请填空。

```
#include <stdio.h>
int main()
{   char str[81],*sptr;
    int i;
    for(i=0;i<80;i++)
    {   str[i]=getchar();
        if(str[i]=='\n')  break;
    }
    str[i]=___①___;
    sptr=str;
    while(*sptr)  putchar(___②___);
}
```

编写处理复杂数据的C程序时，需要用结构和指针定义复杂的数据类型和结构。

以上3个小实验帮助我们学习掌握C语言中结构和指针的最基本用法。这对后续实际程序设计有非常重要的意义。

4. 运行代码，观察运行结果，分析程序功能。

```
#include <stdio.h>
#include <math.h>

typedef struct {
    double x, y;
}POINT;

typedef struct {
    POINT center;
    double radius;
}CIRCLE;

double distance(POINT p1,POINT p2){
    double x, y, dist;
    x=p2.x-p1.x;
    y=p2.y-p1.y;
    dist=sqrt(x*x + y*y);
    return dist;
}
int main (){
    POINT pt1={1.56,5.33}, pt2={9.06, 15.92},pt3;
    CIRCLE circ0={{3.5,2.07},1.25};
    pt3.x=20.0;
    pt3.y=circ0.center.y+3.14;
    system("title 教程案例7-4");
    printf("distance(pt1,pt2): %f\n",distance(pt1,pt2));
```

```
    printf("distance:(pt1,pt3) %f\n",distance(pt1,pt3));

    return 0;
}
```

程序运行结果如图7-8所示。

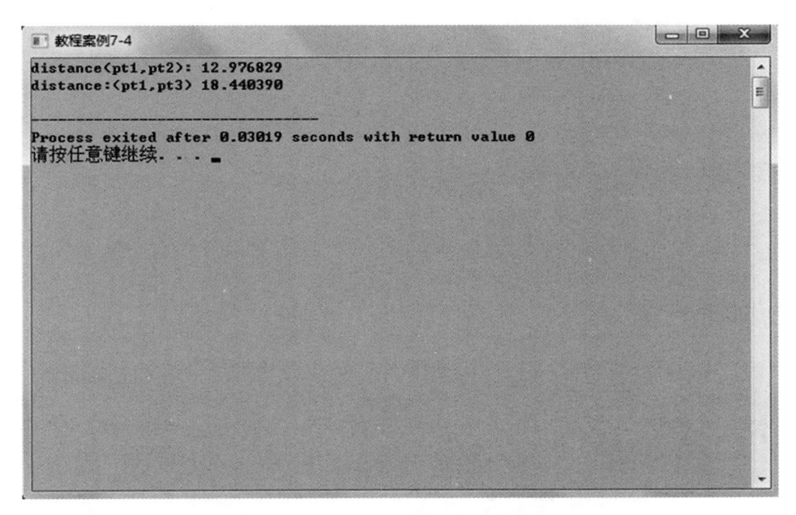

图7-8　教程案例7-4

说明：

当需要在程序中反复使用某种结构时，最好把它定义为类型（用 typedef），定义了结构类型后，就可以用这个类型名字在程序里代表所定义的结构，写出的程序更加简短清楚，方便后期程序的修改和维护。

5. 运行代码，观察运行结果，分析并写出程序功能。学习typedef结构类型定义的另一种定义写法以及结构体数组的定义和使用。结合这个程序，思考人员健康信息管理系统程序中的数据如何表示、如何存储。

```
#define N 4
struct studentinfomation
{   char id[11];            //学生学号
    char name[31];          //学生姓名
    float T;                //体温
    char major[21];         //学生所在专业
};
typedef struct studentinfomation StuInfo;
int main()
{
    StuInfo s[N]={
                        {"1913017202","张彤",36.3,"光电信息"},
                        {"1913017235","李斯辰",35.8,"工商管理"},
                        {"1913017223","赵勤",36.5,"计算机"},
```

```
                    {"1913017217","徐涛",36.7,"电子信息"}
                   };
    int i;
    system("title 教程案例7-5");
        printf("学生学号\t学生姓名\t体温\t学生所在专业\n");
    for(i=0;i<N;i++)
    {
        printf("%s\t",s[i].id);
        printf("%s\t",s[i].name);
        printf("%13.2f",s[i].T);
        printf("\t%s\n",s[i].major);
    }
    return 0;
}
```

程序运行结果如图7-9所示。

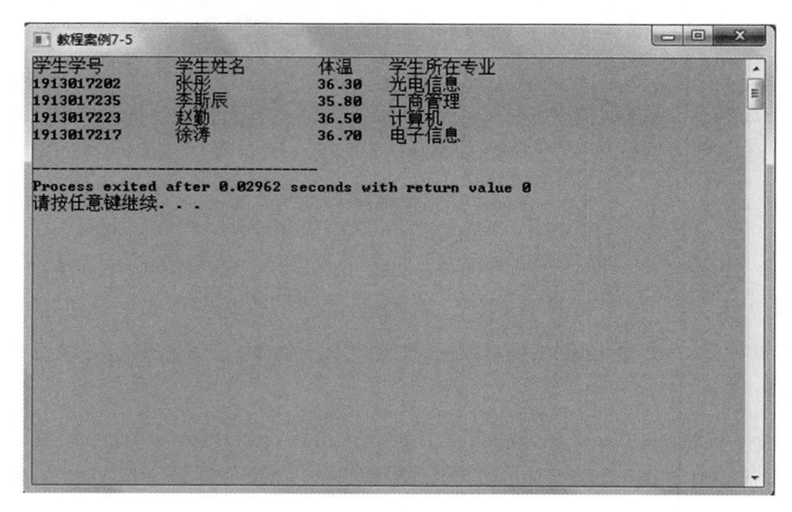

图7-9 教程案例7-5

7.3.2 观察与思考实验

实验准备

分析人员健康信息管理系统程序项目的数据结构以及需要哪些基本操作的算法。

实验目标

确定人员健康信息管理系统程序项目的数据结构以及输入、输出、插入、删除、查找、排序等基本操作的算法。

实验内容

写出人员健康信息管理系统程序项目的数据结构。写出输入、输出、插入、删除、查找、排序等基本操作的算法。

人员健康信息管理系统程序用户信息可包含的数据如表7-1所示。

表 7-1　用户信息表

属　性　名　称	数 据 类 型	长　　度	是否可为空
用户账号	字符串	10	否
用户姓名	字符串	20	否
用户角色	整型	默认	否
用户性别	字符型	默认	否
用户部门	整型	默认	否
身份证号	字符串	18	否
当日体温	实型	默认	否
移动电话号码	字符串	11	否
填报日期	自定义日期型	12	否
用户密码	字符串	6	否
是否在校内外及是否在本地（状态 1）	整型	默认	否
当前所在地区	字符串	30	否
是否有与被感染人群接触历史，是否有曾感染并治愈等情况（状态 2）	整型	默认	否

请按以上用户信息表定义恰当的结构体类型，并创建相应的结构体数组，结合前6章的知识实现简单的数据输入、输出、插入、删除、查找等算法。人员健康信息管理系统属于批量数据管理信息系统，系统主要的功能是遍历、插入、删除、排序、查找这个五个基本操作，围绕这五个基本操作并基于数组存储方式的算法在前6章中已有很多介绍和练习，这部分内容请参考前6章复习掌握。

7.3.3　应用实验

实验准备

分析带备忘录功能的万年历程序项目的数据结构以及需要哪些基本操作的算法。

实验目标

确定带备忘录功能的万年历程序项目的数据结构以及输入、输出、插入、删除、查找等基本操作的算法。

实验内容

参照实验7.3.2，写出带备忘录功能的万年历程序项目的数据结构以及输入、输出、插入、删除、查找等基本操作的算法。

7.3.4　归纳

根据7.2.4对6个系统设计的程序系统总体框图，写出相应项目的数据结构以及输入、输出、插入、删除、查找等基本操作的算法。

7.4 代码编写与调试

7.4.1 迷你实验

实验准备

在前面的章节中已详细介绍了围绕遍历、插入、删除、排序、查找这个五个基本操作并基于数组存储方式的算法（结构体数组与普通的一维数组或多维数组在数据存储方式上是相同的，相应的算法也相同），下面介绍另一种批量数据存储方式，链式存储结构。

在C语言里，实现链式存储结构的基本构件是自引用结构，这种结构的每个元素也被称为结点，用结构体实现，结构体的成员包括各种实际数据成员以及一个或几个指向本类结构的指针。一个结点里的指针指向另一个结点，多个结点通过指针连接起来，这种结点通过指针相连的方式也被称为链接，通过链接形成的复杂数据存储结构称为链式存储结构。

最简单的链式存储结构是每个结点只有一个指针，每个指针都指向链表中的下一个结点。链表中的最后结点的指针设为空指针（指针的值为0），表示链表的结束，这样形成的链式结构被称为单链表，如图7-10所示。

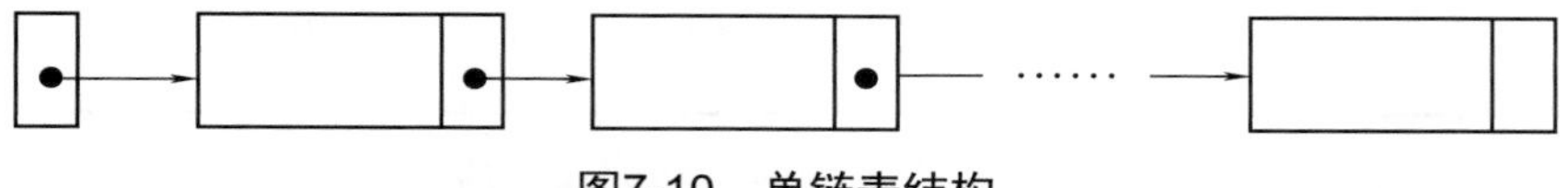

图7-10　单链表结构

本章节仅要求练习并掌握单链表的应用，更多链表内容请参考《数据结构》内容。

建立单链表，首先要定义一个表示链表中单个结点的结构体类型。例如创建一个能够存放若干学生的学号及某一门课成绩的单链表，则可以将结点的结构体类型定义为：

```
struct student
{
    int iNum;          //学生学号
    float fScore;    //学生成绩
    struct student *pStrNext;    //指向下一结点的指针
};
```

在这个结构体类型的成员中包含一个指向同类结构的指针，所以这种结构被称为自引用结构。

还可以用以下方式定义：

```
typedef struct student NODE,*LINK;
struct student
{
    int iNum;          //学生学号
    float fScore;    //学生成绩
    LINK pStrNext;    //指向下一结点的指针
};
```

还可以写成：

```
typedef struct student
{
    int iNum;         //学生学号
    float fScore;    //学生成绩
    struct student *pStrNext;      //指向下一结点的指针
}NODE,*LINK;
```

如果采用后面两种写法，在后续的代码中就可以用NODE作为结点的数据类型名称，用LINK作为结点类型指针的数据类型名称，使代码更简洁。大家可以根据自己的喜好选择其中一种。

实验目标

创建一个能够存放若干学生学号和某一门课成绩的单链表，输出显示这个单链表中的数据内容，在已有代码的基础上进一步扩充数据插入、删除、查找、排序等功能。

实验内容

1. 运行代码，观察运行结果，分析并写出程序的功能。本程序中，在创建链表时，每个新增结点都添加到链表的表尾，为了方便进行结点添加，在程序中不仅为链表创建了一个指向链表头的头指针pStrStuHead，还创建了一个尾指针pStrStuTail，尾指针始终指向链表的最后一个结点。通过本程序学习链表结点类型定义的写法并尝试其他写法，用链表实现批量数据的存储，基于链表存储方式，实现数据的遍历、插入、删除、排序、查找等基本操作。结合这个程序，思考人员健康信息管理系统程序中的数据如何用链表实现存储以及相应的5个基本操作。

```
#include <stdio.h>
#include <stdlib.h>
struct student
{
    int iNum;         //学生学号
    float fScore;    //学生成绩
    struct student *pStrNext;    //指向下一结点的指针
};
//创建链表
struct student * create( )
{
    struct student *pStrStuHead=0,*pStrStuTemp,*pStrStuTail=0;
    int iNumTemp;
    float fScoreTemp;
    printf("input num and score(>=0), 当输入成绩值为负数时结束):\n");
    scanf("%d",&iNumTemp);
    scanf("%f",&fScoreTemp);
    while(fScoreTemp>0)
    {
        //申请结点并填入数据，结点的指针域为0，因为新结点将作为最后一个结点
        pStrStuTemp=(struct student*)malloc(sizeof(struct student));
        pStrStuTemp->iNum=iNumTemp;
        pStrStuTemp->fScore=fScoreTemp;
        pStrStuTemp->pStrNext=0;
        //接入链表
        if(!pStrStuHead)
        //接入第一个结点，头指针、尾指针均指向该结点
```

```
            pStrStuHead=pStrStuTail=pStrStuTemp;
        else{
        //接入非第一个结点
            pStrStuTail->pStrNext=pStrStuTemp;//接在尾指针所指结点之后
            pStrStuTail=pStrStuTemp;//尾指针指向新加入结点
        }
        printf("input num and score(>=0, <0 end):\n");
        scanf("%d",&iNumTemp);
        scanf("%f",&fScoreTemp);
    }
    return pStrStuHead;
}
//输出链表
void list(struct student *pStrStuHead)
{
    while(pStrStuHead)
    {
        printf("%d\t%f\t\n",pStrStuHead->iNum,pStrStuHead->fScore);//输出
        pStrStuHead=pStrStuHead->pStrNext;//移动到下一个结点
    }
}


int main()
{
    struct student strStuTemp;
    struct student *pStrStuHead,*pStrStuResult;
    float fScoreTemp;
    int iNumTemp;
    system("title 教程案例7-6");
    pStrStuHead=create(); //创建链表
    list(pStrStuHead); //输出链表所有结点
    return 0;
}
```

程序运行结果如图7-11所示。

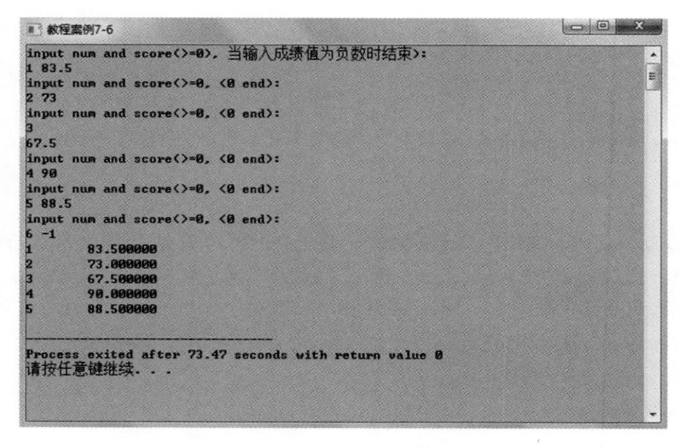

图7-11　教程案例7-6

2. 编写程序，要求从键盘输入一个字符串，然后反序输出刚才输入的字符串。使用链表作为数据的存储结构。

3. 已有a、b两个按学号升序排列的单链表，每个链表中的结点包括学号、成绩。编写程序，要求把两个链表合并，按学号升序排列。

7.4.2 观察与思考实验

实验准备

前面已介绍了数组、链表这两种数据存储结构，人员健康信息管理系统程序中的批量数据存储方式可以选择这两种方式中的任何一种实现。如果数据在内存中以数组形式存储，在外存以文件形式存储，思考如何进行系统的代码编写。

实验目标

确定人员健康信息管理系统程序的运行界面设计、主要模块设计。

实验内容

人员健康信息管理系统程序的运行界面如图7-12～图7-16所示。

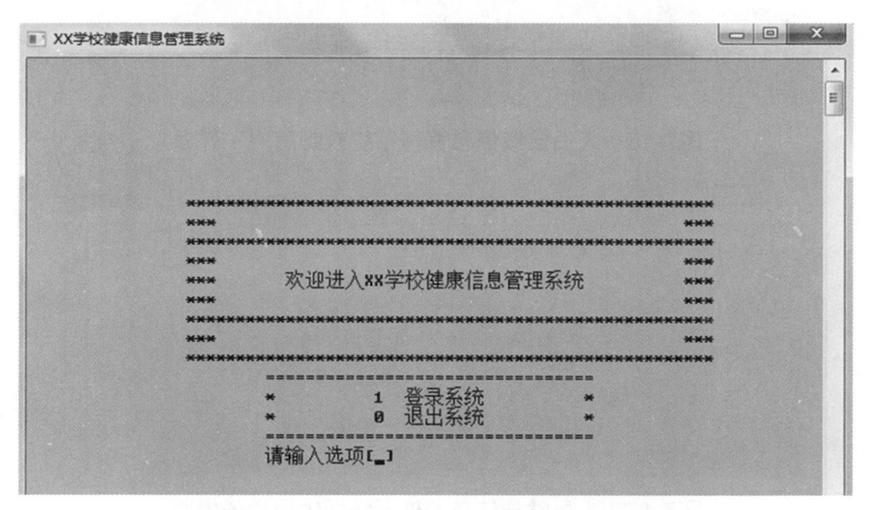

图7-12 人员健康信息管理系统程序的运行主界面

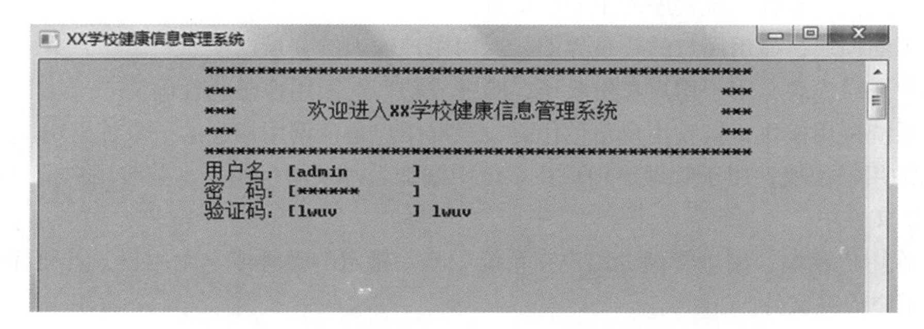

图7-13 人员健康信息管理系统程序的用户登录界面

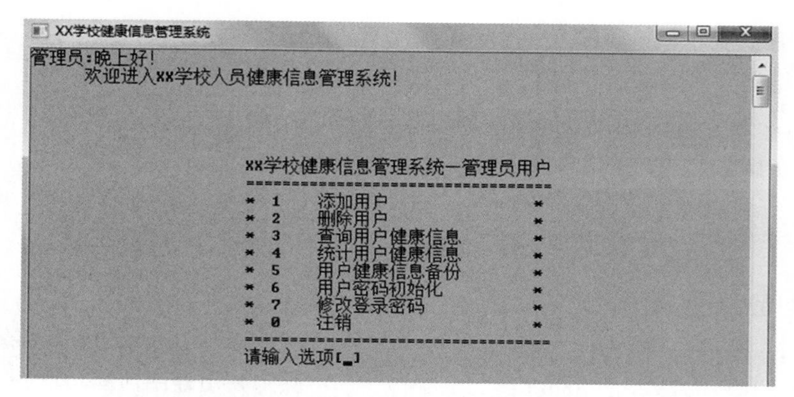

图7-14 人员健康信息管理系统管理员用户子界面

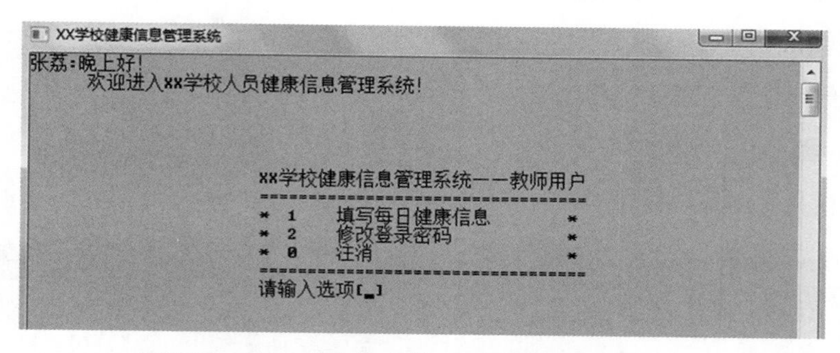

图7-15 人员健康信息管理系统教师用户子界面

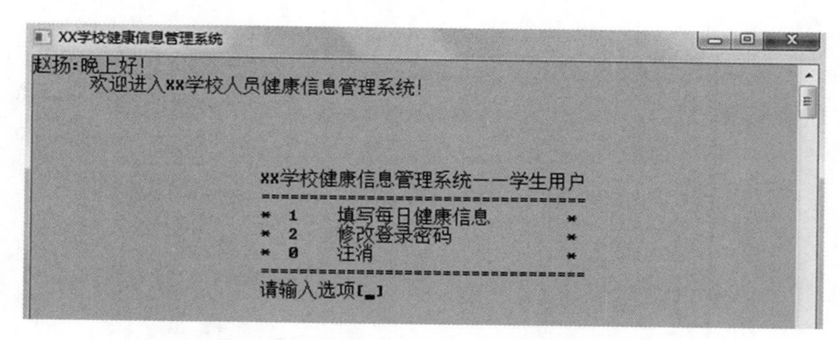

图7-16 人员健康信息管理系统学生用户子界面

人员健康信息管理系统程序的主要模块有：

1. 主界面模块，显示用户的登录界面，返回用户输入的登录选项。

2. 用户登录模块，用于用户身份验证，验证成功后返回用户角色代码。

3. 子系统调用模块，接收用户角色代码，根据用户角色调用相应的子系统模块。

4. 添加用户模块，用于管理员用户在系统中添加教师或学生用户，并将用户信息追加保存到用户信息文件中。

5. 删除用户模块，用于管理员用户在系统中删除指定的教师或学生用户，若删除成功，需及时修改用户信息文件。

6. 健康信息填写模块，用于教师或学生用户填写每日健康信息。

除了以上列出的主要模块，系统还需要增加哪些基本模块，请思考并写出。

人员健康信息管理系统程序的主要模块编码：

1. 主界面模块。

```
int mainMenu()
{
    int choice;
    system("title XX学校健康信息管理系统");
    printf("\n\n");
    printf(" \t\t*****************************************************\n");
    printf(" \t\t***                                               ***\n");
    printf(" \t\t*****************************************************\n");
    printf(" \t\t***                                               ***\n");
    printf(" \t\t***         欢迎进入XX学校健康信息管理系统          ***\n");
    printf(" \t\t***                                               ***\n");
    printf(" \t\t*****************************************************\n");
    printf(" \t\t***                                               ***\n");
    printf(" \t\t*****************************************************\n");
    printf("\t\t\t====================================\n");
    printf("\t\t\t*           1  登录系统\t\t*\n");
    printf("\t\t\t*           0  退出系统\t\t*\n");
    printf("\t\t\t====================================\n");
    printf("\t\t\t请输入选项[ ]\b\b");
    scanf("%d",&choice);
    return choice;
}
```

2. 用户登录模块。

```
int login( char UserId[])
{
    user uArray[MAX_USER];                              //用户数组
    int userTotal;                                      //用户总数
    int counter=3;
    char verificationCode[5];                          //存放验证码
    char inputVerificationCode[5];                     //存入用户输入的验证码
    char originalPassWord[LENGTH_OF_PASS+1];
    char password[LENGTH_OF_PASS+1];
    int pos;


    userTotal=readUserFromFile(uArray,"user.dat"); //从文件中读入用户信息
    while (counter>0)
    {   system("cls");
        counter--;
        printf(" \t\t"
        "*****************************************************\n");
        printf(" \t\t***                                          ***\n");
```

```
        printf(" \t\t***      欢迎进入XX学校健康信息管理系统                  ***\n");
        printf(" \t\t***                                                      ***\n");
        printf(" \t\t*********************************************************\n");
        printf(" \t\t用户名: [               ]\b\b\b\b\b\b\b\b\b\b\b\b");
        scanf("%s",UserId);
        printf(" \t\t密  码: [               ]\b\b\b\b\b\b\b\b\b\b\b\b");
        inputPassWord(password,7);
        getVerificationCode(verificationCode,4);
        printf(" \t\t验证码: [            ] %s"
        "\b\b\b\b\b\b\b\b\b\b\b\b\b\b\b\b\b\b",verificationCode);
        scanf("%s",inputVerificationCode);
        pos=userSearch(uArray,userTotal,UserId);
        if(pos==-1)
            {   printf("该用户不存在! 还有%d次登录机会。\n",counter);
                getch();
                continue;
            }
        else
        {   strcpy(originalPassWord,uArray[pos].password);
            decryption(originalPassWord);          //解密原始密码
            if(strcmp(originalPassWord,password)!=0)
            {   printf("输入的密码有误, 还有%d次登录机会。\n",counter);
                getch();
                continue;
            }
            else
                if(strcasecmp(verificationCode,inputVerificationCode)!=0)
                {   printf("输入的验证码有误, 还有%d次登录机会。\n",counter);
                    getch();
                    continue;
                }
            else
                return uArray[pos].role;      //返回用户角色
            }
        }
    return -1;        //登录失败
}
```

3. 子系统调用模块。

```
int main()
{
    int c,loop=1;
    char UserId[LENGTH_OF_USERID+1];                    //用户账号
    while(loop==1)
    {
        system("cls");  //清除屏幕
        c=mainMenu();   //显示登录菜单
```

```
        switch(c)
        {
            case  1:  //登录系统
                c=login(UserId);    //调用身份验证函数，返回用户角色
                enterSystem(c,UserId);    //显示不同角色对应的菜单
                break;
            default:     //退出系统
                loop=0;
                break;
        }
        showtime(1);
    }
    return 0;
}

void enterSystem(int c,char UserId[])
{
    switch(c)
    {
        case 1: //c==1表示管理员用户登录
            adminSystem(UserId);
            break;
        case 2://c==2表示教师用户登录
            teacherSystem(UserId);
            break;
        case 3://c==3表示学生用户登录
            studentSystem(UserId);
            break;

        default:
            break;
    }
}
```

分析以上给出的部分源代码，思考它们的含义，写出上述代码的功能。

在上面给出的代码基础上，进一步完成系统代码的编写并调试。

编码时注意以下问题：

（1）合理地对变量和函数命名，当程序较为复杂时，合适的变量及函数名称有利于理解变量及函数功能，便于理解和把握程序的逻辑结构。

（2）编写复杂程序时，要善于分解自定义函数功能，善于组合利用自定义函数，以减少重复编写代码的工作量，函数的入口参数设计也非常重要。

（3）语句采用一致的缩进风格，尽量不用复杂的表达式，增强程序的可读性。

（4）有限制地使用全局变量。

7.4.3 应用实验

实验准备

用数组、链表这两种数据存储结构设计实现一个带备忘录功能的万年历程序。

实验目标

确定一个带备忘录功能的万年历程序的运行界面设计、主要模块设计，完成代码编写。

实验内容

1. 界面设计可参考以下程序运行界面，如图7-17 ~ 图7-21所示。除了以下列出的模块，思考并写出系统还可以增加哪些模块。

（1）主界面模块，显示万年历功能选项，例如按年月查询月历，输入日期添加备忘录，输入日期查询备忘录等，返回用户输入的选项值。

（2）子系统调用模块，接收用户输入的选项，根据选项调用相应的子系统模块。

（3）用蔡勒（Zeller）公式计算输入日期是星期几。输出显示当月的月历，并能用键盘的上下左右键查询上一年同月、下一年同月、上一月、下一月的月历。

（4）输入日期添加备忘录信息，并保存到文件。

（5）查询备忘录信息。

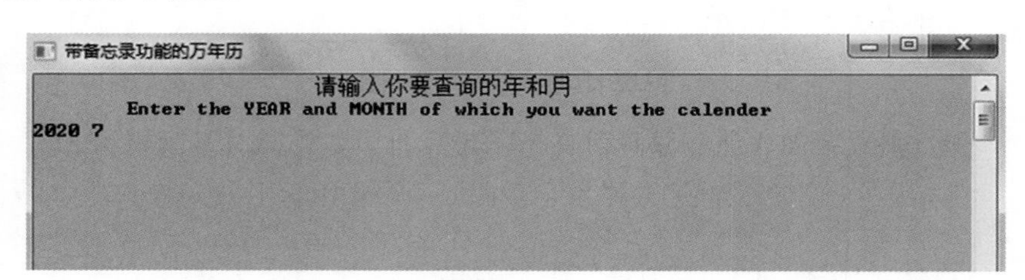

图7-17　带备忘录功能的万年历程序运行界面1

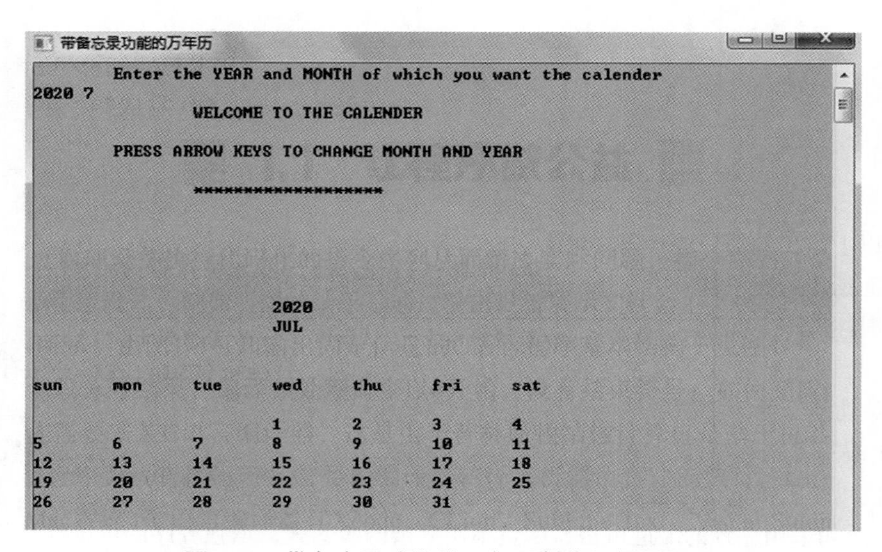

图7-18　带备忘录功能的万年历程序运行界面2

万年历可以通过键盘的上下左右键查询上一年、下一年、上一月、下一月。

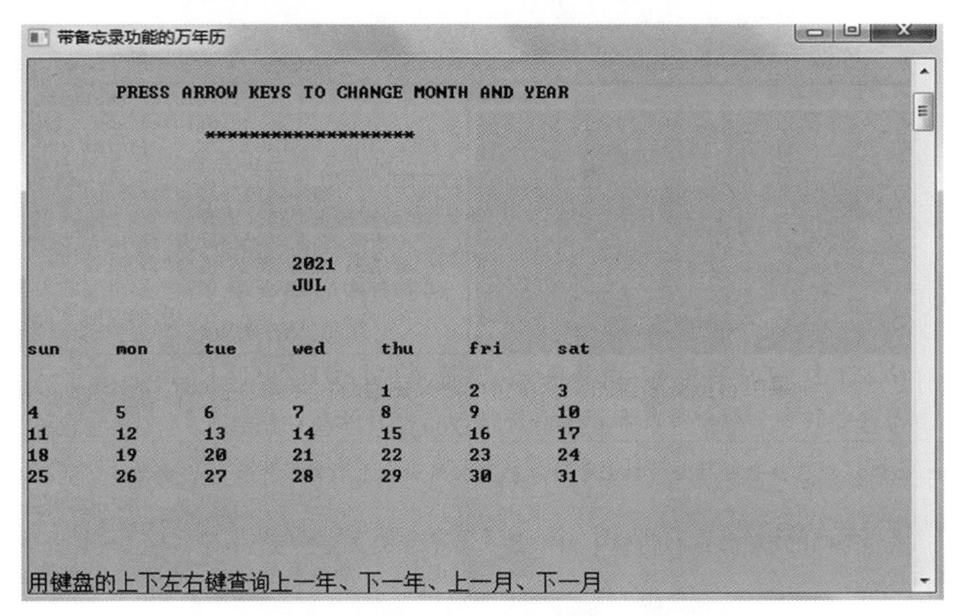

图7-19　带备忘录功能的万年历程序运行界面3

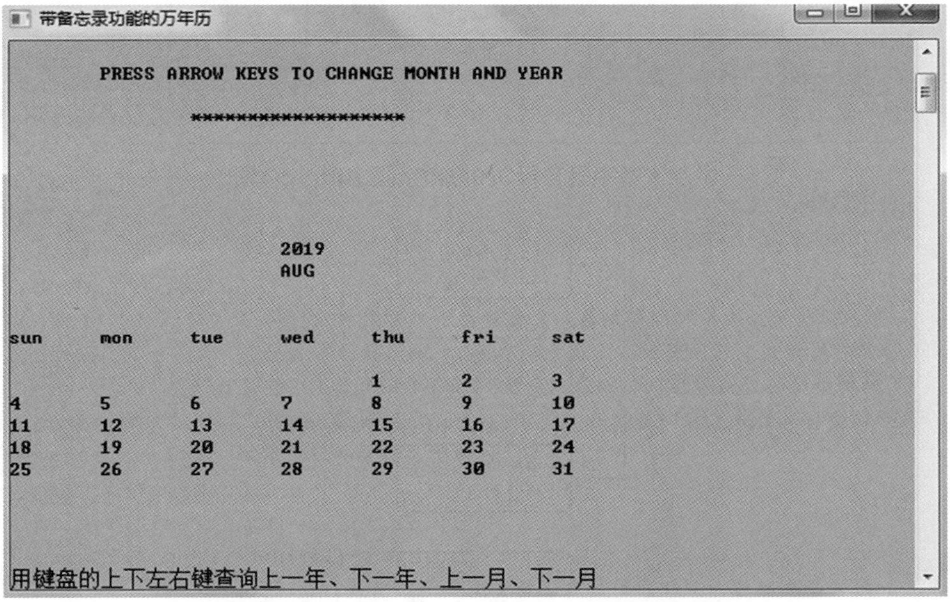

```
带备忘录功能的万年历

        PRESS ARROW KEYS TO CHANGE MONTH AND YEAR

                ********************

                              2019
                              AUG

sun     mon     tue     wed     thu     fri     sat

                                1       2       3
4       5       6       7       8       9       10
11      12      13      14      15      16      17
18      19      20      21      22      23      24
25      26      27      28      29      30      31

用键盘的上下左右键查询上一年、下一年、上一月、下一月
```

图7-20　带备忘录功能的万年历程序运行界面4

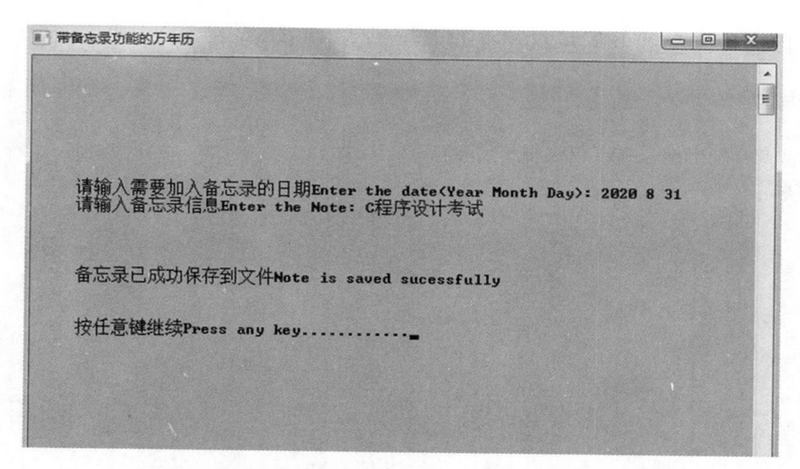

图7-21　带备忘录功能的万年历程序运行界面5

2. 完成带备忘录功能的万年历程序的代码编写。以下是部分可参考的代码。

（1）用蔡勒公式计算星期几。

```
int getDayNumber(int day,int mon,int year)   //retuns the day number
{
    int res=0,t1,t2,y=year;
    year=year-1600;
    while(year>=100){
        res=res+5;
        year=year-100;
    }
    res=(res%7);
    t1=((year-1)/4);
    t2=(year-1)-t1;
    t1=(t1*2)+t2;
    t1=(t1%7);
    res=res+t1;
    res=res%7;
    t2=0;
    for(t1=1;t1<mon;t1++){
        t2+=getNumberOfDays(t1,y);
    }
    t2=t2+day;
    t2=t2%7;
    res=res+t2;
    res=res%7;
    if(y>2000)
        res=res+1;
    res=res%7;
    return res;
}
```

（2）判断输入的年月日是否合法。

```
char *getDay(int dd,int mm,int yy){
    int day;
    if(!(mm>=1&&mm<=12)){
        return("Invalid month value");
    }
    if(!(dd>=1&&dd<=getNumberOfDays(mm,yy))){
        return("Invalid date");
    }
    if(yy>=1600){
        day=getDayNumber(dd,mm,yy);
        day=day%7;
        return(getName(day));
    }else{
        return("Please give year more than 1600");
    }
}
```

（3）输入备忘录信息，保存到文件。

```
void AddNote(){
    FILE *fp;
    fp=fopen("note.dat","ab+");
    system("cls");
    gotoxy(5,7);
    printf("请输入需要加入备忘录的日期Enter the date(Year Month Day): ");
    scanf("%d%d%d",&R.yy,&R.mm,&R.dd );
    gotoxy(5,8);
    printf("请输入备忘录信息Enter the Note: ");
    fflush(stdin);
    scanf("%s",R.note);
    if(fwrite(&R,sizeof(R),1,fp)){
        gotoxy(5,12);
        puts("备忘录已成功保存到文件Note is saved sucessfully");
        fclose(fp);
    }else{
        gotoxy(5,12);
        puts("\a备忘录未能存储Fail to save!!\a"); //转义字符'\a'代表响铃

    }
    gotoxy(5,15);
    printf("按任意键继续Press any key............");
    getch();
    fclose(fp);
}
```

请继续完成带备忘录功能的万年历程序的代码编写。

7.4.4 归纳

根据7.3.4对6个系统设计的数据结构以及输入、输出、插入、删除、查找等基本操作的算法，进一步完成系统的界面设计、模块设计和代码编写。

7.5 测试、归纳与提高

在进行程序设计时，通常需要多次检查和修改才能完成程序的编译工作，而运行情况更是经常出错，不能顺利实现所需要的功能。这说明程序设计工作绝不是一帆风顺的，较为复杂的程序系统总是要在不断的测试中发现问题，再反复修改后才能稳定地工作。程序测试的目的是发现系统中的错误，测试时要尽可能用近似真实的测试数据。

第1章中已简单介绍过常用的两种测试方法：白盒测试法和黑盒测试法，这两种方法互为补充。白盒测试也称结构测试，要分析程序的源代码，验证代码是否与设计要求相符合；黑盒测试也称为功能测试，在不考虑程序内部结构和内部特性的情况下，力图发现被遗漏的功能 。

以下讲述的软件测试方法包括在面向对象的软件设计方法中的软件测试方法。

模块测试是对软件基本组成模块进行的测试（如函数/子过程或类/类的方法），模块具有一些基本属性，如明确的功能、规格定义，明确的与其他部分的接口定义等，可清晰地与同一程序的其他模块划分。模块测试的目的在于发现各模块内部可能存在的各种错误，它主要基于白盒测试。

模块测试的特点有：

（1）多个模块可以平行地独立进行模块测试；

（2）模块测试是早期的基于代码运行的测试，是在软件开发过程中要进行的最低级别的测试，是非常重要的测试；

（3）模块测试能够在改善应用质量的同时大量削减开发时间和成本；比如模块级修改一个类只会影响到原始的类，而在较高的层次上修改一个类可能会改变多个程序部件的设计和功能性。

（4）完成了模块测试工作，很多错误将被纠正，开发人员能够进行更高效的系统集成工作，完整计划下的模块测试是对时间的更高效的利用。

模块测试包括单元测试和集成测试，单元测试的测试对象是模块下实现具体功能的单元（详细设计），如图7-22所示，集成测试的测试对象是模块以及模块间的组合（概要设计）。

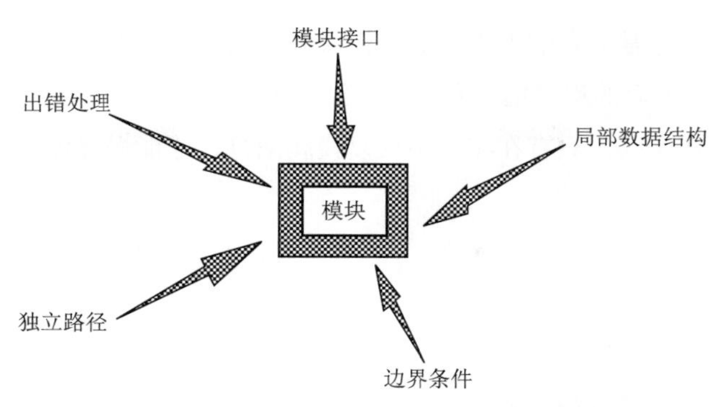

图7-22　单元测试的测试方法示意图

在做单元测试时，测试者需要依据详细设计说明书和源程序清单，了解该模块的输入／输出条件和模块的内部逻辑结构。单元测试可从以下9个方面进行考虑：

（1）模块接口：对被测的模块，信息能否正常无误地流入和流出。

（2）局部数据结构：在模块工作过程中，其内部的数据能否保持其完整性，包括内部数据的内容、形式及相互关系不发生错误。

（3）路径测试：发现由于计算错误、不正确的判定或不正常的控制流而产生的错误。

（4）出错处理：模块工作过程中如果发生了错误，其中的出错处理措施是否有效。

（5）边界条件：在为限制数据处理而设置的边界处模块是否能够正常工作。

（6）调用所测模块时的输入参数与模块的形式参数在个数、属性、顺序上是否匹配。

（7）所测模块调用子模块时，它向子模块输入的实际参数与子模块的形式参数在个数、属性、顺序上是否匹配。

（8）本模块是否修改了只做输入用的形式参数。

（9）全局变量的定义在各模块中是否一致。

在分析局部数据结构时，特别需要注意是否有不正确的数据说明，是否置初值错误或使用错误的缺省值，是否使用尚未赋值或尚未初始化的变量，变量名是否有拼写错误或书写错误，是否有不相容的数据类型，是否有数据上溢、下溢或地址异常等情况。

在分析模块内重要的逻辑路径（复杂的分支与循环）时，要注意是否存在算术及逻辑运算次序不正确和理解错误，是否有算法错误及计算精度不够的情况。例如，因浮点运算精度问题造成的不等，而又用相等条件进行控制转向；“差1错”，即不正确地多循环或少循环一次；错误的循环终止条件；当遇到发散的迭代时不能终止循环；不正确地修改循环变量等问题。

在测试时，可以借助边界测试帮助我们发现错误。例如，测试在n次循环的第0次、1次、n次是否有错误；运算或判断取最大最小值时是否有错误；数据流、控制流中刚好等于、大于、小于确定的比较值时是否出现错误等。

模块并不是一个独立的程序，在考虑测试模块时，同时要考虑它和外界的联系。在模块测试过程中经常要使用一些辅助模块去模拟与被测模块相联系的其他模块，从而达到集成测试的目的。

总之，程序是一种非常复杂的人工制品，模块测试的技术和方法可以帮助我们排除各模块内部的大部分缺陷，为最后的程序集成和调试提供坚实的基础。

程序设计过程重在实践，只有在实践中反复摸爬滚打，才能慢慢体会真实软件开发中使用的思想和技术。

附录A ASCII码表

Bin(二进制)	Oct(八进制)	Dec(十进制)	Hex(十六进制)	缩写/字符	解 释
0000 0000	0	0	00	NUL(null)	空字符
0000 0001	1	1	01	SOH(start of headline)	标题开始
0000 0010	2	2	02	STX (start of text)	正文开始
0000 0011	3	3	03	ETX (end of text)	正文结束
0000 0100	4	4	04	EOT (end of transmission)	传输结束
0000 0101	5	5	05	ENQ (enquiry)	请求
0000 0110	6	6	06	ACK (acknowledge)	收到通知
0000 0111	7	7	07	BEL (bell)	响铃
0000 1000	10	8	08	BS (backspace)	退格
0000 1001	11	9	09	HT (horizontal tab)	水平制表符
0000 1010	12	10	0A	LF (NL line feed, new line)	换行键
0000 1011	13	11	0B	VT (vertical tab)	垂直制表符
0000 1100	14	12	0C	FF (NP form feed, new page)	换页键
0000 1101	15	13	0D	CR (carriage return)	回车键
0000 1110	16	14	0E	SO (shift out)	不用切换
0000 1111	17	15	0F	SI (shift in)	启用切换
0001 0000	20	16	10	DLE (data link escape)	数据链路转义
0001 0001	21	17	11	DC1 (device control 1)	设备控制 1
0001 0010	22	18	12	DC2 (device control 2)	设备控制 2
0001 0011	23	19	13	DC3 (device control 3)	设备控制 3
0001 0100	24	20	14	DC4 (device control 4)	设备控制 4
0001 0101	25	21	15	NAK (negative acknowledge)	拒绝接收
0001 0110	26	22	16	SYN (synchronous idle)	同步空闲
0001 0111	27	23	17	ETB (end of trans. block)	结束传输块
0001 1000	30	24	18	CAN (cancel)	取消
0001 1001	31	25	19	EM (end of medium)	媒介结束
0001 1010	32	26	1A	SUB (substitute)	代替
0001 1011	33	27	1B	ESC (escape)	换码(溢出)
0001 1100	34	28	1C	FS (file separator)	文件分隔符
0001 1101	35	29	1D	GS (group separator)	分组符

续表

Bin(二进制)	Oct(八进制)	Dec(十进制)	Hex(十六进制)	缩写/字符	解　释
0001 1110	36	30	1E	RS (record separator)	记录分隔符
0001 1111	37	31	1F	US (unit separator)	单元分隔符
0010 0000	40	32	20	(space)	空格
0010 0001	41	33	21	!	叹号
0010 0010	42	34	22	“	双引号
0010 0011	43	35	23	#	井号
0010 0100	44	36	24	$	美元符
0010 0101	45	37	25	%	百分号
0010 0110	46	38	26	&	和号
0010 0111	47	39	27	‘	闭单引号
0010 1000	50	40	28	(	开括号
0010 1001	51	41	29	)	闭括号
0010 1010	52	42	2A	*	星号
0010 1011	53	43	2B	+	加号
0010 1100	54	44	2C	,	逗号
0010 1101	55	45	2D	-	减号/破折号
0010 1110	56	46	2E	.	句号
00101111	57	47	2F	/	斜杠
00110000	60	48	30	0	数字 0
00110001	61	49	31	1	数字 1
00110010	62	50	32	2	数字 2
00110011	63	51	33	3	数字 3
00110100	64	52	34	4	数字 4
00110101	65	53	35	5	数字 5
00110110	66	54	36	6	数字 6
00110111	67	55	37	7	数字 7
00111000	70	56	38	8	数字 8
00111001	71	57	39	9	数字 9
00111010	72	58	3A	:	冒号
00111011	73	59	3B	;	分号
00111100	74	60	3C	<	小于
00111101	75	61	3D	=	等号
00111110	76	62	3E	>	大于
00111111	77	63	3F	?	问号

续表

Bin(二进制)	Oct(八进制)	Dec(十进制)	Hex(十六进制)	缩写/字符	解　释
01000000	100	64	40	@	电子邮件符号
01000001	101	65	41	A	大写字母 A
01000010	102	66	42	B	大写字母 B
01000011	103	67	43	C	大写字母 C
01000100	104	68	44	D	大写字母 D
01000101	105	69	45	E	大写字母 E
01000110	106	70	46	F	大写字母 F
01000111	107	71	47	G	大写字母 G
01001000	110	72	48	H	大写字母 H
01001001	111	73	49	I	大写字母 I
01001010	112	74	4A	J	大写字母 J
01001011	113	75	4B	K	大写字母 K
01001100	114	76	4C	L	大写字母 L
01001101	115	77	4D	M	大写字母 M
01001110	116	78	4E	N	大写字母 N
01001111	117	79	4F	O	大写字母 O
01010000	120	80	50	P	大写字母 P
01010001	121	81	51	Q	大写字母 Q
01010010	122	82	52	R	大写字母 R
01010011	123	83	53	S	大写字母 S
01010100	124	84	54	T	大写字母 T
01010101	125	85	55	U	大写字母 U
01010110	126	86	56	V	大写字母 V
01010111	127	87	57	W	大写字母 W
01011000	130	88	58	X	大写字母 X
01011001	131	89	59	Y	大写字母 Y
01011010	132	90	5A	Z	大写字母 Z
01011011	133	91	5B	[	开方括号
01011100	134	92	5C	\	反斜杠
01011101	135	93	5D	]	闭方括号
01011110	136	94	5E	^	脱字符
01011111	137	95	5F	_	下画线
01100000	140	96	60	`	开单引号
01100001	141	97	61	a	小写字母 a

续表

Bin(二进制)	Oct(八进制)	Dec(十进制)	Hex(十六进制)	缩写/字符	解　释
01100010	142	98	62	b	小写字母 b
01100011	143	99	63	c	小写字母 c
01100100	144	100	64	d	小写字母 d
01100101	145	101	65	e	小写字母 e
01100110	146	102	66	f	小写字母 f
01100111	147	103	67	g	小写字母 g
01101000	150	104	68	h	小写字母 h
01101001	151	105	69	i	小写字母 i
01101010	152	106	6A	j	小写字母 j
01101011	153	107	6B	k	小写字母 k
01101100	154	108	6C	l	小写字母 l
01101101	155	109	6D	m	小写字母 m
01101110	156	110	6E	n	小写字母 n
01101111	157	111	6F	o	小写字母 o
01110000	160	112	70	p	小写字母 p
01110001	161	113	71	q	小写字母 q
01110010	162	114	72	r	小写字母 r
01110011	163	115	73	s	小写字母 s
01110100	164	116	74	t	小写字母 t
01110101	165	117	75	u	小写字母 u
01110110	166	118	76	v	小写字母 v
01110111	167	119	77	w	小写字母 w
01111000	170	120	78	x	小写字母 x
01111001	171	121	79	y	小写字母 y
01111010	172	122	7A	z	小写字母 z
01111011	173	123	7B	{	开花括号
01111100	174	124	7C	|	垂线
01111101	175	125	7D	}	闭花括号
01111110	176	126	7E	~	波浪号
01111111	177	127	7F	DEL (delete)	删除

附录B　运算符优先级与结合性

优先级	运算符	名称或含义	使用形式	结合方向	说明
1	[]	数组下标	数组名[常量表达式]	左到右	
	()	圆括号	(表达式)/函数名(形参表)		
	.	成员选择(对象)	对象.成员名		
	->	成员选择(指针)	对象指针->成员名		
	++	自增运算符	变量名++		单目运算符
	--	自减运算符	变量名--		单目运算符
2	-	负号运算符	-常量	右到左	单目运算符
	(类型)	强制类型转换	(数据类型)表达式		
	++	自增运算符	++变量名		单目运算符
	--	自减运算符	--变量名		单目运算符
	*	取值运算符	*指针变量		单目运算符
	&	取地址运算符	&变量名		单目运算符
	!	逻辑非运算符	!表达式		单目运算符
	~	按位取反运算符	~表达式		单目运算符
	sizeof	长度运算符	sizeof(表达式)		
3	/	除	表达式/表达式		双目运算符
	*	乘	表达式*表达式		双目运算符
	%	余数(取模)	整型表达式/整型表达式		双目运算符
4	+	加	表达式+表达式	左到右	双目运算符
	-	减	表达式-表达式		双目运算符
5	<<	左移	变量<<表达式	左到右	双目运算符
	>>	右移	变量>>表达式		双目运算符
6	>	大于	表达式>表达式	左到右	双目运算符
	>=	大于或等于	表达式>=表达式		双目运算符
	<	小于	表达式<表达式		双目运算符
	<=	小于或等于	表达式<=表达式		双目运算符
7	==	等于	表达式==表达式	左到右	双目运算符
	!=	不等于	表达式!=表达式		双目运算符

续表

<table>
<tr><th>优 先 级</th><th>运 算 符</th><th>名称或含义</th><th>使 用 形 式</th><th>结合方向</th><th>说 明</th></tr>
<tr><td>8</td><td>&</td><td>按位与</td><td>表达式 & 表达式</td><td>左到右</td><td>双目运算符</td></tr>
<tr><td>9</td><td>^</td><td>按位异或</td><td>表达式 ^ 表达式</td><td>左到右</td><td>双目运算符</td></tr>
<tr><td>10</td><td>|</td><td>按位或</td><td>表达式 | 表达式</td><td>左到右</td><td>双目运算符</td></tr>
<tr><td>11</td><td>&&</td><td>逻辑与</td><td>表达式 && 表达式</td><td>左到右</td><td>双目运算符</td></tr>
<tr><td>12</td><td>||</td><td>逻辑或</td><td>表达式 || 表达式</td><td>左到右</td><td>双目运算符</td></tr>
<tr><td>13</td><td>?:</td><td>条件运算符</td><td>表达式 1? 表达式 2: 表达式 3</td><td>右到左</td><td>三目运算符</td></tr>
<tr><td rowspan="11">14</td><td>=</td><td>赋值运算符</td><td>变量 = 表达式</td><td rowspan="11">右到左</td><td></td></tr>
<tr><td>/=</td><td>除后赋值</td><td>变量 /= 表达式</td><td></td></tr>
<tr><td>*=</td><td>乘后赋值</td><td>变量 *= 表达式</td><td></td></tr>
<tr><td>%=</td><td>取模后赋值</td><td>变量 %= 表达式</td><td></td></tr>
<tr><td>+=</td><td>加后赋值</td><td>变量 += 表达式</td><td></td></tr>
<tr><td>-=</td><td>减后赋值</td><td>变量 -= 表达式</td><td></td></tr>
<tr><td><<=</td><td>左移后赋值</td><td>变量 <<= 表达式</td><td></td></tr>
<tr><td>>>=</td><td>右移后赋值</td><td>变量 >>= 表达式</td><td></td></tr>
<tr><td>&=</td><td>按位与后赋值</td><td>变量 &= 表达式</td><td></td></tr>
<tr><td>^=</td><td>按位异或后赋值</td><td>变量 ^= 表达式</td><td></td></tr>
<tr><td>|=</td><td>按位或后赋值</td><td>变量 |= 表达式</td><td></td></tr>
<tr><td>15</td><td>,</td><td>逗号运算符</td><td>表达式 , 表达式 ,…</td><td>左到右</td><td>从左向右顺序运算</td></tr>
</table>

附录C 常用库函数

程序应包含 math.h			
函数类型	函 数 形 式	功 能	类型
数学函数	abs(int i)	求整数的绝对值	int
	fabs(double x)	返回浮点数的绝对值	double
	floor(double x)	向下舍入	double
	fmod(double x, double y)	计算 x 对 y 的模，即 x/y 的余数	double
	exp(double x)	指数函数	double
	log(double x)	对数函数 ln(x)	double
	log10(double x)	对数函数 log	double
	labs(long n)	取长整型绝对值	long
	modf(double value, double *iptr)	把数分为指数和尾数	double
	pow(double x, double y)	指数函数（x 的 y 次方）	double
	sqrt(double x)	计算平方根	double
	sin(double x)	正弦函数	double
	asin(double x)	反正弦函数	double
	sinh(double x)	双曲正弦函数	double
	cos(double x);	余弦函数	double
	acos(double x)	反余弦函数	double
	cosh(double x)	双曲余弦函数	double
	tan(double x)	正切函数	double
	atan(double x)	反正切函数	double
	tanh(double x)	双曲正切函数	double

程序应包含 string.h			
函数类型	函 数 形 式	功 能	类型
字符串函数	strcat(char *dest,const char *src)	将字符串 src 添加到 dest 末尾	char
	strchr(const char *s,int c)	检索并返回字符 c 在字符串 s 中第一次出现的位置	char
	strcmp(const char *s1,const char *s2)	比较字符串 s1 与 s2 的大小，并返回 s1-s2	int
	stpcpy(char *dest,const char *src)	将字符串 src 复制到 dest	char
	strdup(const char *s)	将字符串 s 复制到最近建立的单元	char

续表

程序应包含 string.h			
函数类型	函 数 形 式	功 能	类型
字符串函数	strlen(const char *s)	返回字符串 s 的长度	int
	strlwr(char *s)	将字符串 s 中的大写字母全部转换成小写字母，并返回转换后的字符串	char
	strrev(char *s)	将字符串 s 中的字符全部颠倒顺序重新排列，并返回排列后的字符串	char
	strset(char *s,int ch)	将字符串 s 中的所有字符设置为 ch 的值	char
	strspn(const char *s1,const char *s2)	扫描字符串 s1，并返回在 s1 和 s2 中均有的字符个数	char
	strstr(const char *s1,const char *s2)	扫描字符串 s2，并返回第一次出现 s1 的位置	char
	strtok(char *s1,const char *s2)	检索字符串 s1，该字符串 s1 是由字符串 s2 中定义的定界符所分隔	char
	strupr(char *s)	将字符串 s 中的小写字母全部转换成大写字母，并返回转换后的字符串	char

程序应包含 ctype.h			
函数类型	函 数 形 式	功 能	类型
字符函数	isalpha(int ch)	若 ch 是字母（'A'～'Z'，'a'～'z'）返回非 0 值，否则返回 0	int
	isalnum(int ch)	若 ch 是字母（'A'～'Z'，'a'～'z'）或数字（'0'～'9'）返回非 0 值，否则返回 0	int
	isascii(int ch)	若 ch 是字符（ASCII 码中的 0～127）返回非 0 值，否则返回 0	int
	iscntrl(int ch)	若 ch 是作废字符（0x7F）或普通控制字符（0x00～0x1F）返回非 0 值，否则返回 0	int
	isdigit(int ch)	若 ch 是数字（'0'～'9'）返回非 0 值，否则返回 0	int
	isgraph(int ch)	若 ch 是可打印字符（不含空格）（0x21–0x7E) 返回非 0 值，否则返回 0	int
	islower(int ch)	若 ch 是小写字母（'a'～'z'）返回非 0 值，否则返回 0	int
	isprint(int ch)	若 ch 是可打印字符（含空格，0x20～0x7E）返回非 0 值，否则返回 0	int
	ispunct(int ch)	若 ch 是标点字符（0x00～0x1F）返回非 0 值，否则返回 0	int
	isspace(int ch)	若 ch 是空格（' '）、水平制表符（'\t'）、回车符（'\r'）、走纸换行（'\f'）、垂直制表符（'\v'）、换行符（'\n'），返回非 0 值，否则返回 0	int
	isupper(int ch)	若 ch 是大写字母（'A'～'Z'）返回非 0 值，否则返回 0	int
	isxdigit(int ch)	若 ch 是 16 进制数（'0'～'9'，'A'－'F'，'a'－'f'）返回非 0 值，否则返回 0	int
	tolower(int ch)	若 ch 是大写字母（'A'～'Z'）返回相应的小写字母（'a'～'z'）	int
	toupper(int ch)	若 ch 是小写字母（'a'～'z'）返回相应的大写字母（'A'～'Z'）	int

续表

程序应包含 stdio.h			
函数类型	函数形式	功能	类型
输入/输出函数	getch()	从控制台（键盘）读一个字符，不显示在屏幕上	int
	putch()	向控制台（键盘）写一个字符	int
	getchar()	从控制台（键盘）读一个字符，显示在屏幕上	int
	putchar()	向控制台（键盘）写一个字符	int
	getchar()	从控制台（键盘）读一个字符，显示在屏幕上	int
	getc(FILE *stream)	从流 stream 中读一个字符，并返回这个字符	int
	putc(int ch,FILE *stream)	向流 stream 写入一个字符 ch	int
	getw(FILE *stream)	从流 stream 读入一个整数，错误返回 EOF	int
	putw(int w,FILE *stream)	向流 stream 写入一个整数	int
	fclose(handle)	关闭 handle 所表示的文件处理	FILE *
	fgetc(FILE *stream)	从流 stream 处读一个字符，并返回这个字符	int
	fputc(int ch,FILE *stream)	将字符 ch 写入流 stream 中	int
	fgets(char *string,int n,FILE *stream)	从流 stream 中读 n 个字符存入 string 中	char *
	fopen(char *filename,char *type)	打开一个文件 filename，打开方式为 type，并返回这个文件指针，type 打开文件的方式有 r、w、r+、w+、a、rb、wb 等	FILE *
	fputs(char *string,FILE *stream)	将字符串 string 写入流 stream 中	int
	fread(void *ptr,int size,int nitems, FILE *stream)	从流 stream 中读入 nitems 个长度为 size 的字符串存入 ptr 中	int
	fwrite(void *ptr,int size,int nitems, FILE *stream)	向流 stream 中写入 nitems 个长度为 size 的字符串，字符串在 ptr 中	int
	fscanf(FILE *stream,char *format [,argument,…])	以格式化形式从流 stream 中读入一个字符串	int
	fprintf(FILE *stream,char *format [,argument,…])	以格式化形式将一个字符串写给指定的流 stream	int
	scanf(char *format[,argument…])	从控制台读入一个字符串，分别对各个参数进行赋值，使用 BIOS 进行输出	int
	printf(char *format[,argument,…])	发送格式化字符串输出给控制台（显示器），使用 BIOS 进行输出	int

参考文献

[1] 克尼汉，里奇. C程序设计语言（第2版）[M]. 徐宝文，李志，译. 北京：机械工业出版社，2019.
[2] 陈黎娟. C/C++常用算法手册[M]. 4版. 北京：中国铁道出版社，2019.
[3] 苏小红，王宇颖，孙志岗. C语言程序设计[M]. 北京：高等教育出版社，2011.
[4] 谭浩强. C程序设计教程[M]. 5版. 北京：清华大学出版社，2017.